正 確 學 會

Photoshop CC

的16堂課

Photoshop CC 2015 / CC 2014 適用

The Most Effective Way for Learning Photoshop CC

感謝您購買旗標書,
記得到旗標網站
www.flag.com.tw
更多的加值內容等著您…

<請下載 QR Code App 來掃描>

1. FB 粉絲團:旗標知識講堂

2. 建議您訂閱「旗標電子報」:精選書摘、實用電腦知識搶鮮讀; 第一手新書資訊、優惠情報自動報到。

3. 「更正下載」專區:提供書籍的補充資料下載服務, 以及最新的勘誤資訊。

4. 「旗標購物網」專區:您不用出門就可選購旗標書!

買書也可以擁有售後服務, 您不用道聽塗說, 可以直接和我們連絡喔!

我們所提供的售後服務範圍僅限於書籍本身或內容表達不清楚的地方, 至於軟硬體的問題, 請直接連絡廠商。

● 如您對本書內容有不明瞭或建議改進之處, 請連上旗標網站, 點選首頁的 讀者服務 , 然後再按右側 讀者留言版 , 依格式留言, 我們得到您的資料後, 將由專家為您解答。註明書名(或書號)及頁次的讀者, 我們將優先為您解答。

學生團體　　訂購專線:(02)2396-3257 轉 362
　　　　　　傳真專線:(02)2321-2545

經銷商　　　服務專線:(02)2396-3257 轉 331
　　　　　　將派專人拜訪
　　　　　　傳真專線:(02)2321-2545

國家圖書館出版品預行編目資料

正確學會 Photoshop CC 的 16 堂課 / 施威銘研究室 作
臺北市:旗標, 2015.09　面;　公分

ISBN 978-986-312-278-4 (平裝)

1. 數位影像處理

312.837　　　　　　　　　　　　　　104014020

作　　者／施威銘研究室

發 行 所／旗標科技股份有限公司

　　　　　台北市杭州南路一段 15-1 號 19 樓

電　　話／(02)2396-3257(代表號)

傳　　真／(02)2321-2545

劃撥帳號／1332727-9

帳　　戶／旗標科技股份有限公司

監　　督／楊中雄

執行企劃／林佳怡

執行編輯／林佳怡

美術編輯／薛榮貴‧陳慧如

封面設計／古鴻杰

校　　對／林佳怡

新台幣售價:590 元

西元 2024 年 6 月 初版 14 刷

行政院新聞局核准登記-局版台業字第 4512 號

ISBN 978-986-312-278-4

版權所有‧翻印必究

序
Preface

　　有心朝美術設計領域發展的人, 大概沒有人不知道 Adobe Photoshop 這套影像軟體界的天王巨星。

　　Photoshop 從最早的 1.0 版開始, 到 2015 年已邁入 15.x 版, 也就是 Photoshop CC2015。它從早期專注在專業平面設計、印刷輸出方面的應用, 到近幾年拜數位相機發展、行動裝置之賜, 將其領域延伸到網頁、數位相片的編修層面, 此外還增加支援數位相機原始檔 (RAW 檔)、3D 模型以及視訊影片的編輯。這也使得 Photoshop 的使用者從專業的美術設計人員, 擴展到一般的業餘玩家!

　　問題是, 業餘玩家可能未受過專業的美術訓練, 當面對這麼一套功能強大的軟體, 做為一個入門者到底應該從何學起?有些人可能會先選擇外觀厚重、感覺相當有份量的 "操作手冊" 來閱讀, 這類書籍幾乎囊括 Photoshop 的所有功能, 讓人看的時候 "感覺" 很過癮, 但是看過之後卻沒什麼成就感, 即使知道 Photoshop 眾多功能, 但卻因為過於片斷且缺乏整合的能力, 以致做不出任何成品。

　　為了讓 Photoshop 的入門者有一個 "好的開始", 我們重質不重量, 針對 Photoshop 最重要、最實用的功能, 設計簡單又專業的精美範例, 讓讀者能夠從範例的實作中奠定紮實的基礎;不僅徹底了解功能的意義, 更清楚功能在實務上的用法, 而且還能確實做出作品, 絕對有成就感!

　　本書一共規劃了 16 堂課, 將 Photoshop 最精華實用的功能, 透過多張專業精巧的作品範例整合起來, 循序漸進介紹給各位, 並且適時補充絕妙的應用技巧, 讓您在實做中輕鬆跨進 Photoshop 大門, 往專業領域邁進, 成為箇中高手。

　　您可以循序閱讀, 亦可直接挑選感興趣的範例來演練。本書內容豐富紮實, 是您學習 Photoshop 的第一本書, 請跟著我們一起 "踏出成功的第一步"!

施威銘研究室 2015/9/21

範例檔案與下載/安裝 Photoshop CC 試用版

範例檔案內容

為方便讀者跟著本書的範例練習與操作，我們收錄書中 16 堂課的範例練習檔與完成檔。請透過網頁瀏覽器 (如：Firefox、Google Chrome、Microsoft Edge) 連到以下網址，將檔案下載到你的電腦中，以便跟著書上的說明進行操作。

範例檔案下載連結：

https://www.flag.com.tw/DL.asp?F5501

(輸入下載連結時, 請注意大小寫必須相同)

將檔案下載到您的電腦後，請先解開壓縮檔案，再將**範例檔案**資料夾拷貝到您的電腦，在該資料夾上按右鈕，執行『**內容**』命令，在**內容**交談窗中將**唯讀**項目取消，才能修改與儲存檔案。

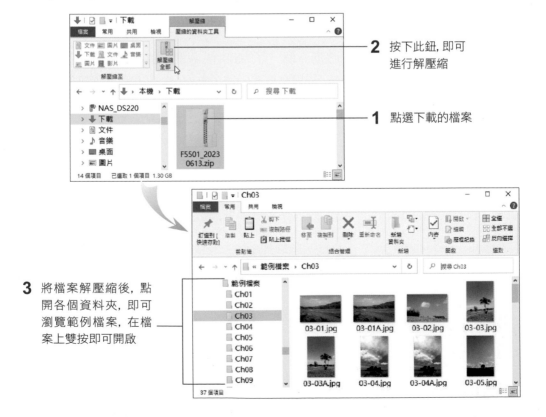

2 按下此鈕, 即可進行解壓縮

1 點選下載的檔案

3 將檔案解壓縮後, 點開各個資料夾, 即可瀏覽範例檔案, 在檔案上雙按即可開啟

✐ 下載與安裝試用版軟體

如果您的電腦中還沒安裝 Photoshop CC, 請參考底下的說明, 連到 **Adobe** 網站下載與安裝 Photoshop CC **30 天中文試用版**。

STEP 01 請用瀏覽器, 連到 Adobe 網站 http://www.adobe.com/tw, 進入網站後, 請按下右上角的**選單**鈕:

列出所有產品後, 請點選 **Photoshop** 圖示

接著會進入 Photoshop 的產品介紹, 請按下**免費試用**

STEP 02 請依畫面指示從下拉列示窗選擇您的 Photoshop 程度, 以完成簡短的問卷。若是你曾經註冊為 Adobe 的會員, 那麼請按登入鈕, 輸入您的帳號密碼就可開始下載軟體, 若是尚未註冊為 Adobe 會員, 請按下註冊 Adobe ID 鈕。

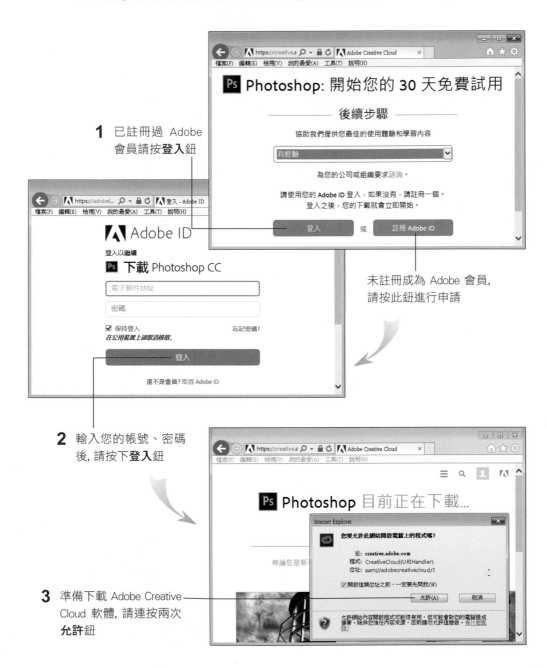

1 已註冊過 Adobe 會員請按登入鈕

未註冊成為 Adobe 會員, 請按此鈕進行申請

2 輸入您的帳號、密碼後, 請按下登入鈕

3 準備下載 Adobe Creative Cloud 軟體, 請連按兩次允許鈕

STEP 03
出現如圖的視窗後, 按下 **儲存**鈕及**執行**鈕, 開始進行安裝。

按下**儲存**鈕後, 接著在跳出的交談窗中按下**執行**鈕

這裡會顯示安裝進度

開始安裝 Creative Cloud

STEP 04
安裝好 **Creative Cloud** 後, 會出現如圖的畫面, 請登入您的 Adobe ID:

STEP 05 登入 Adobe ID 後, 請切換到 **Creative Cloud** 視窗的 **Apps** 頁次, 這裡會列出所有 Adobe 軟體, 點按**試用**鈕, 即可安裝軟體。

按下此**試用**鈕, 即會開始安裝 Photoshop 試用版, 安裝完成後,
按下**開始試用**鈕即可開啟 Photoshop 主視窗

　　在此要特別提醒您, 試用時間只有 30 天, 試用期過後軟體就無法再使用, 您可以直接在 Adobe 網站上以月租的方式付費, 或是直接向經銷商購買單機版的軟體。有關購買資訊, 可在 Adobe 網站中查詢。

目 錄
Contents

02 數位相片編修－基礎解析

● 重點整理・實用的知識

03 數位相片的修補與美化

04 範圍的選取與編輯、變形影像

13 製作與編輯 3D 模型

14 視訊、動畫與「縮時攝影」影片製作

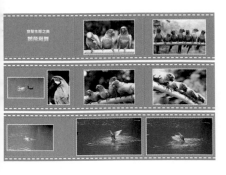

15 網頁影像的處理

16 色彩管理與輸出列印

● 重點整理 · 實用的知識

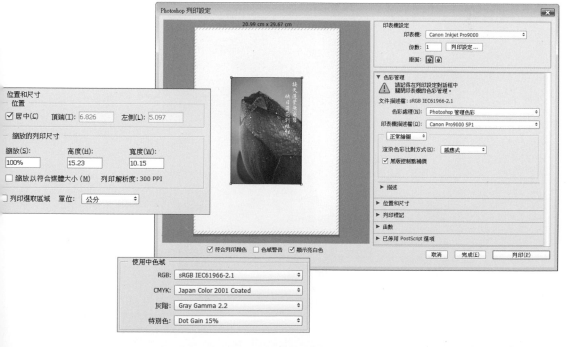

01

LESSON

認識 Photoshop 的工作環境

課前導讀

第一堂課我們將帶你瀏覽 Photoshop CC 的工作區, 也就是將來設計作品的作業環境, 我們將藉著範例檔案的實務演練, 帶各位熟悉工作區的各項組成元件以及基本操作, 為後續的學習課程奠定紮實的基礎。

本章學習提要

- 啟動 Photoshop 與瀏覽工作區的重要元件, 包括文件視窗、工具面板、選項列及面板群組

- 開啟舊檔與開啟新文件的基本流程

- 變換工作區介面外觀的亮度

- 從**工具面板**中選取工具並到選項列設定工具屬性

- 調整面板群組的配置建立自己專用的工作區

- 依工作目的快速更換工作區的配置

- 運用**縮放顯示工具**、**旋轉檢視工具**以及**手形工具**縮放、旋轉並捲動影像

- 運用**步驟記錄**面板檢視每一步操作的影像變化並適時還原錯誤的操作

- 運用**儲存檔案**及**另存新檔**命令保存影像處理的結果

預估學習時間　**90**分鐘

對 Photoshop 而言,每一幅作品、每一張影像都是一個「**檔案**」,或者說「**文件檔案**」,因此不論是要設計賀卡、海報、型錄、處理相片...,進入 Photoshop 的第一件事便是要「開啟檔案」,然後才接續進行各項編修與處理的操作。

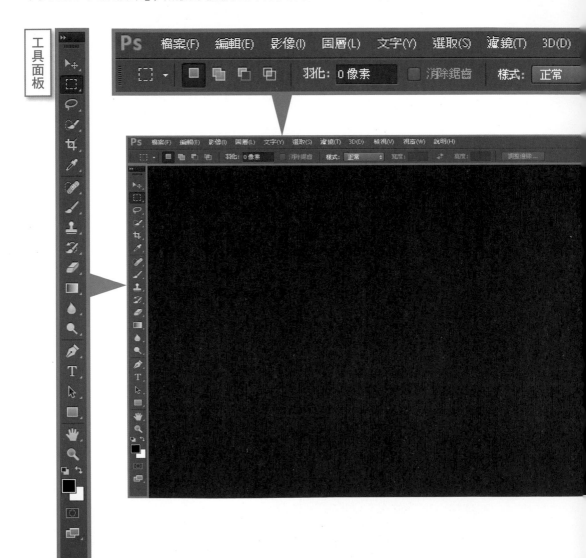

啟動 Photoshop 與瀏覽工作區

　　在開啟檔案之前，我們先來啟動 Photoshop。就如同許多應用程式一樣，當安裝好 Photoshop 後會自動在『**開始**』功能表中設置一個程式捷徑，所以我們只要執行『**開始/所有程式 / Adobe Photoshop CC 2015**』命令即可啟動 Photoshop。

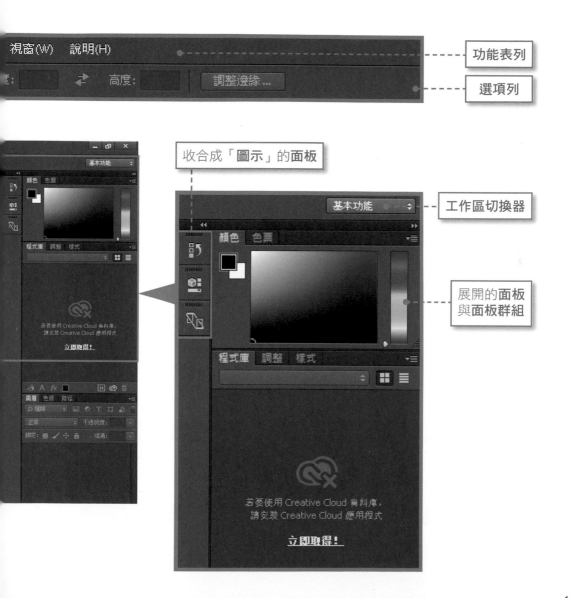

功能表列

選項列

收合成「圖示」的面板

工作區切換器

展開的**面板**
與**面板群組**

啟動後，螢幕上會開啟一個類似上頁的視窗，這個視窗就是 Photoshop 的「工作區」。Photoshop 的工作區是可以變動的，所以若你的畫面與上頁不同，請執行『**視窗/工作區/基本功能 (預設)**』命令，將工作區恢復為預設的配置，而稍後 1-2 節我們也會介紹配置工作區的技巧，這裡先讓各位瀏覽工作區的主要元件。

工作區的主要元件

順利啟動 Photoshop，接著我們帶各位來認識工作區中幾個主要元件：

- **工作區切換器**：此鈕位於工作區的右上角。Photoshop 已內建多組**工作區配置**，除了預設的**基本功能**配置之外，還有 **3D、繪圖、攝影**…等等配置，讓我們視工作需求做切換。

按下此鈕可快速變換工作區配置

- **工具面板**：位於工作區左側，是 Photoshop 各項編修工具的集結場所，要使用特定工具編修影像之前，必須先到這裡來選取工具。

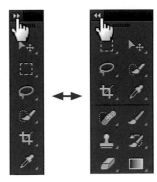

工具面板預設是**單欄**模式，雙按**頂端列**或是點選**雙箭頭**鈕，則可切換成**雙欄**模式

- **選項列**：位於**功能表列**下緣，此列會顯示目前**工具面板**中所選取工具的設定選項，以供調整工具的行為與屬性，其內容會隨著選取工具的不同而變動。

選取**移動工具**時的**選項列**內容

選取**筆刷工具**時的**選項列**內容

- **面板**：Photoshop 有多組功能**面板**，例如**圖層、筆刷、字元、色版**...等，要使用時，可將這些**面板**打開放在桌面上方便取用，不用時則可關閉。展開的**面板**會以「面板群組」的型式呈現，也可以收合成「圖示」減少佔用的空間。下一節我們會介紹調配**面板**的技巧，讓各位可以依照工作的目的與需求，為自己調配最舒適的工作空間。

🖋 執行「開啟舊檔」命令開啟既有檔案

開啟檔案要分成 2 種情況：一是開啟 "既有的檔案"，例如開啟數位相機拍攝的相片檔案來編修，或是開啟之前儲存的半成品來繼續完成；另一種情況則是要開啟一份 "空白文件"，從無到有設計作品的內容，這種情況事先要設定較多的資訊，例如文件的尺寸、解析度、色彩模式、位元深度等等，我們稍後會做詳細的說明。

要開啟已存入電腦中的影像檔案，請執行『**檔案/開啟舊檔**』命令開啟**開啟檔案**交談窗：首先將**搜尋位置**切換到影像檔案所在的資料夾，此時**內容窗格**會列出該資料夾中的檔案，接著從**內容窗格**中選取你要開啟的檔案就可按**開啟**鈕開啟 (或直接 "雙按" 檔案圖示來開啟)。底下我們試著從 Photoshop 中開啟書附光碟的檔案：

1 將此欄切換到書附光碟的 Ch01 資料夾

若要預覽影像縮圖，可按此鈕切換成
超大、大、中圖示或**並排**模式

3 點選欲開啟的檔案圖示，可按住 Ctrl (Win) / ⌘ (Mac) 鍵再點選圖示，同時選取多個檔案一起開啟

4 按下**開啟**鈕　**2** 選擇**全部格式**

Photoshop 會利用**文件視窗**來區隔每一個檔案, 所以每一個開啟的檔案都有自己的**文件視窗**

指定檔案類型

在**開啟**交談窗中, 若**內容窗格**沒有列出你要的檔案, 請檢查**檔案類型**列示窗的設定:假如你知道所要的檔案格式, 例如 PSD (Photoshop 的原生檔案格式)、JPEG 或 TIFF, 可直接指定該格式, 如此可避免**內容窗格**列出太多不必要的檔案;但是, 若你指定的檔案格式不符, 則會看不到所要的檔案。所以如果你不知道要開啟的檔案格式, 請選擇**全部格式**列出該資料夾的全部檔案來尋找:

指定 **JPEG**, 資料夾中非 JPEG 格式的檔案都會被隱藏起來

📌 開啟新空白文件

　　若是要開啟一份空白的文件底稿來從頭設計, 你必須先根據最後要得到的成品, 例如一張 A4 紙張尺寸的海報、 DVD 外盒的封面、6×4 英吋的卡片 ... 等等, 設想好所需的文件尺寸、解析度、色彩模式 ... 等, 然後才執行『**檔案/開新檔案**』命令來設定:

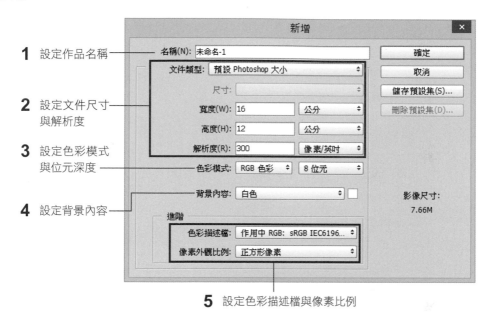

1 設定作品名稱

2 設定文件尺寸　與解析度

3 設定色彩模式　與位元深度

4 設定背景內容

5 設定色彩描述檔與像素比例

　　開啟**新增**交談窗後, 請依照下列的步驟進行:

1. 設定作品名稱

　　首先請在**名稱**欄位輸入這次設計作品的名稱, 例如:生日卡片、婚宴邀請卡、畢業舞會海報 ... 等等;你也可以先沿用預設名稱, 等到儲存檔案時再重新命名。

2. 設定文件尺寸與解析度

　　對於文件尺寸與解析度的設定, Photoshop 已建立多組現成的**預設集**可供挑選, 包括各種標準規格的紙張尺寸、相片尺寸, 還有網頁、行動裝置 (手機)、視訊畫面的規格尺寸。假設我們開啟空白文件是為了設計一張 6×4 相片規格的卡片, 就可如下設定:

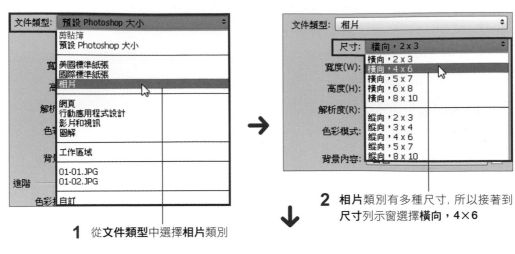

1 從**文件類型**中選擇**相片**類別

2 **相片**類別有多種尺寸,所以接著到
尺寸列示窗選擇**橫向,4×6**

3 Photoshop 自動設定好文件的**寬
度、高度**,同時還會將**解析度**設
為 "列印輸出" 的 300 像素/英吋
(若是選擇**網頁、視訊**類別的尺
寸,則**解析度**將自動設為 "螢幕輸
出" 的 72 像素/英吋)

我們將在 2-4 節深入介紹「影像解析度」與「文件尺寸」的相關內容。這裡只要先知道,若作
品將來要列印或送廠印刷,解析度應設在 200~300 像素/英吋之間,才能夠確保列印品質;
若是採螢幕觀賞,則解析度設為 72 像素/英吋即已足夠。

自訂尺寸與解析度

假如**文件類型**中沒有你要的尺寸,那麼就自己把所要的尺寸填入**寬度**和**高度**欄位,**解析
度**則依作品的輸出目的來設定,單位有**像素/英吋**與**像素/公分**。

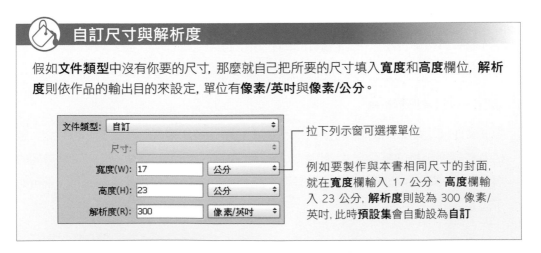

— 拉下列示窗可選擇單位

例如要製作與本書相同尺寸的封面,
就在**寬度**欄輸入 17 公分、**高度**欄輸
入 23 公分,**解析度**則設為 300 像素/
英吋,此時**預設集**會自動設為**自訂**

3. 設定色彩模式與位元深度

色彩模式是 Photoshop 記錄影像亮度與色彩的方法，決定影像可顯示的色彩以及數量。若你設計的作品是彩色的，那麼一般是選擇 RGB 或 CMYK：

- RGB 模式表示每個像素是由**紅**、**綠**、**藍** 3 色組成，和螢幕相同，若作品最後是採螢幕輸出，請選擇 **RGB 色彩**模式。

- 印刷使用的是 CMYK 4 色油墨，若作品最後是採印刷輸出，那麼應選擇 **CMYK 色彩**模式，但是，因為 Photoshop 有部份功能無法應用在 CMYK 模式的影像上，所以建議先選擇 RGB 色彩模式，等到編輯完成後再轉換成 CMYK 模式。

位元深度是指「每一個色版所使用的位元數 (bpc, bits per channel)」，位元數愈多，所能表現的色彩也愈多，例如 8 位元可產生 256 種變化，16 位元可產生 65536 種變化。不同**色彩模式**可選擇的**位元深度**並不一樣，例如 RGB 模式可選擇：8 位元、16 位元、32 位元，CMYK 模式只可選擇 8 位元或 16 位元。由於 Photoshop 對 16 位元和 32 位元的支援程度比不上 8 位元，所以除非有特別的需求，否則一般選擇 8 位元就已足夠。

選擇 RGB 色彩模式後可選擇 8、16、32 位元深度

有關各種色彩模式以及位元深度的深入介紹，請參考旗標出版的『數位相片編修聖經 第二版』一書的第 1 章。

色版

色版是 Photoshop 用來儲存色彩資訊的媒介，每個影像都有一或多個色版，視其色彩模式而定，例如 RGB 模式有紅、綠、藍 3 個色版，CMYK 模式有青、洋紅、黃、黑 4 個色版。

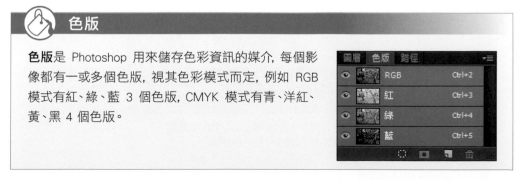

4. 設定背景內容

此步驟在選擇新文件的背景顏色，有 4 個選項：第 1 個是**白色**，就是將背景填滿白色；第 2 個是**背景色**，會以目前 Photoshop 設定的背景色來填滿文件背景，假如目前的背景色是黑色，那麼新文件背景就會填滿黑色；第 3 個是**透明**，也就是不填色，選擇此項則新開啟的文件背景會是一層 "透明圖層" (有關圖層的說明與使用，請參閱第 5 堂課)。若以上的顏色都不是你想要的背景，那麼可選擇**其他**，或直接按下**背景內容**列示窗右側的色彩方塊，開啟**檢色器**交談窗，自己指定色彩。

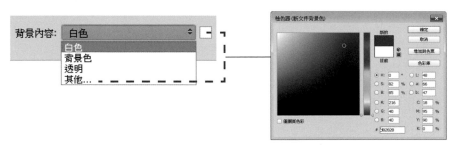

自訂背景色彩

5. 設定色彩描述檔與像素比例

進階區有兩項設定，其中**色彩描述檔**在指定影像要使用的**色彩空間** (或稱**色域**)。在影像中嵌入**色彩描述檔**可協助進行色彩管理，以確保影像在轉移到不同裝置時也能保持色彩的一致性。**RGB 色彩**模式的影像若是採螢幕輸出，請選擇 **sRGB**色域，若是要印刷輸出，則選擇 **Adobe RGB** 色域。

 若要深入了解**色彩描述檔**以及**色彩管理**的運作，請參考第 16 堂課的說明。

基本上，除非是設計 "視訊影片" 要用的影像，才需要依影片規格來變更**像素外觀比例**，否則一律設為**正方形像素**。

若是設計一般的影像作品可省略**進階**
區的設定 (即維持預設值即可)

　　填好**新增**交談窗的各項設定後, 按下**確定**鈕, Photoshop 便會根據你的設定開啟一份新文件：

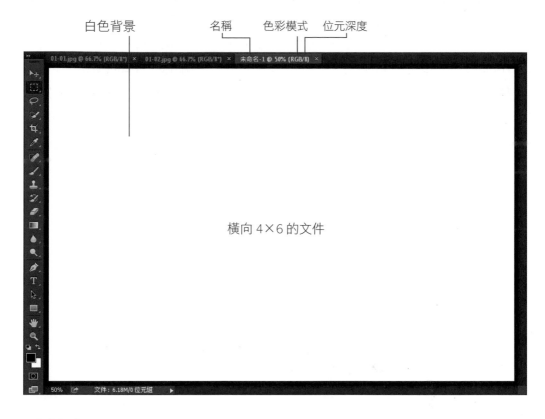

白色背景　　　　名稱　　色彩模式　位元深度

橫向 4×6 的文件

結束 Photoshop

　　開啟檔案到此告一段落, 接著我們來學習結束 Photoshop 的方法, 休息一下, 下一節再繼續。要結束 Photoshop, 你可以執行 Photoshop 的『**檔案/結束**』命令, 或是按下 Photoshop 視窗右上角的**關閉鈕** 來結束。

　　結束 Photoshop 時, 若出現詢問 "是否儲存更改" 的訊息, 請按**否**鈕略過, 我們到 1-5 節再介紹如何儲存檔案。

1-2　調配 Photoshop 工作區

這一節我們將藉由實際演練的方式，帶各位熟悉 Photoshop 工作區的各項操作。包括變更外觀介面的亮度、文件視窗的詳細說明、**工具面板**及**選項列**的操作，還有各個面板的切換與調配技巧、…等。

變換 Photoshop 介面的亮度

請啟動 Photoshop，並從書附光碟的 Ch01 資料夾中隨意開啟一個範例檔案，接著我們先來介紹如何變換 Photoshop 外觀介面的亮度。

Photoshop 的介面從 CS6 開始一改以往淺色外觀而以深色背景呈現，但仍留給使用者選擇的空間。Photoshop 的介面總共有 4 種亮度可供選擇，你可執行『**編輯/偏好設定/介面**』命令，在**顏色主題**項目中設定：

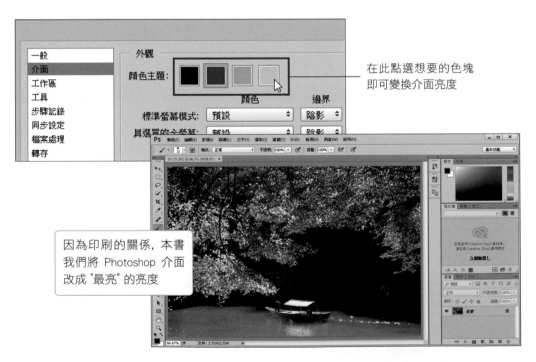

在此點選想要的色塊即可變換介面亮度

因為印刷的關係，本書我們將 Photoshop 介面改成 "最亮" 的亮度

 另可按快速鍵變換介面亮度，若要降低亮度請按 Shift + F1 鍵，提高亮度請按 Shift + F2 鍵。

🖌 文件視窗

再來, 我們要仔細來觀察文件視窗並學習相關的操作技巧。

瀏覽文件視窗

文件視窗是我們檢視與編修影像內容的所在, 其上方的**標籤** (或稱為**標題列**) 會顯示影像的相關資訊, 包括: 檔名、顯示比例、色彩模式、位元深度...等, 下方的狀態列則可調整影像的顯示比例, 並提供檔案大小、尺寸...等資訊。

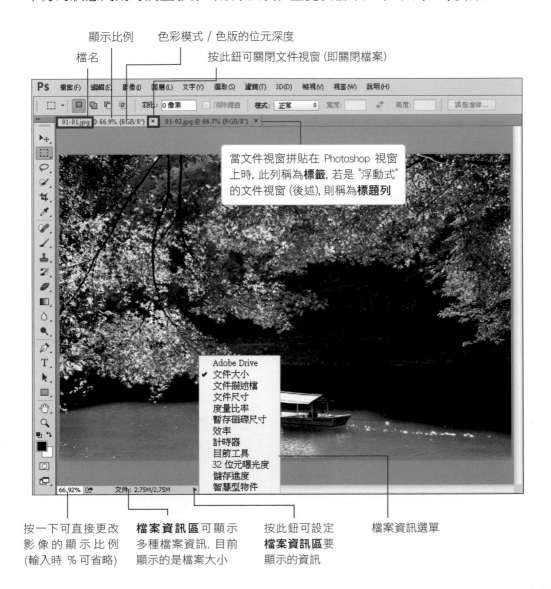

顯示比例　　色彩模式 / 色版的位元深度

檔名　　　　　　　按此鈕可關閉文件視窗 (即關閉檔案)

當文件視窗拼貼在 Photoshop 視窗上時, 此列稱為**標籤**, 若是 "浮動式" 的文件視窗 (後述), 則稱為**標題列**

Adobe Drive
✓ 文件大小
文件描述檔
文件尺寸
度量比率
暫存磁碟尺寸
效率
計時器
目前工具
32 位元曝光度
儲存進度
智慧型物件

按一下可直接更改影像的顯示比例 (輸入時 % 可省略)

檔案資訊區可顯示多種檔案資訊, 目前顯示的是檔案大小

按此鈕可設定**檔案資訊區**要顯示的資訊

檔案資訊選單

1-13

文件視窗的拼貼與浮動

Photoshop 預設會將開啟的文件視窗 "拼貼" 在 Photoshop 視窗上，其位置是固定的，大小則會隨著 Photoshop 視窗而變動。不過，我們可以拉曳文件視窗的標籤，讓它脫離 Photoshop 視窗的邊框變成 "浮動式" 的文件視窗，浮動的文件視窗將不受 Photoshop 視窗的限制，可任意在螢幕上移動，還可將文件視窗最小化。

拉曳標籤，使文件視窗脫離拼貼的邊框

變成浮動的文件視窗了

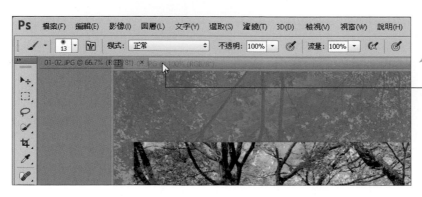

拉曳**標題列**，使文件視窗貼齊拼貼的邊框 (會出現藍色指示線)，即可回復拼貼的狀態

排列文件視窗

若不習慣用拉曳的方式來編排文件視窗的位置，還可透過『**視窗/排列順序**』功能表中的指令來指揮：

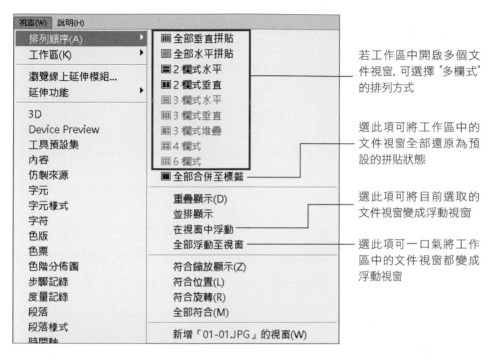

若工作區中開啟多個文件視窗，可選擇 "多欄式" 的排列方式

選此項可將工作區中的文件視窗全部還原為預設的拼貼狀態

選此項可將目前選取的文件視窗變成浮動視窗

選此項可一口氣將工作區中的文件視窗都變成浮動視窗

兩欄式水平拼貼

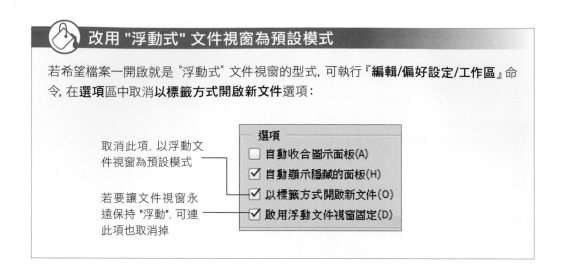

改用 "浮動式" 文件視窗為預設模式

若希望檔案一開啟就是 "浮動式" 文件視窗的型式, 可執行『**編輯/偏好設定/工作區**』命令, 在**選項**區中取消**以標籤方式開啟新文件**選項：

取消此項, 以浮動文件視窗為預設模式

選項
☐ 自動收合圖示面板(A)
☑ 自動顯示隱藏的面板(H)
☑ 以標籤方式開啟新文件(O)
☑ 啟用浮動文件視窗固定(D)

若要讓文件視窗永遠保持 "浮動", 可連此項也取消掉

選取工具與設定屬性

再來介紹**工具面板**與**選項列**的操作。要使用**工具面板**中的工具, 只要移動滑鼠到該工具鈕上按一下即可；如果工具鈕的右下角有三角形符號, 表示裡面還有一些隱藏工具, 在這種工具鈕上按住滑鼠左鈕不放 (或按下右鈕), 就可以拉出工具選單來選擇隱藏的工具。

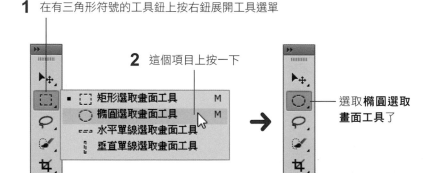

1 在有三角形符號的工具鈕上按右鈕展開工具選單

2 這個項目上按一下

[ ] 矩形選取畫面工具　　M
○ 橢圓選取畫面工具　　M
水平單線選取畫面工具
垂直單線選取畫面工具

選取**橢圓選取畫面工具**了

在**工具面板**中選好工具後, **選項列** (在**工具面板**上方那一橫排) 便會自動顯示該工具的設定項目, 如剛才選取**橢圓選取畫面工具**後, **選項列**便顯示**橢圓選取畫面工具**的設定選項。我們應先在**選項列**中做好設定, 然後才開始編輯影像, 初學者往往選好工具之後就立即埋頭苦幹, 而忘了**選項列**的設定, 這是不好的習慣。

這裡會顯示目前**工具面板**中選取的工具　　　　　　　　　　**橢圓選取畫面工具**的**選項列**

📌 調配工具面板與選項列

　　工具面板和**選項列**預設也是拼貼在 Photoshop 視窗上，拉曳它們的**把手**┃使它們脫離拼貼的邊框，即可變成浮動面板；同樣的，拉曳浮動面板的**把手**，使面板與拼貼邊框貼齊 (會顯現藍色指示線)，即可恢復拼貼狀態。

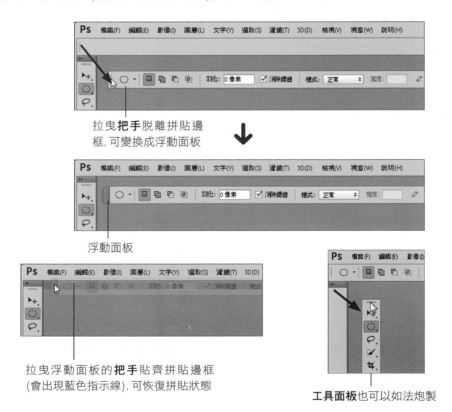

拉曳**把手**脫離拼貼邊框，可變換成浮動面板

浮動面板

拉曳浮動面板的**把手**貼齊拼貼邊框
(會出現藍色指示線)，可恢復拼貼狀態

工具面板也可以如法炮製

🖋 檢視面板群組

　　除了**工具面板**和**選項列**, Photoshop 另外還有多達 20 幾種功能面板, 這些面板是以「面板群組」的型式呈現, 底下我們先來檢視面板群組的外觀:

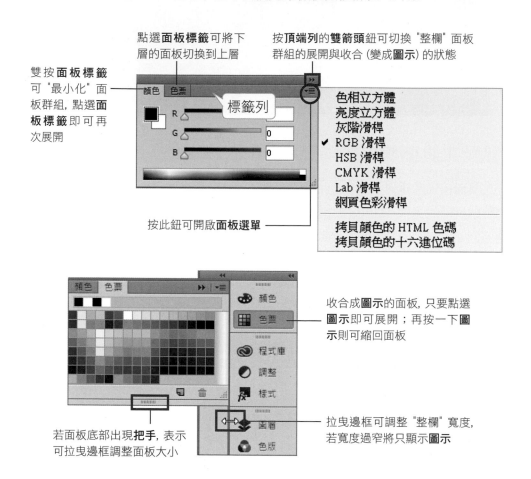

點選**面板標籤**可將下層的面板切換到上層

按**頂端列**的**雙箭頭**鈕可切換 "整欄" 面板群組的展開與收合 (變成**圖示**) 的狀態

雙按面板標籤可 "最小化" 面板群組, 點選**面板標籤**即可再次展開

標籤列

色相立方體
亮度立方體
灰階滑桿
✔ RGB 滑桿
HSB 滑桿
CMYK 滑桿
Lab 滑桿
網頁色彩滑桿

拷貝顏色的 HTML 色碼
拷貝顏色的十六進位碼

按此鈕可開啟**面板選單**

收合成**圖示**的面板, 只要點選**圖示**即可展開; 再按一下**圖示**則可縮回面板

若面板底部出現**把手**, 表示可拉曳邊框調整面板大小

拉曳邊框可調整 "整欄" 寬度, 若寬度過窄將只顯示**圖示**

🖋 開啟 / 關閉面板

　　當你要使用某個面板, 但在螢幕上卻找不到 (包括**工具面板**和**選項列**), 你可以到『**視窗**』功能表重新將它打開; 反之, 若螢幕上有些面板暫時用不到, 可將它們關閉以免佔用螢幕空間, 方法如下:

STEP 01 請打開『**視窗**』功能表，此功能表會列出 Photoshop 所有的面板，要開啟哪個面板就在哪個面板上打勾；要關閉面板就將打勾取消即可。請在『**視窗**』功能表中按一下**步驟記錄**項目，開啟**步驟記錄**面板：

開啟**步驟記錄**面板

打勾的面板表示已開啟

有些面板設有快速鍵，可直接按快速鍵來開啟或關閉 (隱藏) 該面板

Alt+ F9

STEP 02 若要關閉面板，一個方法是到『**視窗**』功能表將該面板前面的勾選取消 (若面板已收合成**圖示**，則不能用這個方法關閉)；另外還可在展開的**面板標籤**上按右鈕，執行的『**關閉**』命令僅關閉該面板，若執行『**關閉標籤群組**』命令則會關閉整個面板群組。請各位在剛才開啟的**步驟記錄**面板標籤上按右鈕執行『**關閉**』命令：

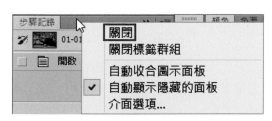

執行『**關閉**』命令

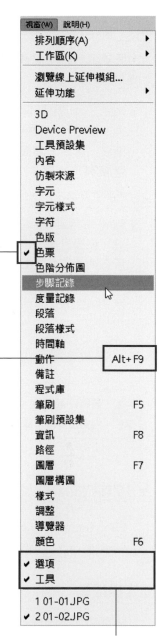

工具面板和**選項列**只能透過『**視窗**』功能表來開啟或關閉

切換所有面板的顯示與隱藏

有時候, 我們可能會想要將所有面板統統隱藏起來, 讓影像有較多的空間可利用, 在此提供 2 個小技巧:

- Tab : 按 Tab 鍵可切換目前工作區中所有面板 (包括**工具面板**、**選項列**) 的顯示/隱藏狀態。

- Shift + Tab : 按此組合鍵可切換目前工作區中所有功能面板 (**工具面板和選項列**除外) 的顯示/隱藏狀態。

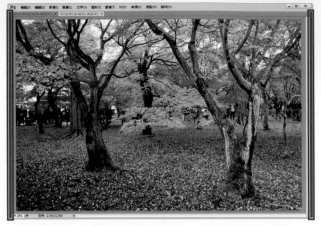

隱藏面板後, 面板隱藏處 (工作區的左、右側) 會出現黑色粗框, 將滑鼠移到黑色粗框上停留即可暫時展開面板, 滑鼠移開後又會隱藏

 若隱藏面板後, 面板隱藏處並未出現黑色粗框, 請執行『編輯/偏好設定/工作區』命令, 勾選自動顯示隱藏的面板即可開啟這項功能。

調配面板群組

Photoshop 會自動替 20 幾個功能面板做好分組, 可是這樣的分組未必符合每個人的需求, 所以接著我們來學習調配面板群組的技巧。

固定與浮動

所有的功能面板預設會被拼貼在 "固定區域" (工作區的左、右側), 只要將它們移出固定區域之外, 即可變成浮動面板任意移動;反之, 將它們移到固定區域上即恢復拼貼狀態。底下我們來試試看:

 首先請執行『**視窗/工作區/重設基本功能**』命令, 將工作區恢復成預設配置。

STEP 02 拉曳**色票**面板的標籤, 將此面板獨立成浮動面板:

拉曳面板標籤即　拉曳**頂端列**可移動　　　　　拉曳**標籤列**可移
可移動該面板　　整欄的面板群組　　　　　　動整個面板群組

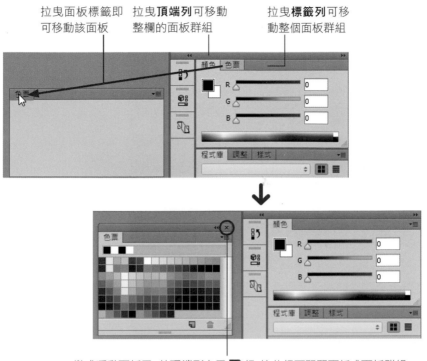

變成浮動面板了, 其**頂端列**多了 ❌ 鈕, 按此鈕可關閉面板或面板群組

STEP 03 再來將**色票**面板移回固定區域 (指工作區的左、右或上邊框, 或加入現有固定的**面板群組欄位**中), 即恢復拼貼狀態:

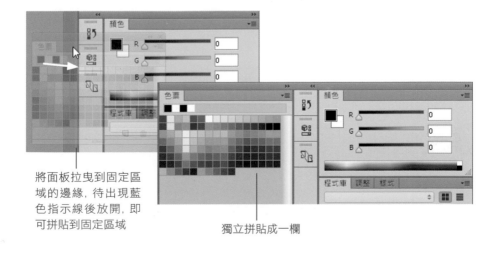

將面板拉曳到固定區
域的邊緣, 待出現藍
色指示線後放開, 即
可拼貼到固定區域

獨立拼貼成一欄

群組與堆疊

雖然 Photoshop 已事先替功能面板做好分組，但我們也可以自己調配想要的面板群組。

 請再次執行『**視窗/工作區/重設基本功能**』命令，將工作區恢復成預設配置。

 假設我們想要將**步驟記錄**面板加入到**顏色/色票**這組面板群組中，那就將**步驟記錄**面板拉曳到**顏色/色票**面板群組裡面放置即可：

展開的面板請拉曳
面板標籤來移動，收
成**圖示**的面板就直
接拉曳**圖示**來移動

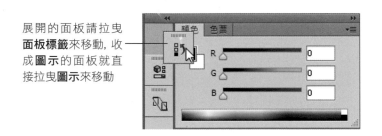

拉曳到**標籤列**的位置，待出
現藍色指示框後放開滑鼠

步驟記錄面板加入顏
色/色票面板群組中了

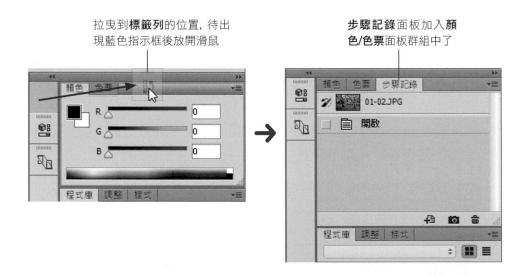

 也可以將**面板**拉曳到面板群組的上邊框或下邊框放置，形成堆疊群組。

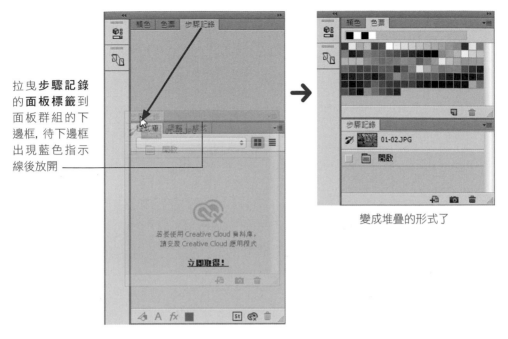

拉曳**步驟記錄**的**面板標籤**到面板群組的下邊框，待下邊框出現藍色指示線後放開

變成堆疊的形式了

🖊 自訂與變換工作區

　　介紹了這麼多調配工作區的技巧，相信各位都有能力調配出自己需要的工作區，接著我們來說明如何將自己調配的工作區儲存起來，供以後更換使用。

STEP 01 下圖是筆者為了處理相片所調配的工作區配置：

STEP 02 執行『**視窗／工作區／新增工作區**』命令 (或按下位於**選項列**最右端的**工作區切換器**鈕選擇『**新增工作區**』命令)，將自訂的工作區配置儲存起來。

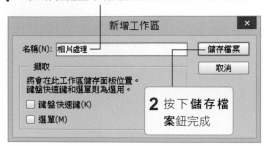

1 為工作區配置命名, 假設我們命名為 "相片處理"

新增工作區

名稱(N)：相片處理

擷取
將會在此工作區儲存面板位置。
鍵盤快速鍵和選單則為選用。

☐ 鍵盤快速鍵(K)
☐ 選單(M)

儲存檔案
取消

2 按下**儲存檔案**鈕完成

STEP 03 再來我們要變換工作區配置。Photoshop 本身亦建立多組工作區供我們使用, 到『**視窗/工作區**』功能表, 或是按下**工作區切換器**鈕即可取得這些現成的工作區以及我們自訂的工作區, 點選你要的工作區名稱即可套用該工作區配置, 例如各位可以試著按一下**繪畫**看看結果如何。

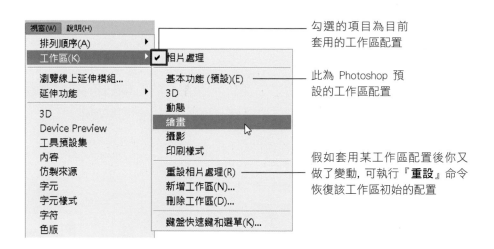

勾選的項目為目前套用的工作區配置

此為 Photoshop 預設的工作區配置

假如套用某工作區配置後你又做了變動, 可執行『**重設**』命令恢復該工作區初始的配置

STEP 04 自訂工作區若不再需要, 可以執行『**視窗/工作區/刪除工作區**』命令 (或按下**工作區切換器**鈕執行『**刪除工作區**』命令) 來刪除。請注意, 目前套用的工作區配置無法刪除, 得先切換成其他工作區才能刪除。

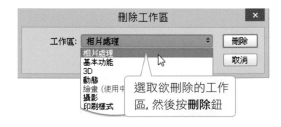

刪除工作區

工作區： 相片處理

相片處理
基本功能
3D
動態
繪畫 (使用中
攝影
印刷樣式

刪除
取消

選取欲刪除的工作區, 然後按**刪除**鈕

自訂工作區刪了就刪了, 但如果刪除的是 Photoshop 內建的工作區配置, 則可到『**編輯/偏好設定/工作區**』交談窗中按下**復原預設工作區**鈕, 將內建的工作區配置通通找回來。

1-3　影像檢視技巧

在我們開始學習影像的編修技巧之前，應該先知道如何檢視影像的內容，這樣才能發覺問題所在，擬定編修策略。

縮放顯示比例

請開啟範例檔案 01-03.jpg，然後跟著下面的步驟練習縮放影像的顯示比例，也就是將影像放大、縮小。

STEP 01 首先請到**工具面板**選取**縮放顯示工具**：

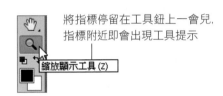

將指標停留在工具鈕上一會兒，指標附近即會出現工具提示

工具鈕的快速鍵

Photoshop 的工具鈕大部份都設有快速鍵，只要按下快速鍵便可立即選取工具，相當方便。對於影像設計人員，愈簡便的操作方式可以提高效率，所以不妨將工具鈕的快速鍵背起來，你可以從**工具面板**的工具提示來獲知工具鈕的快速鍵：

快速鍵

STEP 02 接著到**選項列**設定工具屬性，假設我們要放大比例以便檢視影像細部，則按下 鈕選擇**放大顯示**。

縮小顯示 ——
放大顯示

勾選此項，縮放時文件視窗的尺寸會跟著調整，適用在浮動文件視窗

同步縮放目前開啟的文件視窗

按下這些按鈕可立即調到特定的比例

勾選此項，可讓你以滑鼠拉曳的方式來縮放影像，向右拉曳可放大影像，向左拉曳可縮小影像 (此功能要顯示卡支援 **OpenGL 繪圖功能**才可使用)

STEP 03 接著將滑鼠移到文件視窗上按一下, 影像就會放大, 每按一下會放大一段。例如原本為 33.3%, 按一下滑鼠會放大為 50%, 再按一下則放大為 66.7%。若要縮小比例, 則到**選項列**按下  鈕, 然後同樣到文件視窗中點按影像, 每按一下即會縮小一段。

縮小 ↑ ↓ 放大

使用縮放顯示工具縮放影像的顯示比例時, 可用 Alt / option 鍵來切換放大/縮小模式: 例如工具原本是放大模式, 按住 Alt / option 鍵就會切換成縮小模式, 放開 Alt / option 鍵便又恢復放大模式。

縮放顯示比例快速鍵

在實務上, 要縮放影像顯示比例我們喜歡用快速鍵來操作, 要放大比例請按 Ctrl + + (Win)/ ⌘ + + (Mac), 要縮小比例則按 Ctrl + − (Win) / ⌘ + − (Mac)。

平滑縮放與鳥瞰縮放

縮放顯示工具還包括兩種很炫的操作技巧, 一是**平滑縮放**, 就是使用**縮放顯示工具**按住影像約 0.5 秒, 影像就會開始慢慢放大或縮小, 類似攝影機 zoom_in/zoom_out 的效果, 待影像縮放到適當的比例後放開滑鼠即會停止 (此功能需顯示卡的支援, 請參照 1-28 頁的說明)。

　　另一個是**鳥瞰縮放**的技巧，當影像放大超過文件視窗的範圍，有部份影像會被隱藏起來，若要檢視隱藏部份，必須將那個部份捲到文件視窗的範圍內，可是要往哪裡捲呢？這時就可利用**鳥瞰縮放**來幫你了：

1 將影像放大到超出文件視窗的範圍

2 按住 H 鍵，滑鼠會暫時切換成**手形工具** <img>，接著用滑鼠按住影像拉曳，此時文件視窗會顯示全圖並出現一個方框讓你框選要檢視的部份，方框的大小就是文件視窗可顯示的範圍

3 移動滑鼠框好要檢視的部份後，放開滑鼠和 H 鍵，則框選的部份便會捲動到文件視窗，同時滑鼠亦恢復為**縮放顯示工具**

啟動 GPU 加速功能

平滑縮放、鳥瞰縮放及**拖曳縮放**功能都是 Photoshop 的 GPU 加速功能之一，你的顯示卡必須具備 **OpenGL 2.0 圖形支援**的能力，才能啟動 GPU 加速功能。要啟動 Photoshop 的 GPU 加速功能，請到『**編輯/偏好設定/效能**』交談窗勾選**使用圖形處理器**選項：

圖形處理器設定
偵測到的圖形處理器：
Intel
Intel(R) HD Graphics 4000
☑ 使用圖形處理器(G)
進階設定...

 GPU 是顯示卡上專門用來處理圖形運算的處理器。

若此區無法使用，你可更新顯示卡的驅動程式再試試看，否則就要更換較新的顯示卡才行

🖊 捲動與旋轉檢視影像

　　當影像放大到超出文件視窗的範圍，我們可利用**手形工具**將隱藏的部份捲到文件視窗來。另外，若你的 Photoshop 能夠啟動 GPU 加速功能，則用**手形工具** 🖐 鈕撥動影像，影像還會有飄起然後慢慢停止的效果：

選取**手形工具**後 (可從**工具面板**取得)，滑鼠會變成 🖐，接著在影像上拉曳即可捲動影像

 使用手形工具時，按住 H 鍵亦可啟動鳥瞰縮放的功能。

Photoshop 的**旋轉檢視工具**可任意旋轉影像的檢視角度, 例如要在影像上塗刷上色時, 可以將影像旋轉成符合自己習慣的塗刷方向, 但是, 必須啟動 GPU 加速功能才能使用這個工具。

STEP 01 請從**工具面板**取得**旋轉檢視工具** (隱藏在**手形工具**下):

選取**旋轉檢視工具**

STEP 02 選取**旋轉檢視工具**後, 你可直接到影像上拉曳旋轉影像, 或是利用**選項列**來設定旋轉角度。**旋轉檢視工具**僅是改變影像的檢視角度, 並未影響到影像的實質內容, 請不必擔心。

亦可直接填入數值或拉曳轉盤來旋轉影像　　　按下此鈕即可回復原狀

在影像上拉曳旋轉時會顯現一個半透明的座標, 以供判斷旋轉的方向與角度

1-4　還原影像的編輯操作

　　運用電腦來處理影像最大的方便就是，萬一操作錯誤導致結果不如預期，我們可以很輕易的把作品還原到之前的面貌，而不用全盤重來，這一節我們便來學習 Photoshop 還原操作的方法。

還原上一步的操作

　　當你執行某項編輯操作之後，發現結果不是你所要的，可以立即執行『**還原**』命令取消這步操作，讓影像回復原先的狀態；還原後如果又反悔了，則可執行『**重做**』命令，由 Photoshop 將剛才取消的操作再重做一次。請開啟範例檔案 01-04.jpg，我們來練習如何還原與重作：

STEP 01 執行『**影像/調整/去除飽和度**』命令，將彩色影像變成灰階影像。

原影像

去除飽和度的結果

STEP 02 假設你現在反悔不想將影像變成灰階了，那麼請立即執行『**編輯/還原去除飽和度**』命令，Photoshop 即會取消剛才**去除飽和度**的操作，讓影像恢復彩色。

編輯(E) 影像(I) 圖層(L) 文字(Y) 選取(S) 濾鏡(T)	
還原去除飽和度(O)	Ctrl+Z
向前(W)	Shift+Ctrl+Z
退後(K)	Alt+Ctrl+Z
淡化去除飽和度(D)...	Shift+Ctrl+F

這部份會隨著操作而改變，假設你剛才執行的是『**自動色調**』命令，這裡就會變成**自動色調**

STEP 03 假設你覺得還是灰階比較好，那麼請再次拉下『**編輯**』功能表，這時原先的『**還原去除飽和度**』會變成『**重做去除飽和度**』，你只要執行『**重做**』命令，Photoshop 就會自動將剛才被取消的操作再重做一次。

編輯(E)	影像(I)	圖層(L)	文字(Y)	選取(S)	濾鏡(T)
重做 去除飽和度(O)					Ctrl+Z
向前(W)					Shift+Ctrl+Z
退後(K)					Alt+Ctrl+Z

　　編輯影像時我們常常會利用『**還原**』與『**重做**』命令來切換影像的狀態，以便對照修改前/後的結果。值得一提的是，這兩個命令有共同的快速鍵 Ctrl + Z (Win)／ ⌘ + Z (Mac)，用快速鍵來切換影像更方便：例如執行去除飽和度後，按 Ctrl + Z／ ⌘ + Z 會還原操作，影像回復彩色，再按一次則會重做去除飽和度，影像又變成灰階，請各位親自動手試試看。

 ## 淡化效果

有時我們套用了一些影像調整命令 (如亮度、對比、飽和度、…等) 或是濾鏡效果後，覺得套用的效果太重了，這時你可以還原前一個步驟，重新設定數值後再套用，也可以直接執行『**編輯/淡化xxx**』命令，將剛才套用的效果淡化一點。

例如我們剛才執行了**去除飽和度**命令，這時『**編輯**』功能表下就會出現『**淡化/去除飽和度**』命令，你可以藉由開啟的交談窗來淡化去除飽和度的效果。

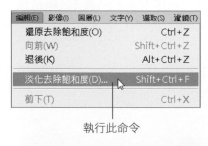

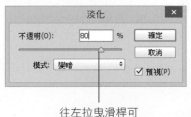

還可搭配圖層的混合模式 (有關圖層的說明，請參考第 5 堂課)

執行此命令

往左拉曳滑桿可降低套用的程度

原影像，執行**去除飽和度**命令

淡化**去除飽和度**命令後，反而製造出一種耐人尋味的色調

✍ 一次還原多個步驟操作

前面的**還原**與**重做**命令只能用在 "上一步" 的操作，假如你一連做了多個編輯操作才覺得效果不妥，那就要透過**步驟記錄**面板來還原了。**步驟記錄**面板會記錄我們對影像所做的編輯操作，每一步即稱為一筆**步驟記錄**，透過它我們可以一口氣將影像還原到多次操作之前的狀態。

請重新開啟範例檔案 01-04.jpg，並且將**步驟記錄**面板打開，我們來看如何利用**步驟記錄**面板還原操作步驟：

目前**步驟記錄**面板中僅有一筆步驟記錄**開啟**，記錄影像剛開啟時的狀態

 請依序執行『**影像/自動色彩**』、『**影像/調整/負片效果**』、『**濾鏡/風格化/尋找邊緣**』、『**影像/調整/去除飽和度**』以及『**濾鏡/銳利化/銳利化邊緣**』命令。

步驟記錄面板忠實記錄了我們剛才執行的操作

STEP 02

假設現在想將影像還原到**負片效果**的狀態, 也就是要取消**銳利化邊緣、去除飽和度**和**尋找邊緣**這幾步操作, 方法就是直接點選**負片效果**這筆步驟記錄。

藍底的步驟記錄即為目前的影像狀態

灰色的步驟記錄表示它們被還原了

STEP 03

若要重做被還原的步驟, 直接選點欲重做的步驟就可以了, 例如點選**尋找邊緣**這筆步驟記錄, 影像就又變成套用**尋找邊緣**濾鏡後的效果了。

STEP 04

要提醒的是, 假如你現在執行了別的操作, 例如套用『**濾鏡/像素/彩色網屏**』命令 (開啟交談窗後請直接按**確定**鈕), 則原來在**尋找邊緣**下被還原的**去除飽和度**和**銳利化邊緣**記錄將被刪除, 而由**彩色網屏**這筆步驟記錄取代。

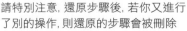

請特別注意, 還原步驟後, 若你又進行了別的操作, 則還原的步驟會被刪除

最後告訴各位一個小技巧, 若要將影像還原到最初開啟的狀態, 只要點選**開啟**這筆步驟記錄即可; 或者, 每次開啟檔案時, Photoshop 都會自動替它拍攝一張**快照**, 以保存影像原始的狀態, 點選這張**快照**亦可將影像還原到剛開啟的狀態。

這個縮圖就是檔案開啟後 Photoshop 為它所拍攝的第一張**快照**, 點選這張**快照**或**開啟**步驟記錄, 即可將影像還原為剛開啟的狀態

 設定步驟記錄的保存數量

步驟記錄面板預設最多可保存 50 筆步驟記錄, 因此當你執行的操作超過 50 筆時, **步驟記錄**面板就會從最早的步驟開始替換, 被替換掉的步驟當然就無法還原了。假如你覺得保存 50 筆還不夠, 可以執行『**編輯/ 偏好設定/ 效能**』命令, 在**步驟記錄狀態**欄位中填入你希望保存的筆數即可。

最多雖然可保存 1000 筆紀錄, 不過保存的數量越多, 所耗用的記憶體也越多, 可能會影響執行效率, 這點請特別注意

1-5　儲存檔案

你對影像所做的編修處理, 必須經過 "存檔" 才能保存下來。儲存檔案要注意哪些事項呢?底下為你詳細解說。

🖋 儲存檔案與另存新檔

Photoshop 中負責存檔的主要有兩個命令:『**儲存檔案**』和『**另存新檔**』。假設你處理的是既有檔案, 想將這次做的修改存回原檔案中, 那就執行『**檔案/儲存檔案**』命令, Photoshop 會直接以原檔名及原檔案格式存檔, 結果是原檔案的內容會被新存入的內容覆蓋掉。

假如你不想讓檔案原來的內容被新內容覆蓋掉, 就要改用『**另存新檔**』命令。執行『**檔案/另存新檔**』命令會先開啟**另存新檔**交談窗, 讓你指定**存放路徑、檔名、檔案格式**等資訊才進行存檔, 三項資訊只要其中一項與原檔案不同, 結果便會再建立一個新檔案, 如此一來, 新、舊檔案內容皆得以保存。

比較特別的是, 如果你是開啟新空白文件來編輯, 第一次存檔時, 不論是執行『**儲存檔案**』命令或是『**另存新檔**』命令, Photoshop 都會強制你用 "另存新檔" 的方式來儲存。

通常我們若開啟數位相片的原始檔來編修, 都會建議先用『**另存新檔**』命令另外建立一個檔案, 然後在這個另存的檔案上進行編修, 以達到保存原始檔又能修補相片的雙重目的。底下我們實際來演練一遍:

STEP 01　請開啟範例檔案 01-05.jpg, 這是一張數位相片的原始檔, 我們先執行『**檔案/另存新檔**』命令, 為它再建立一個相同內容的檔案:

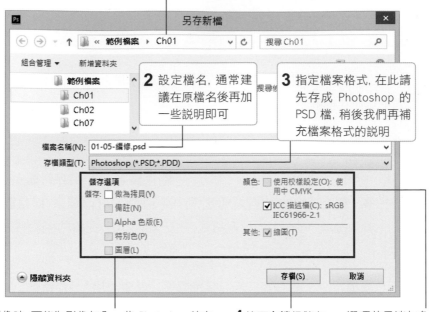

1 指定檔案要存放的路徑與資料夾

2 設定檔名，通常建議在原檔名後再加一些說明即可

3 指定檔案格式，在此請先存成 Photoshop 的 PSD 檔，稍後我們再補充檔案格式的說明

編修影像時，可能為影像加入一些 Photoshop 特有的元素，如圖層、Alpha 色版...，此區便是讓我們勾選是否要保存這些元素，此例維持原來的設定即可

4 按下**存檔**鈕儲存

選項若呈淡灰色，表示影像不含這些元素，或是選擇的檔案格式不支援

- **做為拷貝**：勾選此項可為目前編輯的影像另存一份副本，檔名預設為原檔名加上 " 拷貝" 二字，當然您也可以更改，只要不與原檔名相同即可。

- **備註**：勾選此項可保留使用**備註工具** (在**工具**面板中的**滴管工具**下) 附加在影像上的附註。

- **Alpha 色版**：勾選此項表示要保留 Alpha 色版資訊。若此項無法使用或取消，則存檔後的影像將移除 Alpha 色版。

- **特別色**：勾選此項可保留特別色色版的資訊。若此項無法使用或取消，則存檔後的影像將移除特別色色版。

- **圖層**：勾選此項表示要保留影像中的所有圖層。若此項無法使用或取消，則存檔後，圖層將被合併或平面化。

- **使用校樣設定和 ICC 描述檔**：勾選這兩項表示要建立色彩管理文件，預設會勾選。

- **縮圖**：勾選此項可儲存縮圖資訊。Photoshop 預設是永遠儲存，若希望存檔時再選擇，請到**偏好設定**的**檔案處理**頁次將**影像預視**選項設成**儲存時詢問**。

STEP 02 另存新檔後, 在 Photoshop 中的檔案就變成是剛才另存的檔案了 (**01-05 編修.psd**)。接著我們來編輯影像, 請執行『**濾鏡/濾鏡收藏館**』命令:

2 先點選此圖示套用**玻璃效果**濾鏡　　**1** 展開**扭曲**類別

4 展開**藝術風**資料夾, 點選此圖示套用**海報邊緣**濾鏡, 然後就可按**確定**鈕完成

可在此調整顯示比例

3 按此鈕再增加一個效果圖層

STEP 03 執行『**檔案/儲存檔案**』命令, 將剛才做的修改直接存回 **01-05 編修.psd** 中, 覆蓋掉舊有的內容。

開啟背景儲存功能使工作不間斷

現在各位可能還感受不到, 不過若你處理的檔案極大, 電腦效能又不是太好, Photoshop 在存檔時可能需要一些時間。若不想因為存檔而中斷處理影像的工作, 可開啟**在背景儲存**功能, 這樣就能邊存檔一邊繼續編輯影像了:

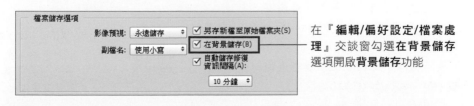

在『**編輯/偏好設定/檔案處理**』交談窗勾選**在背景儲存**選項開啟**背景儲存**功能

但要提醒各位, 假若**背景儲存**功能造成你的 Photoshop 不穩定, 請將這項功能關閉。

選擇存檔的檔案格式

儲存檔案時要選擇何種檔案格式是有學問的。尚未編修完成的影像，也就是隨時會再做修改的影像，應選擇 "非破壞性壓縮" 的檔案格式，例如 Photoshop 的 PSD 檔或 TIFF 檔；這是因為在編修過程中，我們需要重複存檔，若選擇 "破壞性壓縮" 的檔案格式，如 JPEG，檔案體積固然可壓縮到很小，但是影像品質會被嚴重破壞，這也是我們在上例另存範例檔案 01-05.jpg 時，選擇 PSD 而非 JPEG 格式的原因。

那麼 PSD 和 TIFF 又要如何選擇呢？假如你都是用 Photoshop 來編修影像，那就選擇 PSD，因為 PSD 檔才能夠完整保存 Photoshop 所有的設定；但若你需要將影像拿到其它的軟體編修，則應存成 TIFF 檔，因為大部份的影像軟體都能夠支援 TIFF 檔。

至於編修完成準備輸出的影像，建議仍先存成 Photoshop 的 PSD 檔，以保留修改的彈性；再來就是要視影像輸出的目的，另存成輸出目的支援的檔案格式，例如要輸出到網頁，就再另存成 JPEG 或 PNG 檔，若要輸出到排版軟體，則要另存TIFF 或 EPS 檔。

檔案格式的特有選項

儲存檔案時，選擇不同的檔案格式有時還需設定該檔案格式特有的選項。例如存成 JPEG 格式，則在**另存新檔**交談窗中按下**存檔**鈕，還會出現 **JPEG 選項**交談窗讓你設定圖檔的壓縮程度與壓縮方式；存成 TIFF 格式則會出現 **TIFF 選項**交談窗供你設定壓縮方式、像素的組織方式…等。不同格式的選項不盡相同，必要時請自行到 **Photoshop 線上說明**（請按 F1 鍵開啟）中查閱文件。

設定影像壓縮品質，品質愈低，檔案愈小，但畫質愈差

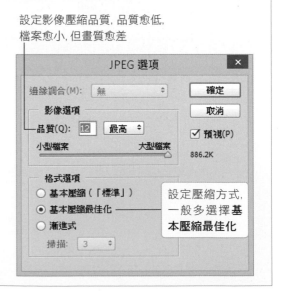

設定壓縮方式，一般多選擇**基本壓縮最佳化**

🖊 Photoshop 當機後會自動修復

在編修影像的過程中, 我們建議最好每隔一段時間便執行『**儲存檔案**』命令 (或按 Ctrl + S (Win) / ⌘ + S (Mac)) 存檔, 以免因為電腦突然當機而導致剛才的心血付之一炬。

不過常常有人會忘了這麼做, 沒關係, Photoshop 有一項**自動修復**功能, 這項功能會依指定的時間間隔自動儲存修復所需的資訊 (即儲存影像的副本);假若真的不幸遇到 "當機", 它將有能力在下次啟動 Photoshop 時, 自動恢復您之前的工作。

自動儲存修復的時間間隔預設是 10 分鐘, 也就是每隔 10 分鐘會存一次影像副本, 你可執行『**編輯/偏好設定/檔案處理**』命令來開啟這項功能並修改時間間隔:

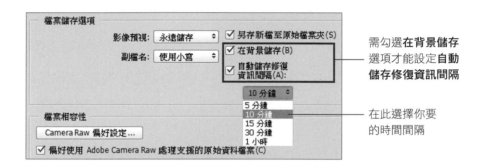

需勾選**在背景儲存**選項才能設定**自動儲存修復資訊間隔**

在此選擇你要的時間間隔

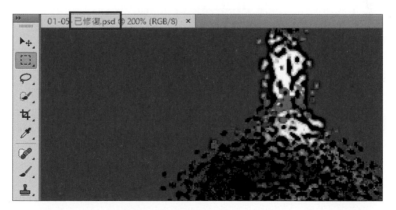

當機後, Photoshop 自動修復的影像會在檔名中加上 "已修復" 以便區別

當然, **自動修復**功能並不是萬無一失, 假如還沒到儲存副本的時間 Photoshop 就當掉了, 那也就無從修復了!

重點整理

1. 若要將 Photoshop 的偏好設定和工作區恢復成預設配置，請按住 `Ctrl` + `Alt` + `Shift` (Win) / `⌘` + `option` + `shift` (Mac) 不放再執行『**開始/所有程式/ Adobe Photoshop CC 2015** 』命令啟動，待出現如下的訊息時，按**是**鈕將之前的設定檔刪除即可恢復預設值。

2. 在編輯影像時，若要暫時隱藏工作區中的所有面板，請按 `Tab` 鍵切換；若要暫時隱藏**工具面板**和**選項列**之外的面板，請按 `Shift` + `Tab` 鍵切換。

3. 按 `Shift` + `F1` 鍵可調暗工作區的介面亮度，按 `Shift` + `F2` 鍵則可調亮工作區的介面亮度。

4. Photoshop 內建多種工作區，且允許使用者將自訂的工作區配置儲存下來，我們可在『**視窗/工作區**』功能表或**工作區切換器**鈕取得這份工作區選單，隨時視情況更換工作區配置。

5. 調整影像顯示比例常用的快速鍵與操作技巧：

功能說明	Windows	Mac
縮放顯示比例	`Alt` + 滑鼠滾輪	`option` + 滑鼠滾輪
放大顯示比例	`Ctrl` + `+`	`⌘` + `+`
縮小顯示比例	`Ctrl` + `−`	`⌘` + `−`
顯示全頁	`Ctrl` + 數字 `0` / 雙按**工具面板**的 🖐	`⌘` + 數字 `0`
實際像素100%	`Ctrl` + `Alt` + 數字 `0` 雙按**工具面板**的 🔍	`⌘` + `option` + 數字 `0`

6. 使用**縮放顯示工具**縮放影像的顯示比例時, 可按住 `Alt` (Win) / `option` (Mac) 鍵來切換放大/縮小模式。

7. Photoshop 有部份功能需啟動顯示卡的 GPU 加速功能才能執行, 如平滑縮放、鳥瞰縮放、演算上色 … 等, 但若你的顯示卡效能不足, 則開啟 GPU 加速功能容易導致 Photoshop 當機。到『**編輯/偏好設定/效能**』交談窗的**圖形處理器設定**中即可設定是否開啟 GPU 加速功能 (**使用圖形處理器**選項)。

8. 重複按 `Ctrl` + `z` (Win)/ `⌘` + `z` (Mac) 鍵, 可檢視影像編輯前後的結果。

9. 點選**步驟記錄**面板的**開啟**步驟, 或是點選**步驟記錄**面板中檔案開啟時所拍攝的**快照** (該快照會以檔名為名), 即可將編輯的影像還原成剛開啟時的狀態。

實用的知識

1. 文件視窗底部為何有兩個**文件大小**資訊？

Photoshop 支援圖層功能 (參考第 5 堂課)，可將多層的影像疊合起來，若你存成 PSD 或 TIFF 檔案格式，便可保留圖層結構，方便日後編修各個圖層的內容；若你將檔案存成 JPEG 格式，或是執行『**圖層/影像平面化**』命令，便會將所有圖層合併成一層 (此舉會讓檔案體積減少許多)。在文件視窗底部所列示的文件大小，左邊是影像**平面化之後**的檔案大小，右邊則是**未平面化**的預估大小。

平面化後的
文件大小

尚未平面化
的文件大小

2. 為何經歷多次存檔之後，影像品質越來越差？

影像檔案格式有分 "破壞性壓縮" 與 "非破壞性壓縮"，前者如 JPEG 格式，後者如 TIFF、PSD 格式。雖然 "破壞性壓縮" 會讓檔案體積較小，但影像品質卻會變差。以 JPEG 為例，在存檔時可以設定壓縮品質，如果你在編輯影像的過程多次反覆存成 JPEG 格式，且壓縮品質設的比較低，到最後就會發現影像細節大量流失，影像慘不忍睹。因此若是編修中途要暫存檔案，一定要存成 "非破壞性壓縮" 的檔案格式，這點相當重要喔！

3. 在 Photoshop 中同時開啟多張影像做比對時, 如何將它們並列顯示並一起縮放
顯示比例及捲動畫面呢?

① 首先在『**視窗/排列順序**』功能表中選擇 "多欄" 的拼貼方式, 即可將開啟的影像並列顯示

② 使用**縮放顯示工具**時, 按住 Shift 鍵再點選影像, 便可同時縮放所有影像

③ 使用**手形工具**時, 按住 Shift 鍵再拉曳影像, 便可同時捲動所有影像的畫面

02
LESSON

數位相片編修一
基礎解析

本堂課將介紹 Photoshop 編修數位相片的方法。編修相片不僅要學習操作技巧, 更重要的是要懂得分析、評斷相片的好壞, 然後才能對症下藥改善缺失。本堂課提供多組問題相片, 我們將帶你一一審視、編修, 還給他們該有的風華以及光影之美。

本章學習提要

- Photoshop 編修相片的基本流程

- 使用**裁切工具**為相片二次構圖

- 使用**裁切工具**與**尺標工具**轉正歪斜相片

- 使用**鏡頭校正**濾鏡修正影像的透視與扭曲變形

- 使用**透視裁切工具**、**透視彎曲**快速修正透視變形

- 使用**最適化廣角**濾鏡修正廣角和魚眼鏡頭造成的彎曲變形

- **影像尺寸**與**解析度**的觀念與調整技巧

- 從**色階分佈圖**解析影像的曝光狀況

- 使用**亮度/對比、色階、曲線、陰影/亮部**功能修正曝光

- 判斷色偏並使用**色彩平衡、灰色滴管**校正色偏

- 使用**自然飽和度**調整影像飽和度

- 使用**色相/飽和度**修正過紅的顏色

- 使用**遮色片銳利化調整**濾鏡加強影像的清晰度

- 使用 **Camera Raw 增效模組**開啟相機原始檔 (RAW)

預估學習時間	**120**分鐘

　　雖然數位相機愈來愈進步，但也許是天公不作美、也許是場地限制、也許是器材不足 ...，以致於無法拍出理想的相片！不過這些相片未必是失敗的作品，經過 Photoshop 的一番整修之後，或許可還它一個清新的面貌！這一節我們先帶各位認識基本的相片編修工作流程，有了一個通盤的概念後，再一一分述各步驟的詳細內容。

　　有關在 Photoshop 中編修相片的基本工作流程，我們歸納成下列 5 個步驟：

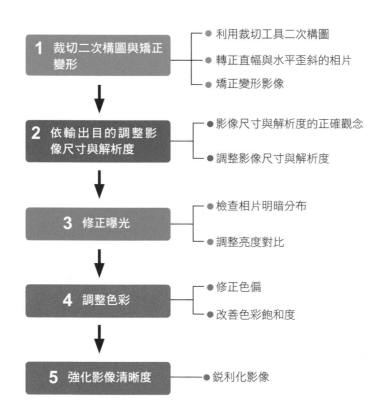

　　每張相片所發生的問題可能都不一樣，有的只需調整曝光，而色彩呈現沒有問題；有的可能同時有歪斜、過暗、色偏的情形...；在編修相片時，我們只要遵循上述 5 個步驟一路檢查下來，並確實達成每一步驟的要求，就能解決絕大部份的問題，讓相片煥然一新！

2-2　裁切二次構圖與轉正相片

　　編修相片，我們首先會檢查影像是否有構圖上的缺失，例如水平線歪斜、建築物扭曲變形、右邊出現截成一半的垃圾筒 … 等等，並在第一時間加以修正；這麼做的目的是為了確定相片的內容，這樣後面在調整影像的亮度、對比與色彩時，才能夠根據正確的資料做出適當的修正。

🖋 使用「裁切工具」為相片二次構圖

　　攝影應該在按下快門之前就做好畫面的構思與安排，但有時因為天時地利無法配合，而導致構圖有了一些誤差，所幸 Photoshop 的**裁切工具** 🔁 讓我們有了 "二次構圖" 的機會。

　　Photoshop 的**裁切工具**可套用 "非破壞性裁切" (即不刪除裁切範圍)，以便裁切後還可以還原修改！現在我們就來學習**裁切工具**的用法，請開啟本堂課的範例檔案 02-01.jpg：

這張相片雖然焦點 (前景的船隻) 明顯，但周圍環境太過雜亂

用**裁切工具**將周圍雜亂的部份儘可能裁掉，整個畫面的視覺感受就不同了

01 請從**工具面板**中選取**裁切工具**，此時文件視窗中的影像會覆上**裁切框**。

裁切框

STEP 02 接著到**選項列**設定**裁切框**的寬高比例，此例我們希望維持影像原本的寬高比例，所以將**比例**列示窗設成**原始比例**。

按下此鈕設定**裁切框**的寬高比例　　　若選擇特定比例 (5：7)，這兩個欄位會顯示比例的值 (5 和 7)

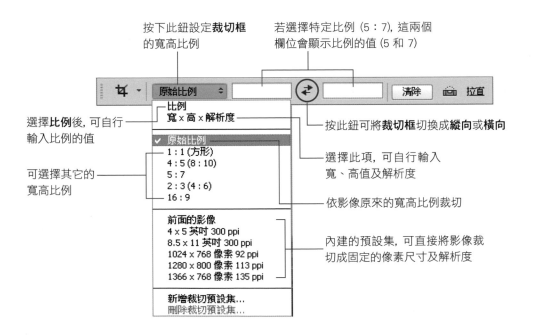

選擇**比例**後，可自行輸入比例的值

可選擇其它的寬高比例

按此鈕可將**裁切框**切換成**縱向**或**橫向**

選擇此項，可自行輸入寬、高值及解析度

依影像原來的寬高比例裁切

內建的預設集，可直接將影像裁切成固定的像素尺寸及解析度

自訂裁切比例

假如**外觀比例**選單中沒有你要的比例, 就直接在右側的兩個欄位中設定, 例如要設定 2×1 的比例, 就在第 1 個欄位輸入 2, 第 2 個欄位輸入 1:

當輸入自訂的比例, 此列示窗會自動設成**比例**

 在外觀比例選單中執行『新增裁切預設集』命令可將自訂比例保存下來, 以後即可在外觀比例選單中直接選取。

STEP 03 設好外觀比例後 (在此選**原始比例**), 接著到影像上調整**裁切框**, 確認框選 (保留) 的範圍。

拉曳邊框或邊框上的控點調整大小

將滑鼠放在**裁切框**外部拉曳可旋轉影像

拉曳**裁切框**內部可移動相片調整框選範圍

當為影像進行 "變形" 操作時 (如裁切、旋轉), Photoshop 會主動顯示尺寸、角度等數據, 以便你得知目前狀況

 如果想將裁切框恢復初始狀態以重新調整, 可到選項列按 鈕, 即可重設裁切框的大小、角度與外觀比例。

STEP 04 當調整**裁切框**時，**裁切框**還會覆上**參考線**協助我們構圖，預設是三**等分**參考線，此外還有**格點**、**對角線**、**三角形** … 等類型，可到**選項列**的**檢視**選項中選擇：

按此鈕選擇參考線類型

STEP 05 若要套用 "非破壞性裁切"，也就是不要刪除裁切的範圍，請到**選項列**將**刪除裁切的像素**選項取消，這樣以後即可再次修改裁切範圍。

此例我們將**刪除裁切的像素**取消，以套用 "非破壞性裁切"

STEP 06 最後，確定**裁切框**的範圍後，就可以按下**選項列**的 ✓ 鈕或直接按下 Enter (Win)/ return (Mac) 鍵裁切影像。

再次修改裁切範圍

套用 "非破壞性裁切", 即使確認裁切之後, 只要覺得有任何不妥, 隨時可以顯示**裁切框**修改裁切範圍:

在**工具面板**中選取**裁切工具**
後, 到**裁切框**內部點一下

重新顯示完整的影像
與**裁切框**讓你修改

請注意, 如果希望下次開啟這張影像時, 仍能夠比照上面的方法調整裁切範圍, 請將影像存成可保留**圖層**的檔案格式, 例如 PSD 或 TIFF, 不能存成 JPEG 格式。有關**圖層**的概念, 我們將在第 5 堂課介紹。

　　在此有個觀念與各位分享, **裁切**雖然可讓相片的構圖有更多樣化的表現, 但**裁切**並非萬能, 因為經過**裁切**之後, 影像畫素會減少, 如果只是供做螢幕觀賞或許影響不大, 但若要列印輸出, 畫素太少會影響輸出尺寸與畫質。所以用**裁切**來改善構圖時, 還要考慮將來的輸出尺寸, 若影像尺寸太小必要時也只有重拍一途, 無法僅靠**裁切**來解決。

轉正直幅相片

　　拍攝直幅的相片, 假若沒有開啟相機的 "自動轉正" 功能, 那麼直幅相片在 Photoshop 中會變成 "橫" 的!橫的影像並不影響編修操作, 但看起來很不習慣, 可利用『**影像/影像旋轉**』功能表中的『**90 度順時針**』或『**90 度逆時針**』命令將它轉正。

02-02.jpg

02-02A.jpg

此例請執行『**影像/影像旋轉/90 度逆時針**』
命令將相片轉正

🖊 轉正水平歪斜的相片

　　拍攝時若相機沒有完全保持水平或垂直，就會拍出歪斜的影像，意思是相片中的水平線或垂直線歪掉了，這對構圖而言是明顯的缺失。要將這種歪斜的影像轉正，對 Photoshop 來說，最方便的方法是使用**裁切工具** 🔲。

STEP 01　請開啟範例檔案 02-03. jpg，這張相片的水平線明顯歪了一邊，我們來將它轉正。

02-03.jpg

STEP 02　請在**工具面板**中選取**裁切工具** 🔲，接著到**選項列**按下**拉直鈕** 📷，然後將滑鼠移到影像上，沿著應該呈水平的線條拉曳出一條直線：

請自行設定長寬比例　　　　　　　　　　　　按下此鈕

沿著這條交界線拉曳出一條直線

拉曳時會顯示轉正所需的角度

放開滑鼠後, 影像就會自動轉正並設好**裁切框**範圍, 當然, 你也可以拉曳**裁切框**自行調整

STEP 03　確認裁切範圍後, 就可按下**選項列**的 ✓ 鈕, 或 Enter (Win)/ return (Mac) 鍵裁切影像。

02-03A.jpg

使用「尺標工具」 轉正歪斜影像

假若你只要轉正歪斜的影像, 並不想要立即裁切因旋轉所產生的多餘版面, 可改用**尺標工具** 來轉正:

02-04.jpg

1 到**工具面板**中選取**尺標工具** (位於**滴管工具**選單中)

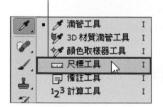

2 同樣到影像中沿著應該呈水平的線條拉曳出一條直線

3 拉曳出直線後, 可在**選項列**看到轉正所需的角度　　　　**4** 按下**拉直圖層**鈕轉正

| ┉ ▼ | X: 204.00 | Y: 356.00 | W: 598.00 | H: 26.00 | A: -2.5° | L1: 598.56 | L2: | □ 使用度量比率 | 拉直圖層 | 清除 |

對於旋轉產生的多餘版面, 除了將它們裁掉之外, 還可以利用**內容感知填滿**功能填補這些版面! 有關影像的修補, 我們將在下一堂課介紹。

02-04A.jpg

使用**尺標工具**轉正影像, 並不會主動裁切因旋轉所產生的多餘版面

2-3　矯正變形影像

　　拍攝時，相機不慎拿歪了，或是由下朝上拍，或是鏡頭的光學品質不夠優，都可能造成影像變形。由於修正變形通常也會刪減影像像素，所以我們會在編修的第一階段來處理，目的也是為了先確定影像內容。這一節就來介紹 Photoshop 有關矯正變形的功能。

使用「鏡頭校正」濾鏡矯正透視、扭曲變形

　　拍攝高大方正的建築物，常會出現 "底大頭小" 的透視變形，這是因為相機由下往上拍的緣故；另外，使用廣角端或望遠端拍攝方正的物件時，也容易出現扭曲變形，也就是應該是筆直的線條有向外膨脹 (桶狀變形) 或向內收縮 (枕狀變形) 的情況。若相片中的影像出現這兩種變形現象，使用**鏡頭校正**濾鏡可一次修正。

　　請開啟範例檔案 02-05.jpg，這張相片兩側的宮燈都有向中間傾斜的現象，而且主建築也有向後倒的現象，這是廣角鏡造成的透視變形，底下我們就利用**鏡頭校正**濾鏡來修正這兩種變形：

相片中的建築物有透視變形現象

用**鏡頭校正**濾鏡修正變形的結果

開啟範例檔案 02-05.jpg 後執行『**濾鏡/鏡頭校正**』命令, **鏡頭校正**濾鏡一開啟即會依據相片內嵌的 EXIF (拍攝中繼資料) 辨識使用的相機廠牌、鏡頭機型, 然後套用該鏡頭的**鏡頭描述檔**來校正影像。

若有對應的**鏡頭描述檔**, 可在此勾選要自動校正的項目, 其中**幾何扭曲**是校正桶狀和枕狀變形, **色差**是校正物件邊緣出現青邊、紅邊的現象, **暈映**則是校正相片四周變暗的現象

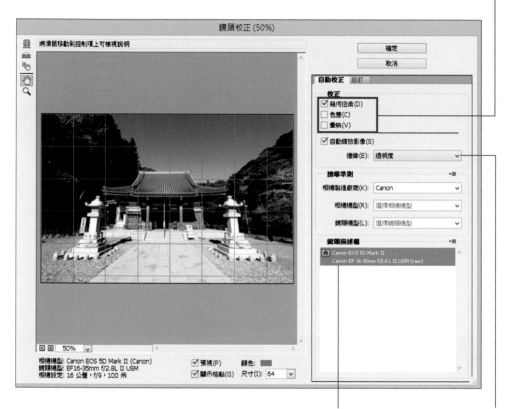

鏡頭校正濾鏡會依據相片的 EXIF 資訊找出對應的**鏡頭描述檔**來校正影像

調整變形後相片周圍可能出現空隙, 此項在設定要如何填補邊緣的空隙, 此例我們選擇**透明度**填入透明像素

 若沒有對應的**鏡頭描述檔**或是自動校正的結果不夠理想 (如此例的透視變形並未完全修正), 請切換到**自訂**頁次手動調整。

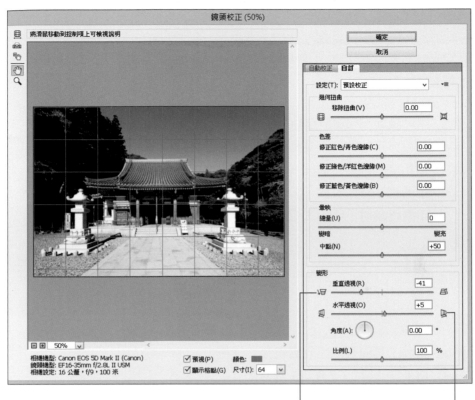

1 向左拉曳修正底大頭小的垂直透視變形

2 向右拉曳修正右大左小的水平透視變形

STEP 03

調好各滑桿的設定後，就可按下**確定**鈕套用。若在**自訂**頁次中，將**變形**區的**比例**滑桿往左拉曳，也就是小於 100%，那麼裁切後的影像周圍會出現空隙，可使用**裁切工具**將邊緣的空隙裁掉。

🖋 使用「透視裁切工具」修正透視變形

　　假如是因為相機朝上或朝下、朝左或朝右拍攝而造成影像透視變形，例如方正建築變成底大頭小的梯形，矩形窗戶變成右邊寬左邊窄的形狀，這種變形使用**透視裁切工具**來修正會更簡便。

STEP 01　請開啟範例檔案 02-06.jpg，這幀方正的建築因為相機朝上拍攝的緣故，造成底大頭小的透視變形，底下我們使用**透視裁切工具**來修正：

02-06.jpg

STEP 02　請到**工具面板**中選取**透視裁切工具** ▥（在**裁切工具**選單內）。

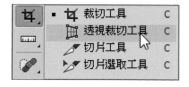

STEP 03　接著將滑鼠移到影像上，沿著要矯正形狀的四個角落點選(也可以直接在影像上拉曳出矩形範圍)，影像會覆上裁切網格。

STEP 04　拉曳網格邊框的控點調整裁切網格的範圍，網格以外的範圍將會被裁切。

通常高大的建築若修得太方正，反而與我們的視覺不符，所以這裡我們將左上角和右上角的控點稍微往外調一些，以保留一點透視效果

STEP 05　調好裁切網格範圍後，就可按 `Enter`（Win）/`return`（Mac）鍵確認裁切。

02-06A.jpg

🖋 使用「最適化廣角」濾鏡矯正廣角、魚眼鏡頭造成的彎曲變形

使用廣角、超廣角或是魚眼鏡頭拍攝，常會造成影像中應該是直線的地方彎曲變形，魚眼鏡頭尤其明顯，這種變形可看成是一種趣味，但若拍攝的是方正筆直的建築物有時並不討好！Photoshop 的**最適化廣角**濾鏡可針對這種彎曲變形的直線來校正拉直。

請開啟範例檔案 02-07.jpg，這張是用 18 mm 廣角端拍攝的相片，如預期一般產生空間感的透視效果，但缺點是兩側大樓不僅有透視變形也有彎曲變形（向中間弓起），這裡我們就來說明，如何利用**最適化廣角**濾鏡輕鬆將彎曲、透視變形的線條拉直：

02-07.jpg

02-07A.jpg

STEP 01 執行『**濾鏡/最適化廣角**』命令,當**最適化廣角**交談窗開啟後,首先要指定**校正類型**:

有四種校正類型:**魚眼**、**透視**、**自動**和**完整球面**,根據相片的型態來選擇即可,此例選擇**自動**。但請注意,若 Photoshop 沒有找到與相片對應的**鏡頭描述檔**,則無法選擇**自動**類型

對應的**鏡頭描述檔**

STEP 02 接著要在影像上加上**限制參考線**以便 Photoshop 進行微調。請在左側的**工具箱**中選取**限制工具** ，然後到預視圖中沿著要拉直的線條拉曳出直線，放開滑鼠後，該線條即會被拉直：

拉曳圓形控點可調整校正的角度

其它要拉直的線條也是比照相同的方法

拉曳直線時會自動貼齊彎曲的線條

拉曳端點控點可延伸參考線或改變位置，拉曳時還會出現放大鏡，讓你檢視細部影像

🔍 按住 Alt 鍵，再點選預視圖上的限制參考線 (需選取限制工具)，會出現 ✂ 圖示，按一下即可將限制參考線刪除。

假如不僅要將彎曲的直線拉直，還要強制調成垂直線或水平線，請按住 Shift 鍵再拉曳**限制參考線**：

按住 Shift 鍵再拉曳參考線　　　　　　Photoshop 會自動判斷要調成垂直線或水平線

改變「限制參考線」的設定

如果要替已經在預視圖上的**限制參考線**加上水平或垂直的限制，那就在參考線上按右鈕選擇你要的限制設定即可：

✓	不固定
	水平
	垂直
	任意

 校正變形後，若周圍出現空隙，你可拉曳**縮放**滑桿放大影像來填補空隙，確認無誤後即可按**確定**鈕結束。

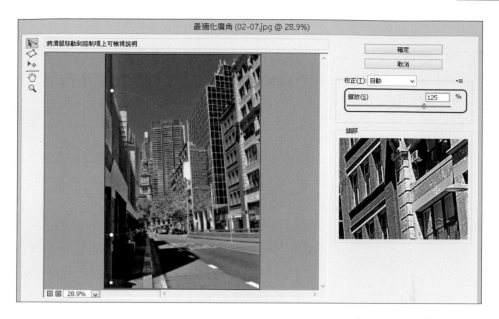

 鏡頭校正 V.S 最適化廣角

若說要矯正直線彎曲變形，前面介紹的**鏡頭校正**濾鏡也辦得到，但是**鏡頭校正**濾鏡必須針對整張影像來校正，常有顧此失彼的困擾。**最適化廣角**濾鏡則可以針對每個需要校正的位置設置**限制參考線**，強制修正，而不需要牽就整張影像。

運用「透視彎曲」修正變形或改變視角

Photoshop CC 新增了**透視彎曲**功能，只要拉曳網格線，就能輕鬆修正因透視而變形的建築，甚至可以改變成不同的視角，就像是從不同角度拍攝一樣。

02-08.jpg

這張相片是由下往上拍，所以導致建築物有明顯往後傾的現象

02-08A.jpg

利用**透視彎曲**功能，修正了建築物後傾的現象，同時也讓影像變換成不同的視角，就像是另外拍的相片

這裡會出現操作説明, 請按下 x 鈕關閉説明

STEP 01 請開啟範例檔案 02-08.jpg, 接著執行『**編輯/透視彎曲**』命令。

1 先拉曳出一個矩形平面

STEP 02 請在影像中拉曳出一個矩形的平面, 接著調整四周的圓形控點, 使其覆蓋並貼齊建築物的平面。

2 拉曳四個角落的圓形控點, 使網格貼齊建築物

1 再拉曳出一個矩形平面

STEP 03 在建築物的右側繼續拉曳出另一個平面，並使其貼齊建築物。拉曳時，兩個網格如果很接近，就會自動貼合在一起。

2 拉曳控點，使矩形平面與建築的透視平面一致

兩個網格很接近時，會自動貼合在一起

1 這裡會出現操作說明，按下 x 鈕可關閉說明

STEP 04 接著，請按下**選項列**上的**彎曲**鈕，此時每個網格的角落控點會變成圖釘，你可以自由拉曳圖釘來修正影像的變形，或是改變影像的拍攝角度。

2 將此控點往右
及往上拉曳

3 將此控點往右
拉曳，使左邊
的建築平面變
大，右邊的建
築平面變小

4 往左及往
上拉曳此
控點，使
左邊的建
築不要傾
斜、後倒

5 往外拉曳
這兩個控
點，使右側
的建築平
面不要變
形太嚴重

STEP
05 調至滿意的結果後，按下 ☑ 鈕即可。調整後有部份影像變形太嚴重，或是邊
緣的地方因為沒有像素而產生空隙，可再利用**內容感知填滿**功能 (可參考第
3 堂課的說明) 來填補或是利用**裁切工具**來裁切。

這 兩 個 部
份，可利用
**內容感知填
滿**功能來填
補空隙

你可以將變形前、
後的相片放在一起
比較，就會發現整個
視角已經改變了

2-4 依輸出目的調整影像尺寸與解析度

　　矯正變形、裁切二次構圖只是確定影像內容的第一步，再來還要調整影像的尺寸與解析度，整個影像內容才算正式底定。而影像要調成多大的尺寸與解析度是由影像的輸出用途 (如大型海報、傳單、網頁圖片、相片...) 來決定，這一節我們便要說明影像尺寸與解析度的觀念以及調整方法。

影像尺寸的觀念

　　在 Photoshop 中，**影像尺寸**包含**像素尺寸**與**文件尺寸**兩種資訊。開啟檔案後，只要執行『**影像/影像尺寸**』命令開啟**影像尺寸**交談窗，即可得知這兩項資訊：

檔案大小

將「單位」改成「像素」，可得知「像素尺寸」

將「單位」改成「公分」或「英吋」，可得知「文件尺寸」

其中，**像素尺寸**是以「像素」為單位來表示影像的大小，屬於**數位的記錄方式**；而**文件尺寸**則是實際將影像列印出來的大小，單位為「公分」或「英吋」，屬於**實體的呈現方式**。先分清楚這兩種尺寸的涵義之後，我們接著再繼續說明解析度與文件尺寸之間的關係。

🖊 解析度與文件尺寸

在**影像尺寸**交談窗中有個**解析度**設定，它是像素尺寸和文件尺寸之間的橋樑，用來建立兩者的關聯，因為：

$$像素尺寸 / 解析度 = 文件尺寸$$

舉例來說，一張像素尺寸為 2136×3216 的影像，若解析度設為 300 像素/英吋 (Pixels Per Inch，以下簡寫為 PPI)，則列印出來的寬度就是 2136 / 300 = 7.12 英吋、高度就是 3216 / 300 = 10.72 英吋，換算成 "公分" 約等於 18.08 × 27.23 公分 (1 英吋 = 2.54 公分) 的尺寸。

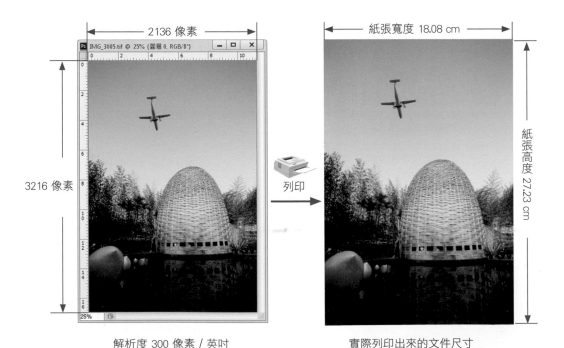

解析度 300 像素 / 英吋　　　　　　　　實際列印出來的文件尺寸

🖋 你需要多少解析度

　　這裡所說的解析度，指的是輸出時每英吋要印出多少像素 (ppi)，因此解析度愈高，每英吋上面所印的資料愈密集，印出來的品質就愈細緻。不過，你可別因此以為解析度一定要愈高愈好，實務上還是要根據你的影像、作品用途來做決定才是。以下是我們對於 3 種輸出方式的解析度建議設定：

● 用於印表機列印或送相片沖印店

　　若是要用一般桌上型印表機列印，解析度約需 240 ~ 360 ppi (以彩色噴墨印表機為例)，再高也看不出差異，低於 240 ppi 則在漸層色彩的部位容易出現色彩不連續的現象，或者有輕微馬賽克的狀況。不過若做大圖輸出，則因為觀賞距離較遠，因此解析度還可再降低。

● 用於螢幕檢視

　　若影像要輸出到螢幕上，要設定的不是解析度而是像素尺寸。由於螢幕畫面的實體尺寸是固定不變的，因此解析度就和像素尺寸呈一一對應的關係，所以一般業界習慣就直接用像素尺寸來代表螢幕的解析度，例如 1280×1024、1680×1050。假如你希望影像填滿整個螢幕 (例如桌面背景)，那就將影像的像素尺寸調成螢幕的解析度，例如 1280×1024；若希望影像填滿螢幕 1/4 的畫面，就將影像的像素尺寸設成螢幕解析度的 1/4 (例如：640×512，長寬各 1/2)。

● 用於送廠印刷

　　如果你的作品要做平面印刷，則必須配合印刷網片的解析度。印刷網片的解析度是以 lpi (每英吋的網線數) 為單位，一般印刷品的網片解析度約在 150 ~ 175 lpi 之間，若以最佳品質換算成 ppi，則解析度應設在 300 ~ 350 ppi (lpi 值乘以 2 倍) 之間。

✒ 調整影像尺寸與解析度

有了影像尺寸與解析度的觀念後，我們來看實際的做法。範例檔案 02-09.jpg 的像素尺寸為 1600×1067，將來我們打算用 240 ppi 的解析度輸出成 6×4 的相片，怎麼調呢？

此例因為影像像素尺寸的寬高比剛好與輸出的文件尺寸相符 (都是 3：2)，所以可直接調整影像尺寸；但若兩者的寬高比不符，則請先利用裁切工具將影像裁成文件尺寸的寬高比再調整影像尺寸。

STEP 01 執行『**影像/影像尺寸**』命令開啟**影像尺寸**交談窗。Photoshop 預設會勾選最下方的**重新取樣**，請先將它取消。

取消**重新取樣**表示維持影像的像素尺寸不變，此時**連結**鈕無法使用

在此區按住滑鼠左鈕上下拉曳，可移動影像的檢視區域，搭配按住 Ctrl 鍵，再點一下此區的預視影像，可放大檢視比例；反之，按住 Alt 鍵再點按，可縮小檢視比例

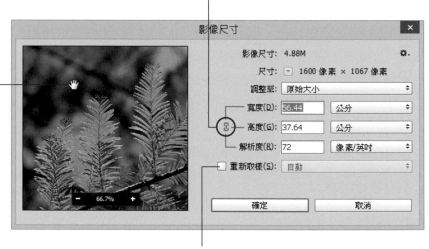

取消此項

STEP 02 接著在**寬度**欄位中輸入 "6"，單位為**英吋** (Inches)，幾乎同時**高度**和**解析度**都會根據新的寬度重新計算好，計算的結果告訴我們，這張影像若印成 6×4 英吋，則解析度是 266 ppi。

設定新的文件尺寸

STEP 03

步驟 2 的結果透露的訊息是, 1600×1067 的像素尺寸對於要輸出成 240 ppi 的 6×4 相片太多了!過多的像素對於提升品質幫助不大, 只是增加檔案大小而已, 所以現在我們要運用**重新取樣**來調整像素尺寸, 替它瘦身:

4 設好解析度後, Photoshop 便會
自動調整像素尺寸與檔案大小

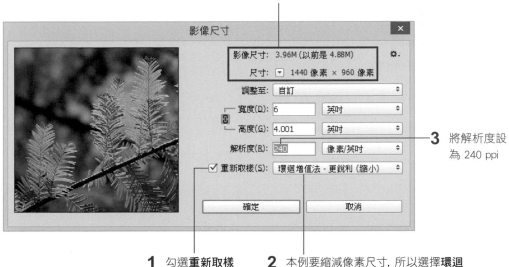

3 將解析度設
為 240 ppi

1 勾選**重新取樣**

2 本例要縮減像素尺寸, 所以選擇**環迴
增值法-更銳利** (縮小) 的插補像素法

2-27

STEP 04 按下**確定**鈕後, 影像即會調成我們所要的尺寸與解析度。

原影像尺寸　　預設會顯示文件的檔案大小,　　　　　調整後尺寸
　　　　　　　請按此鈕, 改選**文件尺寸**

假如相片最後要輸出到螢幕上, 做法比較簡單, 勾選**重新取樣**並選擇適當的插補像素法之後, 將單位改成「像素」, 直接設定所要的寬度和高度即可。

 影像重新取樣

當更改像素尺寸時, 影像會發生「重新取樣」, 也就是增/減像素, Photoshop 提供下列 6 種插補像素法供重新取樣來運用:

運算方式	說明
保留細節 (放大)	選擇此方法, 下方還會多出一個**減少雜訊**滑桿, 在放大影像時消除雜訊
環迴增值法－更平滑 (放大)	會加強色彩的連續性, 很適合增加像素時使用
環迴增值法－更銳利 (縮小)	會稍微降低色彩的連續性, 所以影像的邊緣會變得較為銳利, 適合減少像素時使用
環迴增值法 (平滑漸層)	產生最平滑的效果。這種取樣方法效果最好, 但處理的速度也較慢
最接近像素 (硬邊)	直接以捨棄或複製鄰近像素的方式來重新取樣, 運算速度最快
縱橫增值法	產生較為平滑的效果, 是介於**最接近像素**和**環迴增值法**兩者中間的一種取樣方式

NEXT

在放大文件尺寸時, 若使用重新取樣, 則 Photoshop 會幫你增補像素以維持高解析度, 但是這些像素是 "創造" 出來的, 因此影像品質變差, 而且檔案變大。若不使用重新取樣, 則像素數沒有增加, 檔案不會變大, 但解析度降低, 會讓影像出現鋸齒狀, 所以只適合在大型海報、看板使用。上例我們是在縮小影像的情況下使用重新取樣, 此時 Photoshop 並不會創造像素, 而是刪除像素, 因為輸出尺寸也同時變小, 所以並不影響視覺品質。一般而言, 放大尺寸時重新取樣會明顯降低影像的視覺品質。

將小尺寸影像放大至符合輸出需求

有時候我們取得的來源圖片尺寸太小, 沒辦法符合輸出的需求, 這時可用**影像尺寸**功能將影像放大。在**影像尺寸**交談窗中提供兩種重新取樣的方法, 分別是**保留細節 (放大)**及**環迴增值法 - 更平滑 (放大)**, 底下我們就來比較看看使用哪種取樣方式得到的效果比較好。

請開啟範例檔案 02-10.jpg, 執行『**影像/影像尺寸**』命令, 此影像目前的尺寸為：800 × 533 像素, 我們想將此影像等比例放大至寬度 1600 像素, 以便後續可輸出成明信片。

3 將寬度設為 1600, 高度會自動等比例調整

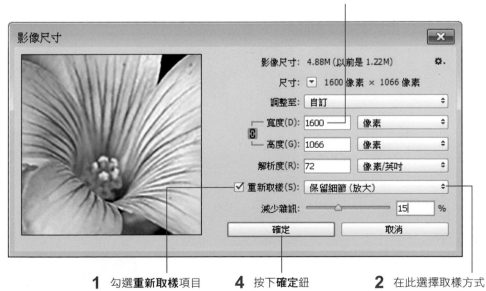

1 勾選**重新取樣**項目　　**4** 按下**確定**鈕　　**2** 在此選擇取樣方式

同樣將影像放大至 1600 × 1066 像素，並以 100% 的檢視比例來瀏覽，**保留細節 (放大)**，會使影像較銳利，保留的細節較多，而採用**環迴增值法 - 更平滑 (放大)**，則影像比較模糊。

重新取樣：保留細節 (放大)

減少雜訊：15%

重新取樣：環迴增值法 - 更平滑 (放大)

2-5　修正曝光

　　確定影像的內容後，接著要進入**修正曝光**的階段，此階段在調整影像的明暗與對比。拍攝時可能因為環境光線不足、測光錶誤判、沒開閃光燈 ... 等因素，導致相片太暗或太亮，所幸可以藉由 Photoshop 還它一個清晰、明亮的面貌。

🖊 檢視「色階分佈圖」了解曝光狀況

　　在調整曝光之前，我們先帶各位觀察影像的**色階分佈圖**，以了解影像的曝光狀況。**色階分佈圖** (Histogram) 是描述影像「亮度」分佈狀況的統計圖表：它的 X 軸代表最暗 (黑色) 到最亮 (白色) 的**亮度範圍**，每一格亮度稱為一個「色階」 (所以調整「亮度」也可說成調整「色階」或「階調」)；Y 軸則代表**像素數量**。將影像中的所有像素依照「亮度」分組，例如：黑色一組、暗灰色一組、中灰色一組、白色一組，然後將每個亮度的「像素數量」畫成長條圖，這就是影像的**色階分佈圖**了！

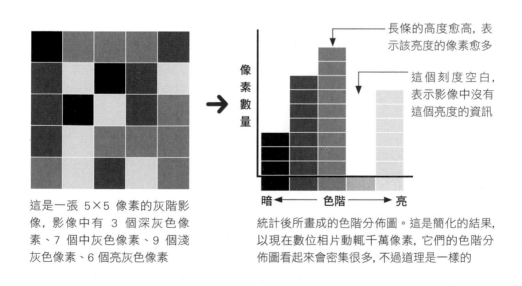

這是一張 5×5 像素的灰階影像，影像中有 3 個深灰色像素、7 個中灰色像素、9 個淺灰色像素、6 個亮灰色像素

統計後所畫成的色階分佈圖。這是簡化的結果，以現在數位相機動輒千萬像素，它們的色階分佈圖看起來會密集很多，不過道理是一樣的

　　在 Photoshop 中開啟影像 (如範例檔案 02-11.jpg)，然後打開**色階分佈圖**面板 (請勾選『**視窗/色階分佈圖**』命令來開啟)，即可觀察該影像的色階分佈圖：

02-11.jpg

數位相片是由 R、G、B 3 個色版組成, 每個色版都有自己的色階分佈圖, 將 R、G、B 3 個色版的色階分佈圖疊起來, 就是整張影像的色階分佈圖。建議各位可將所有顏色都想成灰色或黑色會比較容易理解

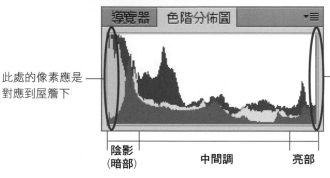

此處的像素應是
對應到屋簷下

過曝的白雲其像
素集中在這裡

陰影
(暗部)　　中間調　　　亮部

色階分佈圖面板

Photoshop 的**色階分佈圖**面板有 3 種模式, 上圖是**精簡視圖**模式, 僅顯示色階分佈圖, 此外還有**擴展視圖**和**所有色版視圖**, 除了色階分佈圖之外還會顯示色階的統計資料:

按此鈕即可在選單中選擇視圖模式

將此項切換成 **RGB** 色版 (預設是**彩色**色版), 即會顯示黑色的色階分佈圖

色階分佈圖的分析要點

我們要如何從**色階分佈圖**觀察影像的曝光呢？主要有兩個觀察要點：

● **動態範圍**

　　動態範圍是指影像的「最暗點」到「最亮點」之間的範圍。若影像的**動態範圍**從 X 軸最左端綿密地延伸到最右端，表示影像細節充足、對比鮮明；若**動態範圍**未達 X 軸的最左端，或未達 X 軸的最右端，或兩端都沒有碰到，這就暗示著「暗的點不夠黑，亮的點不夠白」，影像很可能有**過亮**、**過暗**、或**對比不足**的問題。但是，是否要因此提高或降低影像的亮度、對比，則還要視影像要表現的效果而定。

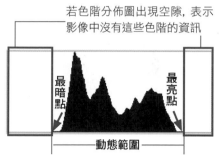

若色階分佈圖出現空隙，表示影像中沒有這些色階的資訊

動態範圍

從色階分佈圖可以看出，這張影像的像素集中在 "中間偏暗" 的色階，兩側的像素很少，**最暗點**和**最亮點**都沒有到達**黑**跟**白**，所以影像的反差不大

● **色階剪裁**

若影像的**動態範圍**多到 "滿" 出來了，以致在 X 軸的最左端、最右端、或左右兩端出現大量的像素 (有凸起的長條)，這表示影像有「**色階剪裁 (Clipping)**」的現象，也就是有些像素被記錄成全黑或全白！全黑、全白代表沒有細節，亦即影像失去這些像素的色階資訊了。編修相片，除非特殊需要 (例如反光點就是要變成全白才能表現出光澤)，否則應該小心避免「**色階剪裁**」發生，也就是不要將原本不是白色或黑色的像素調成白色或黑色了，以免損失影像的細節。

從色階分佈圖可以看出，這張影像的暗部集中了大量的黑色像素，亦即暗部有很多像素沒有細節了，不過這張影像是故意造成「**暗部色階剪裁**」的，目的是隱蔽雜亂的景物

亮度/對比：調整整張影像

Photoshop 提供多種調整影像亮度、對比的功能，每種功能有其使用的時機，底下我們將依序介紹**亮度/對比、色階、曲線**以及**陰影/亮部**這些功能的用法。

亮度/對比功能的操作最直覺，它只有兩個選項：**亮度**和**對比**，調整**亮度**就可以讓影像變亮或變暗，調整**對比**則可增、減對比的強弱。不過它是針對整張影像來調，彈性較為不足。

亮度/對比交談窗

STEP 01 請開啟範例檔案 02-12.jpg，分析其色階分佈圖發現亮部的資訊很少，有曝光不足的問題。

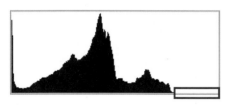

STEP 02 執行『**影像/調整/亮度/對比**』命令，拉曳交談窗的**亮度**滑桿和**對比**滑桿來增加影像的亮度與對比：

灰色範圍為原來的色階分佈圖　　黑色範圍為目前調整的結果

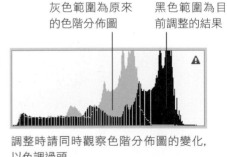

調整時請同時觀察色階分佈圖的變化，以免調過頭

STEP 03 調好後按下**確定**鈕關閉交談窗。

02-12A.jpg

色階：針對亮部、中間調、陰影做調整

色階功能比**亮度/對比**更進步，它將影像階調分成**亮部、中間調、陰影** 3 部份，每個部份都可個別調整，例如將陰影調暗但亮部不變，或是調整中間調但亮部和陰影都不變。

請開啟範例檔案 02-13.jpg，分析其色階分佈圖發現影像的亮部及暗部細節很少，以致影像對比不足看起來灰濛濛的，我們利用**色階**功能來替它改善一下。

02-13.jpg

影像的亮部及暗部細節很少

STEP 01 執行『**影像/調整/色階**』命令開啟**色階**交談窗。在**輸入色階**區可看到黑、灰、白 3 個滑桿，這 3 個滑桿分別代表全黑、中間調和全白，我們將**黑色滑桿** ▲ 拉曳到分佈圖的最左端，表示**將影像的最暗點對應到全黑**，所以陰影會變得更暗，但亮部不受影響。

你可切換**預視**選項，從文件視窗比對調整前後的差異

STEP 02 接著把**白色滑桿** △ 拉曳到分佈圖的最右端，此舉表示**將影像的最亮點對應到全白**，所以亮部會變得更亮，但陰影不受影響。

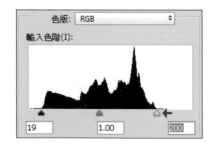

STEP 03

灰色滑桿 代表中間調，當我們調整**黑色**和**白色**滑桿時，**灰色滑桿**也會跟著移動，目的在保持亮部和陰影的均衡。本例我們希望影像再稍微亮一些，好讓畫面中的花卉較鮮艷，但最亮點和最暗點不變，可將**灰色滑桿**往左移，結果暗部區的像素變少，所以影像變亮一點（若向右移，則亮部區的像素變少，影像會變暗）。

02-13A.jpg

將灰色滑桿往左移，暗部的像素（虛線左側）會變少，所以影像變亮

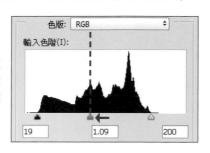

STEP 04

調好後按下**確定**鈕，即可在影像上套用色階調整了。

調整後的色階分佈圖

調整亮度對比之後，再回頭去觀察影像的色階分佈圖，你會發現像素的分佈沒有原來那麼緊密，雖然有些色階的像素變多了，但有些色階出現空隙，完全沒有像素，這意味著影像的細節變少了！所以做任何的調整都不能過頭，否則導致色階分佈圖的空隙加大，影像將會出現斷階、色調不連續的問題。

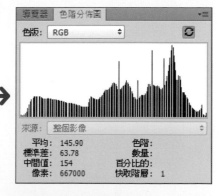

出現 ⚠ 符號表示目前的色階分佈圖是用快取繪製的，速度快但可能有誤差

按下 ⚠ 即可改用實際像素數來描繪色階分佈圖反應真實狀況

✎ 曲線：針對 256 階個別調整

曲線功能又比**色階**更進步了，**色階**可分別調整亮部、中間調和**陰影**，**曲線**則可針對 256 階的每一階來調整，此外還可附加**控點**來做區段調整，彈性比**色階**大得多。

請開啟範例檔案 02-14.jpg，從影像的色階分佈圖可以看出，影像的最亮點和最暗點都已達到全白和全黑，但我們希望再強化對比，讓影像看起來更立體，這就要靠**曲線**才辦得到了：

02-14.jpg

STEP 01 請執行『**影像/調整/曲線**』命令開啟**曲線**交談窗。曲線圖的 X 軸代表**輸入值**，也就是原來的色階值，Y 軸代表**輸出值**，指的是調整後的色階值。一開始我們會看見一條 45 度角的直線，它的涵義是**輸出等於輸入** (y=x)，表示影像尚未調整，而當我們改變曲線的形狀，X 軸與 Y 軸的轉換關係也會產生變化，影像就會變亮或變暗了。

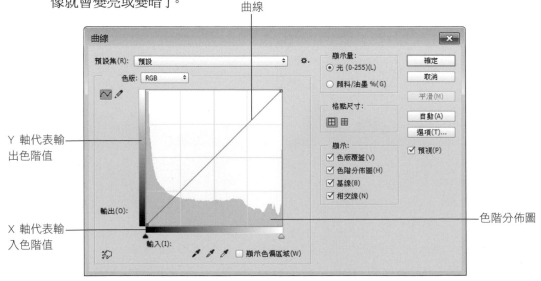

曲線

Y 軸代表輸出色階值

X 軸代表輸入色階值

色階分佈圖

STEP 02 首先我們要讓影像的亮部 (白雲的地方有點過曝) 再更暗一些。請在曲線的上方按一下設置控點，然後往下拉曳，這會讓輸入色階值對應到較低的輸出色階值，所以影像會變暗。

藍天的部份明顯變得較藍，白雲的細節也變多了，改善亮部過曝現象

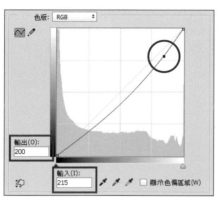

調整後，輸入色階值對應到較低的輸出色階值

若你覺得拉曳曲線調不精確，可以直接在輸入及輸出欄中輸入你想轉換的數值，例如分別輸入 200、215，就表示要將輸入色階 215 轉換成輸出色階 200。

STEP 03 再來要讓暗部更亮一些。請在曲線的下方按一下設置控點往上拉曳，這次會讓輸入色階值對應到較高的輸出色階值，所以影像就變亮了。

這樣的曲線可讓陰影變亮、亮部變暗，而且不會改變影像的最亮點和最暗點

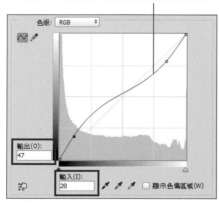

綠葉的部份變亮許多

調整後，輸入色階值對應到較高的輸出色階值

STEP 04 剛才我們將暗部的地方調亮，但有些中間調的部份，如房子前的綠樹以及灰色的地板也跟著變亮了，我們想讓這部份不要太亮，可在**曲線**交談窗中按下 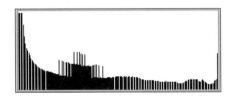 鈕，然後將滑鼠移到灰色的地板上往下拉曳，此時曲線會自動在對應的位置設下控點並同步調整：

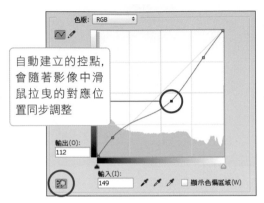

自動建立的控點，會隨著影像中滑鼠拉曳的對應位置同步調整

02-14A.jpg

在此拉曳

🔍 若要清除曲線上的控點，只要將控點拉曳到曲線圖之外就可以了。另外，若要將曲線恢復成最初的 45 度直線，請按住 Alt (Win)/ option (Mac) 鍵，此時曲線交談窗的取消鈕會變成重設鈕，按下重設鈕即可將曲線恢復原狀。

STEP 05 調整完畢請按下**確定**鈕。你可以開啟**色階分佈圖**面板來查看色階分佈圖，經過調整後的影像，出現許多斷階的情形，表示影像的細節變少了！

🖉 陰影/亮部：改善高反差影像

拍攝時，若遇到明暗反差較大的場景，拍出的相片常會發生 "暗部太暗" 或 "亮部太亮" 的問題；對於這種高反差影像，若用**色階**或**曲線**功能來挽救暗部、亮部的細節，效果很有限！所幸 Photoshop 還有另一個專為這種高反差問題所設計的調整功能，那就是**陰影/亮部**！

　　陰影／亮部功能能夠分辨影像中陰影 (暗部)、中間調、亮部的像素，然後針對陰影的部份調亮，或針對亮部的部份調暗，重新展現陰影、亮部的細節！請開啟範例檔案 02-15.jpg，若觀察這張影像的色階分佈圖會發現像素集中在暗部，但若就畫面來看，除了暗部太暗外，溪流的部份也有些過曝。底下我們就運用**陰影／亮部**功能，快速替那些偏暗、過曝的地方找回細節。

02-15.jpg

02-15A.jpg

STEP 01　執行『**影像／調整／陰影／亮部**』命令，**陰影／亮部**交談窗有**簡單**和**進階**兩種模式，對於大部份的影像來說使用**簡單模式**就夠了，請將交談窗切換成**簡單模式**。

取消此項切換
成簡單模式

簡單模式只有兩個控制滑桿，其中**陰影**的**總量**滑桿控制
陰影調亮的程度，**亮部**的**總量**滑桿控制亮部調暗的程度

STEP 02 執行『**陰影/亮部**』命令預設會替影像的陰影區調亮 35%，若不適合就自己手動調整，此例我們將陰影加亮 50%，亮部則調暗 20%，就可得到想要的效果。

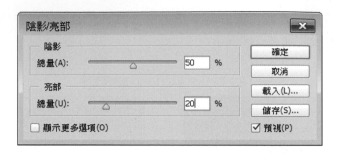

注意，由於陰影/亮部功能會自動調亮陰影區域，所以若你只是要調暗亮部的話，需手動將陰影的總量滑桿歸零。

2-6　調整色彩

調整色彩這個步驟我們要做兩件事：一是修掉難看的色偏，另一件是調整色彩的飽和度，讓影像更鮮豔或是減輕色彩濃度。

校正色偏

數位相機不像人的眼睛和大腦會自動調適在不同光線環境下的色彩感知，因此需要設定適當的**白平衡模式**，如：日光、陰天、螢光燈、鎢絲燈 ...，才能拍出色調和真實顏色接近的相片。但有時即使設定了**白平衡模式**，效果還是不盡理想，幸好我們還可以利用 Photoshop 來做調整。

如何判斷色偏

通常在陽光充足的戶外拍攝，相片可能會有偏藍的問題，而在室內鎢絲燈下拍攝的相片，則往往容易偏黃或偏紅。要確認相片有沒有色偏，我們可以觀察相片中應該是黑、灰、白的「中性色」區域，例如白色牆壁、上衣、灰色路面、石頭 ...，假如這些區域看起來藍藍的、黃黃的，就可能出現色偏的問題。

> 「中性色」是指 R、G、B 值皆相等的意思，黑色、灰色、白色都是中性色，所以若檢視灰色路面的 R、G、B 值，發現 B 值較 R、G 值高，可判斷相片有偏藍的問題。相同的道理，若 R 值比 G、B 值高出許多，表示偏紅；G 值比 R、B 值高出許多，表示偏綠。

不過光是用眼睛看不太準確，如果電腦螢幕又沒校色的話也看不出所以然，底下我們介紹一個客觀的方法來做判斷。請開啟範例檔案 02-16.jpg，這張在室內鎢絲燈環境下拍攝的美食，用肉眼看似乎明顯偏黃，我們來檢查相片中的白色盤子是否真是如此：

02-16.jpg

STEP 01 請開啟**資訊**面板 (執行『**視窗／資訊**』命令), 接著到**工具面板**選取**滴管工具** , 並將**選項列**的**樣本尺寸**設定為 **3×3 平均像素**, 也就是取樣 9 個像素的平均值, 這會比只取樣一個像素的結果準確。

STEP 02 將**滴管工具**移到白色盤子上, 並觀察**資訊**面板的 R、G、B 值, 正常來說應該要相當接近, 不過本例的 B 值遠比 R、G 值低, 所以相片有偏黃的問題。

內容	資訊			
	R :	205	C :	25%
	G :	170	M :	37%
	B :	131	Y :	50%
			K :	0%
8 位元			8 位元	
	X :	108.66	W :	
	Y :	57.01	H :	

藍色 (B) 比紅色 (R) 和綠色 (G) 低很多

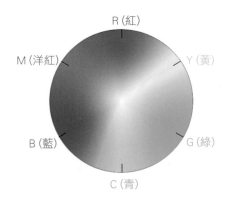

將滑鼠指標移到白色盤子上

　　至於修除色偏, 其實就是運用色彩互補關係來調節各色彩的濃度, 以達到平衡狀態。譬如「藍色」的互補色是「黃色」, 要平衡偏黃的影像有下列兩種做法:

- 增加藍色的量, 或是增加洋紅色和青色的量 (因為洋紅+青會變成藍色), 那麼黃色就會減少。

- 直接減少黃色的量, 或是減少綠色和紅色的量 (因為綠+紅會變成黃色), 那麼藍色就會增加。

　　有關色彩的互補關係, 請參考色輪圖, 其中位於對角位置的兩色即為互補色:

R (紅)

M (洋紅)　Y (黃)

B (藍)　G (綠)

C (青)

使用「色彩平衡」修除色偏

　　檢查出色偏的問題，再來要如何移除呢？有很多種方法，最簡單的就是執行『**影像/自動色彩**』命令，但自動調整的結果往往參差不齊、無法保證。比較好的方法還是手動調整，現在我們就用**色彩平衡**功能來替範例檔案 02-16.jpg 修除相片偏黃的問題。

STEP 01　首先請用**工具面板**中的**顏色取樣器工具** ，分別在影像的中間調、亮部、陰影等地方按一下滑鼠左鈕設置顏色取樣器，做為修正色偏的參考依據：

中間調　　　　　　　　　　陰影

亮部

中間調	#1 R :	169		#2 R :	255
	G :	152		G :	255
	B :	136		B :	252
陰影	#3 R :	24			
	G :	11			
	B :	1			

亮部

設定顏色取樣器後, 可從
資訊面板中觀察 RGB 值

STEP 02 執行『**影像/調整/色彩平衡**』命令開啟**色彩平衡**交談窗，首先我們調整中間調的部份，請在**色調平衡**區中選取**中間調**，然後調整上面的 3 個滑桿，降低紅色並增加藍色：

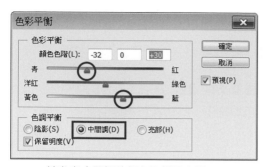

請參考中間調的顏色取樣器來調

STEP 03 再來調整亮部，請在**色調平衡**區選取**亮部**，然後參照亮部的顏色取樣器數據來調整 3 個滑桿，讓 R、G、B 值趨近：

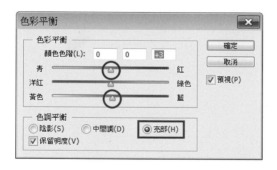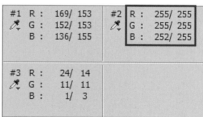

STEP 04 檢查陰影的顏色取樣器，發現紅色還是有點多，所以請在**色調平衡**區選取**陰影**，並將紅色稍微降低，然後就可按下**確定**鈕完成修除色偏的工作了。

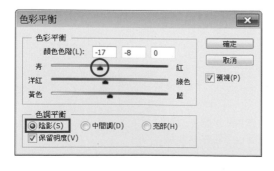

STEP 05 修除色偏後，你可以按 Ctrl + Z (Win) / ⌘ + Z (Mac) 鍵，來比較調整前、後的差異。

02-16.jpg

02-16A.jpg

　　　　　　　調整前　　　　　　　　　　　　　　　　　調整後

使用「灰色滴管」修除色偏

　　使用**色彩平衡**功能校正色偏，結果精確但操作繁瑣，初學者可能調了半天還調不好；這裡我們再介紹一個比較簡單又不失精確的方法，那就是使用**灰色滴管**。**灰色滴管**藏在**色階**、**曲線**功能裡面，只要用**灰色滴管**點一下影像中應該是 "中灰色" 的地方，就可以校正色彩、修除影像的色偏。

 STEP 01 請開啟範例檔案 02-17.jpg，這張相片的問題和上個範例一樣，因為在黃色燈光的室內拍照，所以白色的湯杯也被染得黃黃的了：

02-17.jpg

STEP 02 執行『**影像／調整／色階**』命令 (執行『**影像／調整／曲線**』命令也可以)，然後在交談窗中選取**灰色滴管** 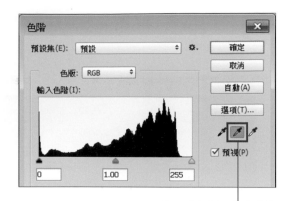：

按下此鈕選取**灰色滴管**

STEP 03 接著將滑鼠移到影像上尋找應該是 "中灰色" 的區域，如湯杯底的陰影，然後點一下該區域就可移除色偏。假如點選之後，影像顏色變得很奇怪，就再試點其它 "中灰色" 區域試試看。

02-17A.jpg

改善色彩飽和度

有些相片在提高亮度後色彩也跟著變淡了，這時我們可以調整影像的飽和度，讓它變得更鮮豔一些。除了增豔之外，有些膚色的問題，例如偏紅、偏黃，我們也常藉由調整飽和度來修正。

自然飽和度

請開啟範例檔案 02-18.jpg，這朵繡球花因為提高亮度的關係，使得花朵的顏色也變淡了，現在我們用**自然飽和度**功能幫它恢復一些豔麗的色彩：

STEP 01　請執行『**影像／調整／自然飽和度**』命令，其中有兩個控制滑桿：調整**飽和度**滑桿表示所有顏色都做等量的調整；調整**自然飽和度**滑桿則會分辨顏色目前飽和度的狀況，僅針對飽和度較低的顏色增加飽和度，避免趨近飽和的顏色發生剪裁 (也就是過度飽和，到達最亮點 255 的意思) 而喪失細節。

自然飽和度交談窗

STEP 02　分別將**自然飽和度**滑桿和**飽和度**滑桿提高到 70，結果發現，使用**自然飽和度**滑桿可降低顏色發生剪裁的機率，避免影像出現不自然的螢光色。

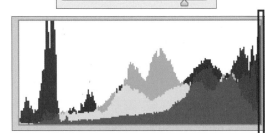

顏色剪裁程度變動不大　　　　　　　　　　　顏色剪裁程度大幅增加

STEP 03 通常，若要增強影像的色彩飽和度，建議先提高**自然飽和度**滑桿，讓影像整體的飽和度獲得一致的提升；之後，如果繼續調**自然飽和度**的效果不大，這時候再調**飽和度**滑桿來補強。本例我們的設定如下：

02-18A.jpg

色相/飽和度

自然飽和度功能是對影像所有顏色來調，假如只想針對某特定顏色調整飽和度，可利用**色相/飽和度**功能。請開啟範例檔案 02-19.jpg，這張照片因為相機的飽和度設定調太高，導致花朵顏色太豔紅，底下我們利用**色相/飽和度**功能針對花的部份來降低一些飽和度：

 請執行『**影像／調整／色相／飽和度**』命令，開啟交談窗後選取左側下方的 鈕，將滑鼠移到桃紅色的花朵上方左右拉曳，即可針對桃紅色的花調整飽和度，此例請將滑鼠往左拉曳以降低飽和度：

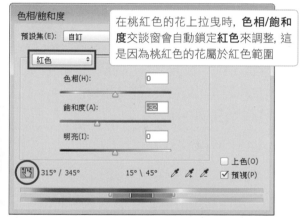

> 在桃紅色的花上拉曳時，**色相/飽和度**交談窗會自動鎖定**紅色**來調整，這是因為桃紅色的花屬於紅色範圍

 調好後就可按下**確定**鈕完成。

桃紅色的花沒有過度豔麗了

2-7　強化影像清晰度

因為數位相機設計先天因素使然，數位相片看起來會有些模糊的感覺，所以要藉由「**銳利化**」程序來提升清晰度。所謂的「**銳利化**」就是強化影像邊緣像素的對比，藉此讓影像看起來更清晰。必須強調的是，銳利化處理會嚴重破壞影像細節，所以我們都是留待最後準備輸出之前，才替影像銳利化。

「遮色片銳利化調整」濾鏡

Photoshop 提供多種銳利化功能，其中以**遮色片銳利化調整**濾鏡最為實用，我們來看它的用法。請開啟範例檔案 02-20.jpg，並將顯示比例調成 100%。這是為了讓影像的每個像素剛好對應到螢幕上的一個點，以忠實呈現銳利化的結果，避免銳利化過度讓影像變得更糟。

02-20.jpg

STEP 01 執行『**濾鏡/銳利化/遮色片銳利化調整**』命令，在**遮色片銳利化調整**交談窗中提供了 3 個控制滑桿來調配銳利度：

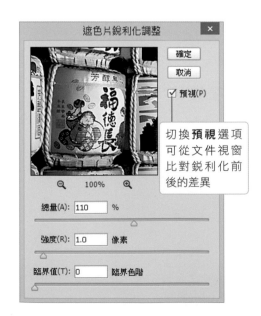

切換**預視**選項可從文件視窗比對銳利化前後的差異

- **總量**：加強影像邊緣像素對比的程度。
- **強度**：設定在影像邊緣會有多少像素受到銳利化的影響。
- **臨界值**：設定兩個像素之間差異多大時，才會被認為是影像中的邊緣。

STEP 02 調整順序一般是先替**總量**和**臨界值**設定一個初始值，例如**總量**可以設在 100% ～ 300% 之間，**臨界值**則先設成 0，讓影像保持最敏感的狀態。再來調整**強度**，通常具有明顯輪廓的影像，如：機器、建築...，可以使用較高的**強度**，如 1～4 像素；人物、植物等輪廓較為細緻、柔軟的影像，**強度**就不宜太高，約介於 0.5～1 像素。然後再去調整**總量**和**臨界值**直到滿意為止。本例的銳利化設定為：**總量** 110%、**強度** 1.0 像素、**臨界值** 0 色階。

STEP 03 調好銳利度後，按下**遮色片銳利化調整**交談窗的**確定**鈕套用。

`02-20.jpg`

銳利化前

`02-20A.jpg`

銳利化後

2-8 開啟 RAW 檔與基本編修

許多攝影愛好者都知道, 要獲取最高品質的影像, 最好是拍攝 **RAW 檔**, 也就是所謂的**數位相機原始檔**! 不過 RAW 檔並非完成的影像檔案, 它只是一組拍攝資訊的集合而已, 必須經過 "轉換" 才能變成一般的影像檔案。

所以, 大部份的影像處理軟體無法直接編輯 RAW 檔, 但是 Photoshop 很體貼, 本身即已加掛 RAW 檔轉換程式 — **Camera Raw 增效模組**, 讓我們可以在 Photoshop 中將 RAW 檔的轉換與編修一氣呵成。

在 Photoshop 中開啟 RAW 檔

要在 Photoshop 中開啟 RAW 檔來編輯, 不需特殊技巧, 只要比照第 1 堂課**開啟舊檔**的方式, 或是將欲開啟的 RAW 檔拉曳到工作區內, Photoshop 就會自動啟動 **Camera Raw 增效模組**來轉換 RAW 檔了:

標題列, 顯示 **Camera Raw 增效模組**的版本與拍攝的相機 　　　　色階分佈圖

工具列

RAW 檔預視影像

02-21.raf

工作流程選項, 可設定色彩空間、
位元深度、影像尺寸與解析度

影像調整標籤列

✒ 轉換 RAW 檔

  Camera Raw 增效模組本身提供相當豐富且完整的編修功能, 包括曝光、色彩、飽和度、銳利化、除雜訊、去髒點、裁切、鏡頭校正 ... 等等, 在 **Camera Raw 增效模組**中處理 RAW 檔的好處是不會降低影像品質, 而且轉換的結果愈好, 到 Photoshop 中所要做的編修就愈少, 因此可以確保影像的最高品質。底下我們就來介紹在 **Camera Raw 增效模組**中轉換 RAW 檔的基本流程:

STEP 01 首先按下交談窗下方的**工作流程選項**連結, 以設定轉換 RAW 檔要套用的**色彩空間**、**色彩深度** (即位元深度)、**像素尺寸**、**解析度**, 並進行初步的銳利化。

RAW 檔的清晰度往往不足, 所以需進行初步的銳利化, 此項請依照輸出的**材質**來選擇即可

這裡的**濾色**是**螢幕**的意思

STEP 02 接著切換到**基本**頁次進行整體的色調、曝光、色彩、以及清晰度的校正。

① 設定白平衡校正色偏
② 調整中間調的亮度與對比
③ 調整亮部與暗部的亮度
④ 調整最亮點與最暗點的亮度
⑤ 相當於 Photoshop 的**自然飽和度**
⑥ 按下此鈕, 可依序切換不同的**編輯前/修圖後**對照模式, 可選擇左右並排顯示/左右分割顯示或上下相疊顯示/上下分割顯示

STEP 03 若還要除雜訊、矯正變形, 便再切換到其它頁次處理, 這裡我們只進行**基本**頁次的調整。調好後, 就可按下交談窗下方的**開啟影像**鈕, 將轉換結果開啟在 Photoshop 中:

最後還必須在 Photoshop 中進行存檔的動作, 才算將 RAW 檔轉換成一般的影像檔案

JPEG、TIFF 格式的檔案也能開啟「Camera RAW 濾鏡」來調整影像

以往只有 RAW 格式的檔案才能開啟 **Camera RAW** 來調整影像的曝光、色彩、…等設定。現在 Photoshop CC 在『**濾鏡**』功能表中新增了 **Camera RAW 濾鏡**, 不論您開啟的是 JPEG 或 TIFF 等格式的檔案, 都能執行『**濾鏡/ Camera RAW 濾鏡**』命令來調整影像。

這功能我最常用來修復影像中的局部區域, 例如過亮或過暗的部份, 尤其是容易過曝的白雲, 利用**白色**滑桿, 就能使其恢復細節。

02-22.jpg

此影像的白雲曝光過度, 沒有細節

02-22A.jpg

降低 **Camera RAW 濾鏡**的**白色**及**亮部**滑桿, 就能恢復白雲的細節

重點整理

1. Photoshop 編修相片的基本工作流程, 共分成 5 大步驟:

2. 使用**裁切工具**裁切影像, 若要套用 "非破壞性裁切" 以保留裁掉的範圍, 請取消**選項列的刪除裁切的像素**選項。

3. **鏡頭校正濾鏡和最適化廣角**濾鏡皆可校正鏡頭造成的透視及扭曲變形, 不過前者是針對整張影像套用一致的調整, 後者則可針對特定的位置設定限制參考線。

4. 若是因為相機朝上、朝右拍攝所造成的影像透視變形, 很適合使用**透視裁切工具**來矯正, 只要將裁切網格貼齊變形影像的四個角落, 然後確認即可。

5. **像素尺寸、文件尺寸**以及**解析度**三者之間的關係, 可用下面的公式來表示:

$$\text{像素尺寸 / 解析度 = 文件尺寸}$$

6. **亮度/對比**功能是針對整張影像來調整亮度和對比。**色階**功能可分別針對影像的**陰影、中間調、亮部**來調整曝光。**曲線**則可針對 256 階的每一階來調整, 並可設定 14 個控點, 針對特定階調範圍來調整。

7. 使用**陰影/亮部**功能, 可輕鬆將過暗的暗部 (陰影) 調亮, 將過曝的亮部調暗。

8. 修除色偏的基本概念就是運用**色彩互補關係**來調節各色彩的濃度, 以達到平衡狀態。例如影像偏紅表示青色太少, 可增加青色或綠色及藍色來修正, 亦可減少紅色或黃色及洋紅色來修正。

9. 數位相機拍攝的影像先天上清晰度都不足, 需要**銳化**來補強清晰度, 但由於**銳利化**處理會嚴重破壞影像細節, 所以都是等到編修完成準備輸出影像前才進行。

10. RAW 檔 (相機原始檔) 只是一組拍攝資訊的集合, 必須經過**轉換**才能變成一般的影像檔案, Photoshop 外掛的 **Camera Raw 增效模組**就是 RAW 檔轉換程式。

實用的知識

1. 色階分佈圖上若出現空隙代表什麼意思呢？

色階分佈圖上若出現空隙, 代表有些階調完全沒有像素分佈, 影像的細節減少了。若空隙過大, 影像會出現階調變化不連續的情況, 即所謂的「色調分離」。所以調整影像曝光及色彩時, 盡量減少次數, 以免造成色階分佈圖的空隙擴大, 出現色調分離的現象。

2. 假如相片有多種用途, 例如輸出成大型海報、封面、傳單、書籤、網頁影像 ... 等, 該如何確定影像尺寸呢？

我們的建議是根據「最大尺寸」來設定, 假如大型海報所需的尺寸最大, 那就先設定成大型海報所需的尺寸；待影像處理完畢後, 再利用重新取樣、調整解析度的技巧, 將影像縮小成其它用途需要的尺寸, 這樣視覺品質才不會降低。如果一開始像素尺寸設得太低, 後來再重新取樣來放大, 則品質就不好了！

03

數位相片的
修補與美化

課前導讀

有時相片中難免會出現一些破壞畫面的瑕疵, 這一堂課除了要教各位修補及清理相片上的瑕疵與髒點外, 還要介紹幾項實用的功能, 例如用**光圈模糊**濾鏡模擬大光圈效果、套用**移軸模糊**濾鏡模擬移軸鏡頭效果, 此外, 拍糊的相片先別刪, 試試用**防手震**濾鏡讓相片變清晰。還有, 若是畫面太空洞, 還可以用新的「種樹」功能來填補畫面。

本章學習提要

- 運用**內容感知填滿**功能快速修掉畫面中的雜物

- 使用**修復筆刷工具**與**仿製印章工具**修補瑕疵區的紋理

- 使用**污點修復筆刷工具**快速清除影像上的髒點

- 使用**修補工具**修補較大範圍的瑕疵

- 使用**內容感知移動工具**輕鬆移動與複製影像而不露破綻

- 套用**景色模糊**濾鏡模糊背景、製造浪漫光點

- 套用**光圈模糊**濾鏡模擬大光圈效果

- 利用**移軸模糊**濾鏡模擬移軸鏡頭效果

- 套用**路徑模糊**濾鏡替影像製造速度感

- 套用**迴轉模糊**濾鏡製造轉動的速度感

- 拍糊的相片先別刪!用**防手震**濾鏡讓相片變清晰

- 畫面留白太多, 不妨用**種樹**功能來改善構圖吧!

預估學習時間　**120**分鐘

3-1　運用「內容感知填滿」快速消除雜物與填補畫面

　　照片裡若有避不開的雜物或遊客，只要交由 Photoshop 的**內容感知填滿**來處理，幾秒內就能快速消除。此外，它還能幫你迅速填補畫面中的空白，讓照片完美無瑕，現在我們就立即來體驗這個神奇的功能。

清除照片中的雜物與不散的遊客

　　著名的景點通常遊客都很多，要拍到沒有人的景色實在很難。還有在按下快門時沒注意，也常會拍入一些破壞畫面美感的雜物，這些我們都可以用**內容感知填滿**功能來清除！

03-01.jpg

著名的芝櫻景點遊客絡繹不絕，好不容易等到人潮散去才拍攝，但還是有零星的遊客避不掉

03-01A.jpg

用**內容感知填滿**功能來清除，馬上讓畫面變清爽

STEP 01　首先，我們得選取要清除的範圍，這樣**內容感知填滿**功能才能依據選取範圍的周圍影像來做運算填補的工作。請按下**工具面板**的**套索工具** ，然後在影像中圈選出要清除的部份。

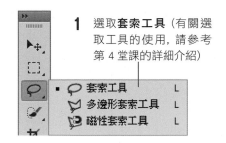

1 選取**套索工具**（有關選取工具的使用，請參考第 4 堂課的詳細介紹）

　　○ 套索工具　　　L
　　▽ 多邊形套索工具　L
　　▷ 磁性套索工具　　L

3 連接到起點後放開滑鼠

 →

2 按住滑鼠左鈕沿著人的邊緣拉曳，概略地選出一個範圍就行了，不必很精確，但人的陰影記得也要選取，這樣清除後的結果才自然

形成一個選取區（黑白相間的虛線）

STEP 02　執行『**編輯/填滿**』命令（也可以直接按 Delete 鍵），在**填滿**交談窗的**內容**列示窗選擇**內容感知**項目，再按下**確定**鈕，剛才圈選起來的人就會馬上變不見，而且修飾後的結果非常自然。修飾完畢請按下 Ctrl + D （Win） / ⌘ + D （Mac）鍵取消選取範圍。

填滿　　　　　　　　×

　內容：內容感知 ▾　　確定
　選項　　　　　　　　取消
　☑ 顏色適應(C)
　混合
　　模式：正常 ▾
　不透明度(O)：100 ％
　☐ 保留透明(P)

原本的遊客不見了

STEP 03 為提高效率，我們可以一次選好所有要清除的範圍再做**填滿**的動作。請到**套索工具**的**選項列**按下**增加至選取範圍**鈕 ，即可同時選取多個地方，請如下圖分別選取要清除的部份，再如步驟 2 按下 Delete 鍵來做清除。

1 按下此鈕

2 選取這幾個區域，按下 Delete 鍵

一次清除所有雜物及遊客

修補後出現殘影？

如果用**內容感知填滿**修補過後, 有些區域沒有完全清除乾淨, 反而出現其他影像或殘影, 你可以按 Ctrl + Z 鍵復原, 再重新開啟**填滿**交談窗, 勾選**顏色適應**項目, 此項目會以周圍的顏色進行運算, 以混合填色的顏色, 若修補的範圍有明顯的漸層, 勾選此項可以得到比較好的結果。

此張相片的天空部份有明顯的漸層, 我們想用**內容感知填滿**修掉此白雲

未勾選**顏色適應**項目, 有明顯的殘影

勾選**顏色適應**項目, 修補後的結果自然多了

　　根據筆者的測試, 若欲清除範圍的周圍色調單純、沒有複雜景物, 則執行一次**內容感知填滿**命令就有非常好的效果。但若要清除的區域周圍有太多景物 (如樹枝、花叢、…等), 可能無法一次清除乾淨, 此時可以試著擴大或縮小選取範圍後, 再執行**內容感知填滿**命令, 通常會有比較令人滿意的結果。

若是要修掉的地方有明顯的線條 (如地磚、欄桿、圖騰、…等)，修除後的結果會不太自然，易產生線段接合不起來的情形，所以使用**內容感知填滿**功能後，還需藉助其他修補工具來輔助，例如使用稍後將介紹的**仿製印章工具**或**修復筆刷工具**等。

例如我們想修掉柵欄上的管線，使用**內容感知填滿**功能後，效果就不盡理想，因為柵欄有明顯線條，容易產生接合不起來的情形，你可以用後續要介紹的**仿製印章工具**來輔助。

🖋 填補影像中的空白區域

內容感知填滿功能除了幫我們清雜物、修遊客外，還可以快速填滿畫面的空白區域，例如將歪斜的水平線拉直還有旋轉整張影像後所產生的空白區域，也能運用這個技巧來填補畫面，而不是只能將空白區域裁切掉。

STEP 01　請開啟範例檔案 03-03.jpg，這張照片的地平線有點歪斜，我們要藉由**旋轉**功能將照片調正，使照片看起來更平穩。

03-03.jpg

STEP 02　按 Ctrl + A (Win) / ⌘ + A (Mac) 選取整張影像，執行『**編輯/變形/旋轉**』命令，到**選項列**的 △ 0.00 度 欄位中輸入 5，然後按兩次 Enter (Win) / return (Mac) 鍵確認，將影像順時針旋轉 5 度。

W: 100.00%　⊖　H: 100.00%　△ 5　度　→

旋轉後周圍會產生空白區域

STEP 03 執行『**選取/反轉**』命令改選空白區域，再執行『**選取/修改/擴張**』命令，在交談窗中輸入 5 像素，將選取範圍稍微擴大，以避免填補畫面後出現破綻：

改選空白區域

將選取範圍擴張 5 像素

STEP 04 執行『**編輯/填滿**』命令（或按 Delete 鍵），運用**內容感知填滿**功能填補空白區域的影像，這個做法的好處是因為沒有用到裁切，所以影像尺寸不會變小。

若是影像中有明顯的修補痕跡，可利用稍後介紹的修復工具來修補。

03-03A.jpg

填滿畫面後，請按 Ctrl + D （Win）/
⌘ + D （Mac）鍵取消選取框

3-2　使用「仿製印章工具」修補影像

　　Photoshop 還有許多修補工具，首先介紹的是**仿製印章工具** ，它可以複製影像中的局部內容，然後忠實地覆蓋到影像的其他部份，很適合用來修補瑕疵區的紋理或是複製影像。

📌 用「仿製印章工具」修掉影像中的光斑、反光點

　　請開啟範例檔案 03-04.jpg，由於拍攝時正面對著太陽，因強烈光線與拍攝角度的關係造成耀光現象，使影像上有明顯的光斑，為了整體美觀我們想清除光斑，這裡示範用**仿製印章工具**來消除。

03-04.jpg

03-04A.jpg

STEP 01　請按下**工具面板**中的**仿製印章工具** 🏷，選取**仿製印章工具**後，接著在**選項列**設定筆刷大小、**不透明度**、**流量**以及取樣來源。

1 按下此鈕開啟**筆刷 預設揀選器**

4 控制仿製的程度, 數值愈大, 表示一次流出的內容愈接近來源影 像的濃度、飽和度;數值愈小, 則一次流出的內容比較淡, 必須 反覆塗抹同一部位, 才能漸漸達到與來源影像相同的內容

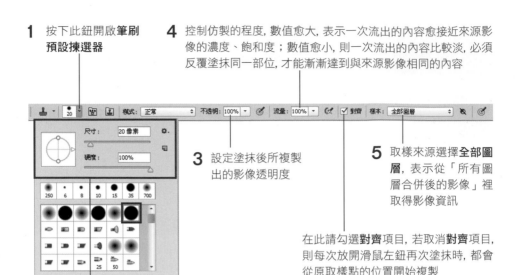

3 設定塗抹後所複製 出的影像透明度

5 取樣來源選擇**全部圖 層**, 表示從「所有圖 層合併後的影像」裡 取得影像資訊

在此請勾選**對齊**項目, 若取消**對齊**項目, 則每次放開滑鼠左鈕再次塗抹時, 都會 從原取樣點的位置開始複製

2 在下方縮圖中選取圓頭筆尖後, 在此設定筆刷大小及硬度

STEP 02 仿製影像最重要的關鍵就是設定**取樣 點**, 也就是指定複製來源, 以本例而 言, 我們要消除相片中的光斑, 所以取 樣點可以設定在岩石上。請按住 Alt (Win)/ option (Mac) 鍵, 然後在岩石上 按一下左鈕, 即可將此區影像設定為取 樣點。

按住 Alt (Win) / option (Mac) 鍵 再用滑鼠點選欲仿製的區域, 即可設 定取樣點

請將影像的顯示比例放大, 以便設定取樣點及待會兒的塗抹操作。

STEP 03 接著在光斑上按住滑鼠左鈕塗抹, 便可 將取樣點的影像複製過來蓋掉光斑, 記 得需順著岩石上紋理塗抹, 這樣才能不 露破綻。

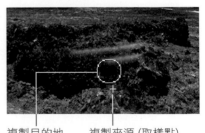

複製目的地　　複製來源 (取樣點)

假如不滿意修補的結果, 可隨時按 `Ctrl` + `Z` (Win) / `⌘` + `Z` (Mac) 鍵還原至上一個步驟, 若是已經執行多次複製作業, 則要按 `Ctrl` + `Alt` + `Z` (Win) / `⌘` + `option` + `Z` (Mac) 鍵做多次還原, 或打開**步驟記錄面板**, 直接點選要回復的步驟記錄名稱來還原。

STEP 04 你可以在每個光斑附近重新設置新的取樣點做為仿製來源, 也可以隨時調整**選項列**的筆刷大小來塗抹。

將相片中的光斑修掉了

🖌️ 用「仿製印章工具」複製影像

　　仿製印章工具除了可用來修補影像的瑕疵, 也可以從其他影像檔案中複製影像過來。例如範例檔案 03-05.jpg 上半部的天空太空洞, 我們想從 03-06.jpg 複製一些雲朵過來。

STEP 01 開啟 03-05.jpg 及 03-06.jpg 後, 執行『**視窗/排列順序/ 2 欄式垂直**』命令, 將兩張影像並排。

STEP 02 切換到 03-05.jpg, 新增一個空白圖層。

STEP 03 選取**仿製印章工具**, 在 03-06.jpg 影像中按住 Alt 鍵, 設定仿製來源, 接著 切換到 03-05.jpg 影像中塗抹, 即可將 03-06.jpg 中的雲朵仿製過來。

2 按住滑鼠塗抹，即可將仿
製來源的影像複製過來

1 在此設定仿製來源

STEP **04** 03-05.jpg　仿製後的雲朵有明顯的深藍色天空，看起來很突兀，請選取**圖層1**，
將混合模式改為**變亮**即可。

若是變更了混合模式，
仍然有明顯的邊緣，可
再利用**橡皮擦工具**擦拭
掉不自然的地方

仿製過來的雲朵有點突兀

將**混合模式**設為**變亮**

更改混合模式後，雲朵
看起來比較自然

本節將介紹 3 個修復工具：**污點修復筆刷工具、修復筆刷工具**和**修補工具**，它們會修復瑕疵區的紋理，還會調和修復區域的明暗度與周圍像素相近，使修補結果更為自然。

使用「污點修復筆刷工具」快速清除髒點

污點修復筆刷工具 可以清除相片中的髒點、污漬或小雜物，例如皮膚上的痘痘、斑點或是相片上的小刮痕...等等。只要在想修補的地方點按或畫一下，Photoshop 便會自動以修補區周圍的影像快速覆蓋掉髒點或雜物，同時還能保留修補區的明暗度，使修補結果不留痕跡。請開啟範例檔案 03-07.jpg，我們以修補照片中的髒點做示範。

由於相機的感光元件入塵，以及拍攝時有飛鳥經過，再加上使用小光圈拍攝，所以照片中的天空有一些明顯的髒點

用**污點修復筆刷工具**在各個髒點上點一下，就可以將天空清得乾乾淨淨

STEP 01 首先請到**工具面板**中選取**污點修復筆刷工具** ：

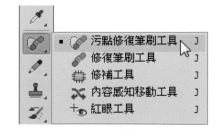

STEP 02 接著到**選取列**設定筆刷大小，請設定比髒點稍大的筆刷大小，這樣才能取樣到周圍乾淨的影像來修補；還有，稍微降低筆刷的**硬度**，以免修補區出現明顯的邊緣。

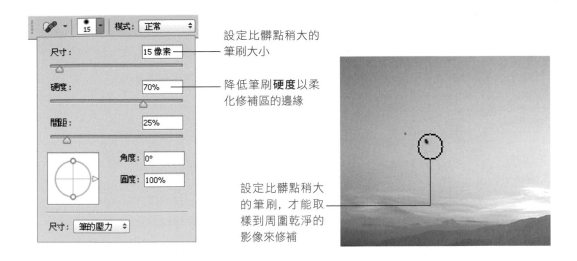

設定比髒點稍大的筆刷大小

降低筆刷**硬度**以柔化修補區的邊緣

設定比髒點稍大的筆刷，才能取樣到周圍乾淨的影像來修補

STEP 03 **選項列**的其它選項請如下設定：

正常表示直接覆蓋掉修補區的原有影像，不做色彩混合處理

若修補區周圍沒有適當的紋理可供取樣，可選擇**建立紋理**類型，Photoshop 即會依據修補區的內容產生紋理

若修補區與周圍影像的紋理較複雜，則應選擇**內容感知**類型，以保存紋理

此例的髒點位於顏色單純的天空，所以可選擇**近似符合**類型

STEP 04 設好**選項列**的設定後，使用**污點修復筆刷工具**在髒點上塗抹或點一下，即可清除髒點；若要清除的範圍較大，可在**選項列**將筆刷設大一點再塗抹。

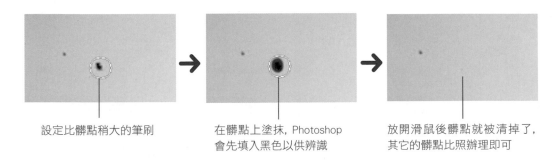

設定比髒點稍大的筆刷

在髒點上塗抹，Photoshop 會先填入黑色以供辨識

放開滑鼠後髒點就被清掉了，其它的髒點比照辦理即可

使用「污點修復筆刷工具」的「內容感知」

什麼時候要用**污點修復筆刷工具**的**內容感知**類型來修補影像呢？通常是修補區的周圍影像有紋理，可是修補區並不需要這些紋理，或是反過來的情況，就會用**內容感知**類型來修補。

 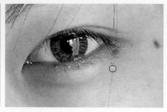 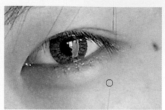

要清除眼睛周圍的髮絲

若用**近似符合**類型，很容易會取樣到眼睛的紋理，反而愈修愈糟

改用**內容感知**類型，即會判斷修補區本身的影像內容，避免取樣到不適當的紋理

使用「修復筆刷工具」修補紋理

修復筆刷工具 🖌 不論是功能還是操作都與**仿製印章工具**類似，也就是仿製良好區塊的紋理來修補瑕疵區，差異在於**修復筆刷工具**在修復瑕疵區時，還會調和明暗度以便與周圍影像亮度相吻合。

請開啟範例檔案 03-08.jpg，圖中的花朵上有兩隻蜜蜂，在視線正中間的蜜蜂因為快速移動而模糊，為了照片的整體美感，我們利用**修復筆刷工具**來修飾掉。

03-08.jpg

我們要修掉這隻蜜蜂

03-08A.jpg

STEP 01　請到**圖層**面板中按  鈕, 在**背景**圖層上新增一個空白圖層。這個空白圖層除了是進行修補作業的場所, 最後還可用它來調節修補的強弱程度。

STEP 02　在**工具面板**中選取**修復筆刷工具** , 然後到**選項列**做如下的設定:

設定適當大小的柔邊筆刷　　　　　**來源**請設為**取樣**　　　　　因為我們是在空白圖層上操作, 所以此項要設為**目前及底下的圖層**, 才能取樣到**背景**圖層的像素來做修補

STEP 03　在蜜蜂附近找一處紋理良好的地方, 然後按住 Alt (Win) / option (Mac) 鍵再點選此區設定取樣點, 接著順著一個方向在蜜蜂上塗抹, 就可以慢慢消掉蜜蜂了:

STEP 04　經過幾次來回地塗抹, 蜜蜂就會被我們所設定的仿製來源－花蕊所取代, 整體畫面的構圖也得到改善。

修補完成後, 可以執行『**圖層/影像平面化**』命令, 將所有圖層合併

🖋 使用「修補工具」修補較大範圍的瑕疵

就功能而言, **修補工具** 🔘 和**修復筆刷工具**相同, 皆是取樣另一區塊的紋理來修補瑕疵區, 差別在於操作方式, **修補**工具是先圈選出要修補的區域, 再將圈選範圍移到欲取樣紋理的區域, Photoshop 就會用取樣區的紋理修補瑕疵區。一般來說, 若要修補的瑕疵區範圍較大, 使用**修補工具**會比較方便。請開啟範例檔案 03-09.jpg, 這張相片的牆上明顯有 2 處髒污, 我們利用**修補工具**來修補:

牆上有明顯的髒污

修補後的結果

STEP 01 請點選**工具面板**中的**修補工具** 🔘, 接著到**選項列**設定**修補**類型, 有兩種類型可選:一是**正常**, 假如瑕疵區的顏色單純、沒有複雜的紋理, 可選此類型;若要確保瑕疵區的紋理, 則應選擇**內容感知**類型。這裡請先選擇**正常**類型, 因為我們要修補的牆壁其色彩單純:

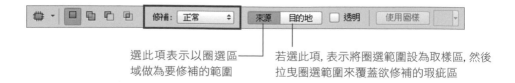

選此項表示以圈選區域做為要修補的範圍

若選此項, 表示將圈選範圍設為取樣區, 然後拉曳圈選範圍來覆蓋欲修補的瑕疵區

STEP 02 到影像上以**修補**工具圈選牆上斑駁的區域, 然後拉曳到乾淨的牆面上, 即可自動以乾淨的牆面區域填補圈選的區域。

按住滑鼠左鈕, 圈選斑駁的區域

將指標移到圈選範圍內, 按住滑鼠左鈕將圈選範圍拉曳到乾淨的牆面上, 再放開滑鼠左鈕

STEP 03 再來到**選項列**將**修補**類型設為**內容感知**, 我們要修補窗台下的髒污:

按下**結構**列示窗, 拉曳滑桿 (或輸入 1 到 7 之間的值), 可指定修補的程度

　　按下**顏色**列示窗, 拉曳滑桿 (或輸入介於 0 至 10 之間的值), 可指定演算顏色的混合程度。輸入 0, 則不會混合顏色, 輸入 10 會套用最高的顏色混合。

STEP 04 同樣到影像上用**修補**工具圈選窗台下的髒污, 然後拉曳圈選範圍到乾淨的牆面上, 放開滑鼠後髒污就會消失了。

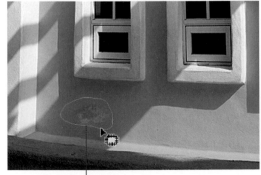

按住滑鼠左鈕拉曳,
圈選窗台的髒污

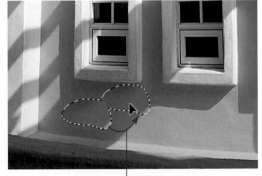

拉曳選取範圍到旁邊乾淨的
牆面再放開滑鼠左鈕即可

 最後, 若要取消影像上的選取框, 請按 `Ctrl` + `D` (Win) / `⌘` + `D` (Mac) 鍵。

運用「內容感知移動工具」 強化畫面構圖

有時候觀賞照片我們不免會發發牢騷：那輛車子如果再左邊一點兒就好了，熱氣球如果再飛高一點就好了，花叢的花如果再開滿一點就好了...，現在不用這樣感歎了，運用 Photoshop 的**內容感知移動工具**，輕輕鬆鬆就可以彌補這樣的缺憾！

🖌 使用「移動」模式搬移影像位置

內容感知移動工具有兩種運算模式：**移動**和**延伸**，假如想要將影像中的某物件移到另一個位置，例如移到右邊上方一點，就要使用**移動**模式，Photoshop 在將物件搬移到新位置後，會將原位置的物件清除；若是選擇**延伸**模式，則同樣會將物件移到新位置，但並不會清除原位置的物件，也就是會為物件再複製一個分身。

請開啟範例檔案 03-10.jpg，這裡我們想讓畫面正中央的楓葉及兩片葉子往左上方移動，以改善構圖呆板的問題，只要運用**內容感知移動工具**的**移動**模式就可以輕鬆辦到：

03-10.jpg

03-10A.jpg

STEP 01　為避免破壞**背景**圖層的影像 (也就是原影像)，請先到**圖層**面板中按下  鈕新增一個空白圖層，待會兒即在這個空白圖層上操作。

STEP 02　接著到**工具面板**中選取**內容感知移動工具**，然後到**選項列**設定運算模式及精確度：

選取**內容感知移動工具** ───

因為我們是在空白圖層上操作, 所以需勾選此項才能取樣到**背景**圖層的影像

此例請選擇**移動**

這兩項設定, 和先前在**修補工具**的**選項列**設定一樣, 可設定運算的精確度及修補的程度, 你可以先沿用預設值, 若效果不好再自行拉曳滑桿來調整

STEP 03　再來使用**內容感知移動工具**到影像中圈選欲搬移的物件：

按住滑鼠
左鈕拉曳

放開滑鼠
左鈕

物件與選取框之間要有適當空隙,
太寬或太窄皆會影響運算的結果

STEP 04 將滑鼠放在選取框內部，然後按住滑鼠左鈕拉曳到新位置，接著放開滑鼠左鈕，按下**選項列**的 ✔ 鈕 (或按 Enter 鍵) 就會開始進行內容感知的運算，將物件搬到新位置。

若要取消選取框，請按 Ctrl + D (Win) / ⌘ + D (Mac) 鍵

不可諱言，**內容感知移動工具**幫我們簡化了許多操作，但並不是萬無一失！基本上，若目的位置與來源位置的背景愈相近，則運算結果愈好，愈不容易看出破綻。此外，若運算結果稍有瑕疵，則可還原操作，然後試著圈選大一點的範圍，或是調整**結構**選項提高精確度再重做一次。當然，若有必要時亦可利用前面介紹的修復工具做修補。

🖊 使用「延伸」模式複製影像

再來我們來看**延伸**模式的用法，請開啟範例檔案 03-11.jpg，此例我們想要讓京都塔再延伸一段，以製造更高聳的視覺效果：

03-11.jpg

03-11A.jpg

操作步驟基本上和上個範例一樣, 只除了**選項列**的**運算模式**要設定為**延伸**模式, 其它不變:

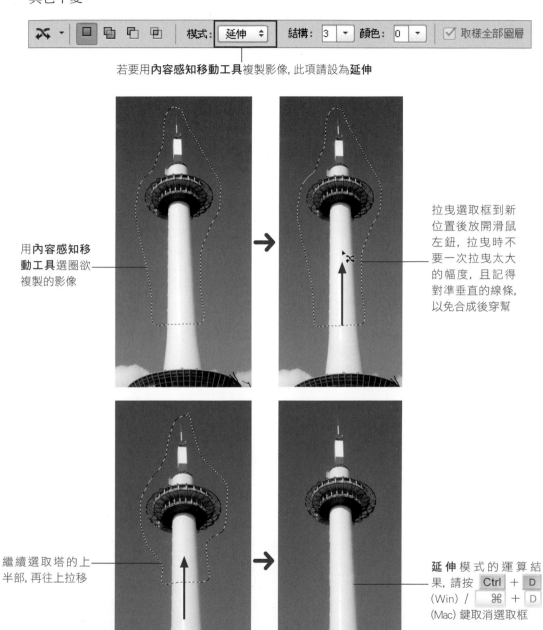

若要用**內容感知移動工具**複製影像, 此項請設為**延伸**

用**內容感知移動工具**選圈欲複製的影像

拉曳選取框到新位置後放開滑鼠左鈕, 拉曳時不要一次拉曳太大的幅度, 且記得對準垂直的線條, 以免合成後穿幫

繼續選取塔的上半部, 再往上拉移

延伸模式的運算結果, 請按 Ctrl + D (Win) / ⌘ + D (Mac) 鍵取消選取框

3-5 套用「景色模糊」濾鏡模糊背景

相信很多人和我一樣, 想要拍出背景朦朧、彷彿奶油化開的散景, 卻往往礙於相機設備不足、鏡頭光圈不夠大而不可得！其實 Photoshop 提供了 5 款**攝影模糊濾鏡**, 可以模擬「景深長短」、「光圈大小」、「移軸鏡頭」...等模糊效果, 對於我們這些買不起昂貴設備的攝影人來說, 真是一大福音！

套用「景色模糊」濾鏡, 使背景變模糊

景色模糊濾鏡的特色是, 可以自由在影像的任何位置製造不同程度的模糊效果, 模擬出你想要的層次感。請開啟範例檔案 03-12.jpg, 我們想模糊背景的漁港, 讓前景的船隻能突顯出來。

03-12.jpg

03-12A.psd

STEP 01 請先到**圖層**面板將**背景**圖層拉曳到**建立新圖層**鈕 ，再拷貝一份**背景**圖層；這樣假如效果做壞了, 只要將這個拷貝圖層刪除再重來即可。

再拷貝一份**背景**圖層

3-24

STEP 02 在套用**景色模糊**濾鏡前, 我們要先將圖層轉換成**智慧型物件**, 由於**智慧型物件**是以非破壞性的方式套用濾鏡, 所以之後可以隨時編輯濾鏡的設定值, 而不用每次都得重新套用濾鏡。請選取**背景 拷貝**圖層, 執行『**濾鏡/轉換為智慧型濾鏡**』命令。

點選此圖層, 執行命令轉換為智慧型濾鏡

轉換為智慧型物件後, 圖層縮圖會多出此符號

STEP 03 接著執行『**濾鏡/模糊收藏館/景色模糊**』命令, 即會主動在影像上設下一個**圖釘**, 拉曳圖釘的中心點可移動**圖釘**到想要的位置 (如影像上方);拉曳圖釘的**模糊圈**則可調整模糊程度, 此處我們將模糊程度設為 15 像素:

拉曳**圖釘**中心點可移動**圖釘**

拉曳**圖釘**的**模糊圈**可調整模糊程度

若不習慣拉曳圖釘的**模糊圈**來調整, 亦可到右
側的**模糊工具**面板來設定模糊程度:

▼ 景色模糊	☑
模糊:	15 像素

此例是套用**景色模糊濾鏡**, 所以
請拉曳此滑桿來調整模糊程度

▶ 光圈模糊

▶ 傾斜位移

STEP 04 再來只要用滑鼠在影像
上點一下, 就可再設下
一個**圖釘**, 這次我們將
圖釘放到前面的船隻,
並設定 0 像素的模糊
程度:

在此新增一個圖釘, 將
模糊程度設為 0 像素,
就可讓船隻變清楚

模糊程度 15

STEP 05 你可以繼續在其他想模
糊的地方設置圖釘, 並
調整其模糊程度, 以
達到你想要的效果。若
想刪除某個圖釘, 只要
在點選該圖釘後, 按下
Delete 鍵即可。另外, 只
要按住 H 鍵, 可暫
時隱藏圖釘, 檢視影像
整體的模糊效果。

模糊程度 0

STEP 06 設好模糊濾鏡的模糊程度之後，接著還可到右側的**效果**面板，針對散景（模糊）的部份調整光影及顏色效果：

❶ 提高散景亮部的亮度　❷ 提高散景的色彩飽和度
❸ 設定亮部的範圍

產生白點部份為光源散景的效果，光源散景適合用在夜景且有明顯光源的相片上

光源散景：0%
散景顏色：0%

光源散景：40%
散景顏色：16%

STEP 07 設定完成，請到**選項列**按下**確定**鈕套用即可。

按此鈕可清除**圖釘**，重設所有設定　　按下此鈕以套用濾鏡效果

修改濾鏡的設定值

套用**景色模糊**濾鏡後，若覺得效果不滿意想再次修改，只要雙按**智慧型濾鏡**圖層下方的**模糊收藏館**，即可再度進入編輯狀態，讓你調整圖釘的位置及模糊程度。

在此雙按

製造浪漫光點效果

景色模糊濾鏡除了可模糊景物外，還可以製造浪漫的光點效果。例如底下這張夜景人像照，背後有些小光點，透過**景色模糊**的調整，將光點暈開、變大，再與原本的影像重疊在一起，就形成迷人的光點效果囉！

03-13.jpg

03-13A.psd

原影像　　　　　　　　　　　製造光點效果

STEP 01 首先, 複製一層**背景**圖層, 並將複製的圖層轉換成**智慧型濾鏡**。執行『**濾鏡/模糊收藏館/景色模糊**』命令, 如圖在影像中設置圖釘及模糊程度。

1 分別在這三個地方設置圖釘

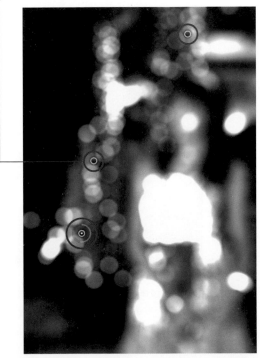

模糊工具
▼ 景色模糊　　　　　　　☑
　　模糊：　　　　　　25 像素
　　　　　　　　◉

▶ 光圈模糊　　　　　　　☐
▶ 傾斜位移　　　　　　　☐
▶ 路徑模糊　　　　　　　☐
▶ 迴轉模糊　　　　　　　☐

2 將模糊程度皆設為 25 像素

效果　動態效果　雜訊
散景　　　　　　　　　　☑
光源散景：　　　　　　50%
　　　　　　　　◉

散景顏色：　　　　　　0%
◉

光源範圍：
191　　　　　　　　　255

3 將**光源散景**設為 50%

3-29

STEP 02 按下**選項列**的**確定**鈕後，即可看到模糊後的結果。

STEP 03 進行至此，我們已經將背景的光點變大變模糊，但是人像的部份也跟著變模糊了，請按下**圖層**面板的**增加圖層遮色片**鈕，我們要利用**筆刷工具**塗刷遮色片，以透出**背景**圖層清晰的人像。

2 建立**圖層遮色片**

1 按下此鈕

3 將**前景色**設為黑色，點選**工具面板**的**筆刷工具**，在人像上塗抹，就可透出**背景**圖層中清晰的人像了

有關圖層遮色片的觀念及詳細用法, 請參考第 6 堂課的說明。

STEP 04 最後, 點選**背景 拷貝**圖層的縮圖, 將圖層的混合模式改成**變亮**, 即可透出**背景**圖層清楚的光點, 與套用過**景色模糊**的光點效果了。

2 將混合模式改成**變亮**

1 請點選此縮圖

3-6 套用「光圈模糊」濾鏡 模擬大光圈效果

　　使用數位單眼相機搭配大光圈鏡頭所拍攝的相片，其散景魅力是很多人非常喜愛及嚮往的，但大光圈鏡頭通常價格昂貴，不想花大錢更換設備，用 Photoshop 的**光圈模糊**濾鏡也能模擬出大光圈所拍攝的效果。

`03-14.jpg`

`03-14A.psd`

STEP 01 請自行到**圖層**面板中再拷貝一層**背景**圖層，並將拷貝的圖層轉換成**智慧型濾鏡**，然後執行『**濾鏡/模糊收藏館/光圈模糊**』命令，影像上即會出現**光圈模糊濾鏡**的控制項：

STEP 02 接著依照下圖的說明調整控制項的位置、模糊程度及焦點清晰範圍：

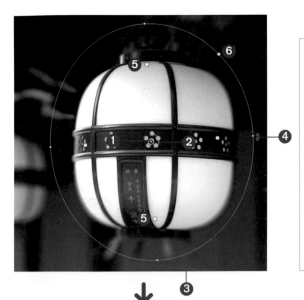

❶ 拉曳**圖釘**中心點可移動整個控制項

❷ 拉曳**模糊圈**可調整模糊程度, 在此設為 15 像素 (或到**模糊工具**面板中拉曳**光圈模糊**的**模糊**滑桿來調整)

❸ 拉曳**框線**可調整光圈範圍的大小

❹ 在**框線控點**外拉曳, 可旋轉光圈

❺ 拉曳**白色圓形控點**可調整焦點清晰範圍, 按住 `Alt` (Win) / `option` (Mac) 鍵再拉曳**白色圓形控點**, 可單獨調整該控點的位置

❻ 拉曳**白色矩形控點**可調整光圈的形狀

❸

STEP 03 　若要調整散景的光影、顏色飽和度, 請到右側的**效果**面板中設定, 設定完成即可按**選項列**的**確定**鈕套用。

在影像上再點一下, 即可再設下一個光圈模糊濾鏡的控制項, 然後比照上個步驟的技巧調整即可。

3-7 利用「移軸模糊」濾鏡 模擬移軸鏡頭效果

移軸模糊濾鏡可以模擬類似 "移軸鏡頭" 拍攝的模糊效果，最常見的印象就是把街景拍得很像 "玩具模型" 的感覺，請開啟範例檔案 03-15.jpg，現在我們就將這個俯拍的房子變成迷你世界的玩具模型：

03-15.jpg

03-15A.psd

STEP 01 請自行到**圖層**面板中再拷貝一層**背景**圖層，並將拷貝的圖層轉換成**智慧型濾鏡**，然後執行『**濾鏡／模糊收藏館／移軸模糊**』命令，影像上即會出現**移軸模糊濾鏡**的控制項：

STEP 02 接著依照下圖的說明調整控制項的位置、模糊程度及焦點清晰範圍：

模糊工具

▶ 景色模糊 ☐

▶ 光圈模糊 ☐

▼ 傾斜位移 ☑

模糊： 25 像素

扭曲： 0%

☐ 均勻扭曲

移軸模糊的**模糊工具**面板, 除了可調整模糊程度之外, 還可調整模糊影像的扭曲程度

❶ 圖釘部份的調整和**景色模糊**濾鏡一樣

❷ 拉曳**白色實線**可調整清晰範圍的上邊界和下邊界

❸ 拉曳**白色虛線**可調整漸變範圍 (清晰變模糊) 的上邊界和下邊界

❹ 在**白色控點**外拉曳可旋轉整個控制項

STEP 03 此例我們不需要再設置其它的控制項及模糊效果, 所以直接按**選項列**的**確定**鈕套用完成。

3-8 套用「路徑模糊」濾鏡 替影像製造速度感

想要拍出移動景物的「速度感」，實際拍攝時我們會採用所謂的**追蹤攝影**技巧來拍攝 (也有人稱**搖攝**或**搖拍**)。但不是人人都拍得出滿意的結果，若是對這樣的拍攝技巧不熟練，又想讓影像有「速度感」，不妨試試**路徑模糊**濾鏡，只要拉曳出路徑，就能模擬出這種效果囉！

請開啟範例檔案 03-16.jpg，這是張火車進站的相片，我們想製造火車行駛時的速度感，就用**路徑模糊**濾鏡來模擬吧！

03-16.jpg

03-16A.psd

STEP 01 如同前面的作法，請先複製一層**背景**圖層，並將複製後的圖層轉換成**智慧型濾鏡**。

STEP 02 執行『濾鏡/模糊收藏館/路徑模糊』命令, 即可進入參數設定:

影像上會出現一條藍色箭頭

可選擇**基本模糊**或是**後簾同步閃光燈** (模擬曝光結束時打閃光燈的效果)

設定速度的快慢, 數值愈高影像愈模糊, 反之則愈清晰

錐度值若設得較高, 會讓模糊的效果變弱

勾選此項, 藍色線段的兩端會出現紅色的線段及控點, 拉曳控點可編輯路徑

點選藍色線段兩側的白色控點才可設定此項功能, 可控制選取控點的模糊程度, 數值愈大愈模糊

 STEP 03 請拉曳藍色箭頭兩端的白點, 將線段沿著火車車身拉長, 然後設定模糊的程度, 調整完畢, 請按下**選項列**的**確定**鈕。

STEP 04 **路徑模糊**濾鏡會套用至整張影像，雖然火車看起來已經很有速度感了，不過月臺的部份也跟著變模糊，所以我們要用圖層遮色片搭配**筆刷工具**來塗刷，以透出**背景**圖層清晰的月臺。

1 按下此鈕建立圖層遮色片

03-16A.psd

2 將前景色設為黑色，再點選**工具面板**的**筆刷工具**，塗抹月臺及屋簷的部份，以透出**背景**圖層清晰的月臺

3-9　套用「迴轉模糊」濾鏡製造轉動的速度感

　　剛才介紹的模糊效果是有「方向性」的, 不論是直、橫、斜、不規則、…等, 接著我們要介紹的是**迴轉模糊**濾鏡, 它是以旋轉影像的方式順著一個或多個點進行模糊處理。

　　左圖的這張摩天輪, 由於轉動速度慢且拍攝距離較遠, 看起來就像靜止不動般, 我們可以利用**迴轉模糊**濾鏡, 替摩天輪製造一點動感。

`03-17.jpg`

`03-17A.psd`

　　如同前面的作法, 請先複製一層**背景圖層**, 並將複製後的圖層轉換成**智慧型濾鏡**。執行『**濾鏡/模糊收藏館/迴轉模糊**』命令, 即可進入參數設定, 設定完成按下**選項列**的**確定**鈕。

模糊工具	
▶ 景色模糊	☐
▶ 光圈模糊	☐
▶ 傾斜位移	☐
▶ 路徑模糊	☐
▼ 迴轉模糊	☑
模糊角度：　　　20°	

拉曳四周的控點, 可調整圓形的大小

在此設定模糊的角度

內層的白色控點則是控制模糊效果的範圍

畫面中會自動產生一個圓形的控制圖釘, 按住中心點拉曳, 即可移到想要的位置

拍糊的相片先別刪！
用「防手震」濾鏡讓相片變清晰

在快門速度較慢的情形下，或是使用長鏡頭拍攝，如果沒有開啟鏡頭或相機的防手震功能，往往容易拍出模糊的相片。這些相片先別急著刪，只要模糊的程度不嚴重 (能看出景物的輪廓)，可以試試用**防手震**濾鏡來讓相片變清晰。

03-18.jpg

03-18A.psd

此影像拍攝時快門速度有點慢 (1/50秒)，所以影像拍糊了

套用**防手震**濾鏡後，影像的邊緣輪廓變清晰了！

STEP 01 請開啟範例檔案 03-18.jpg，先複製一份**背景**圖層，再執行『**濾鏡/轉換成智慧型濾鏡**』命令，將複製後的**背景**圖層轉換為智慧型濾鏡，這樣套用濾鏡後的效果不滿意，可以隨時重新調整。執行『**濾鏡/銳利化/防手震**』命令，開啟如下交談窗後，Photoshop 會自動在預覽窗格中框選出適合進行處理的區域，並自動調整右側的設定滑桿使影像變清晰。

自動框選此處做為處理的區域 (**模糊估算區域**)

STEP 02 若覺得 Photoshop 自動處理後的效果不好, 還可以手動進行調整。

6 建立第二個**模糊估算區域**後, 同樣可在右側的設定區做調整

拉曳滑桿調整數值時, 這裡會顯示正在進行演算預視的訊息, 待演算完畢再進行其他調整, 若影像檔案很大, 演算的時間會較久

7 調整完畢, 按下**確定**鈕回到 Photoshop 工作區域, 你可以開啟/關閉**圖層**面板中的眼睛圖示來比較看看銳利化前、後的效果

2 拉曳此滑桿, 指定模糊的描圖邊界尺寸, 建議一邊拉曳滑桿一邊觀察預覽窗格, 數值愈大影像會較銳利, 但也容易產生雜色或線條

拉曳四周的控點, 可調整方框的範圍

3 將此滑桿往右拉曳, 可降低因銳利化後而產生的雜訊

4 此滑桿可抑制大範圍區域的不自然感

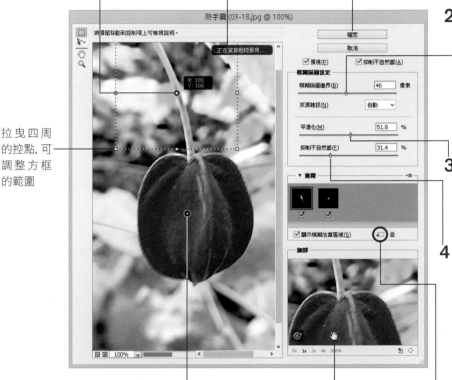

1 拉曳中間的圖釘, 將**模糊估算區域**移動到要銳利化的地方

此區會放大影像的細部, 按住滑鼠在此區移動, 可選取要檢視的部位; 按住滑鼠指標不放, 可預覽處理前的影像, 放開滑鼠即可看到處理後的結果

5 若還有其他地方也想進行銳利處理, 可按下此鈕再建立一個**模糊估算區域**

3-11 畫面留白太多, 不妨用「種樹」功能來改善構圖吧!

拍攝風景照如果適時地在畫面中留白, 可表達出景色的遼闊感, 並讓畫面不緊迫。但是如果畫面中沒有主要傳達的主體或點綴物, 留白太多反而會使相片顯得空洞。

以範例檔案 03-19.jpg 而言, 這張影像的前景雖然有顏色豐富的小花田, 但整張影像中沒有令人聚焦的景物, 天空的留白太多, 反而讓影像顯得太空洞。為彌補構圖缺失, 我們想在畫面的中央種棵樹, 讓畫面不要太單調。

要在影像中種樹, 有合成經驗的讀者一定會想到從另一張影像將樹去背後, 再合成過來, 但是樹的枝葉通常很雜亂, 要去背去得乾淨可不是件容易的事, 所幸 Photoshop CC 提供了一個「樹」的功能, 它可以幫你創造各式各樣的「樹」, 舉凡櫻花、榕樹、楓樹、橡樹、銀杏樹、杉木…等通通都有, 而且要讓樹高一點、矮一點、葉子多一點、少一點都不是問題, 更棒的是你不需去背就能搬到其他影像中繼續使用。

03-19.jpg

畫面留白太多, 反而沒有重點

03-19A.psd

在畫面中央種棵大樹做點綴, 讓畫面比較不單調

STEP 01　請開啟範例檔案 03-19.jpg, 先建立一個空白圖層, 再執行『**濾鏡/演算上色/樹**』命令, 開啟如下交談窗, 挑選喜歡的樹。

切換到**進階**頁次, 還可進一步調整相機的傾斜、
自訂葉子的顏色、樹枝的顏色、陰影、…等設定,
有興趣的讀者可以自行試試不同的變化

1 拉下列示窗, 可
選擇樹的種類

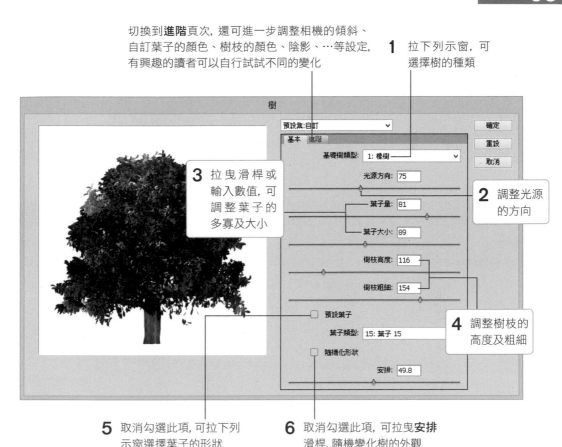

3 拉曳滑桿或
輸入數值, 可
調整葉子的
多寡及大小

2 調整光源
的方向

4 調整樹枝的
高度及粗細

5 取消勾選此項, 可拉下列
示窗選擇葉子的形狀

6 取消勾選此項, 可拉曳**安排**
滑桿, 隨機變化樹的外觀

STEP 02 調整好樹的外觀後, 按下**確定**鈕即可。由於我們一開始就先建立了空白的圖層,
所以可執行『**編輯/變形/縮放**』命令來調整樹的大小。再利用**移動工具**來調整
樹的位置。

重點整理

1. 想要清除畫面中的雜物、遊客或是填補空白區域, 最快的方法就是用選取工具圈選出特定範圍, 然後按 `Delete` 鍵, 利用**內容感知填滿**功能來清除。若是清除的效果不佳, 你可以繼續用其他修復工具 (如**仿製印章工具、污點修復筆刷工具、…**) 來修飾。

2. 影像修復工具整理:

工具名稱	作用	使用時機	效果
仿製印章工具	會依取樣點來複製影像	複製影像或修補相片的局部瑕疵	
污點修復筆刷工具	不用設取樣點, 直接在要修補的地方塗抹, Photoshop 會自動以周圍的影像紋理來填入修補區, 並保持與周圍區域的亮度相近不突兀	適合修補小範圍且背景單純的瑕疵, 例如:污漬、髒點、刮痕、去疤、去痘…等	
修復筆刷工具	會依取樣點來修復影像的瑕疵, 並且保留被修補區的明暗度與外圍鄰近像素吻合	用來移除人像相片中的皺紋黑眼圈瑕疵	
修補工具	以圈選的方式圈出想修補的區域, 再移到指定來源區域完成修補, 並保留被修補區的亮度	適用在背景單純且範圍較大的修補區, 可節省一筆一筆塗刷的時間	

3. Photoshop 的**內容感知移動工具**，大大簡化搬移與複製影像中物件的操作步驟，只要圈選物件再拉曳到欲放置的位置即可；而且，來源位置與目的位置的背景愈相近，運算結果愈好。

4. 使用**仿製印章工具、污點修復筆刷工具、修復筆刷工具、修補工具**（**修補**模式需設成**內容感知**）及**內容感知移動工具**修補影像時，若要避免直接破壞影像原始像素，可新增一個「空白圖層」來做修補，此時**選項列**中有關**樣本**的位置需設成**取樣全部圖層**或是**目前及底下的圖層**。

5. 套用『**濾鏡／模糊收藏館**』中的模糊濾鏡前，最好先複製一份**背景圖層**，再執行『**濾鏡／轉換成智慧型濾鏡**』命令，將複製後的**背景圖層**轉換為智慧型濾鏡，這樣套用濾鏡後的效果不滿意，可以隨時重新調整。

6. 模糊的相片只要不是很嚴重，可執行『**濾鏡／銳利化／防手震**』命令，讓相片變清晰。

7. 拍攝風景照時，如果構圖不佳留白太多，可執行『**濾鏡／演算上色／樹**』命令，在畫面中種植一些樹來改善構圖！

實用的知識

1. 拍攝人像時, 假如皮膚毛孔粗大、有魚尾紋、唇色不夠豐潤的情況, 該怎麼修補呢?

   毛孔、痘痘、斑點這些問題, 通常也是使用 Photoshop 的**污點修復筆刷工具、修復筆刷工具**, 複製漂亮的皮膚來覆蓋有瑕疵的部位, 範圍較大的地方也可嘗試使用**修補工具**以圈選的方式來修復。至於唇色則可使用**海綿工具**來增加色彩飽和度。

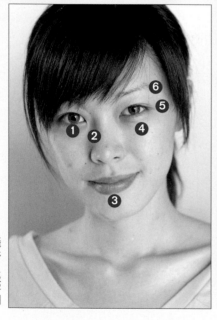

03-20.jpg

03-20A.jpg

攝影：張宇翔

❶ 使用**加亮工具**加亮亮部讓眼珠更明亮

❷ 使用**加亮工具**加亮中間調淡化陰影

❸ 使用**海綿工具**加強唇色飽和度

❹ 使用**修復筆刷工具**淡化眼袋

❺ 使用**污點修復筆刷工具**修掉痘痘、髮絲

❻ 使用**加深工具**讓眉毛更明顯

2. 先前介紹的**迴轉模糊**濾鏡, 除了可替會轉動的景物 (如摩天輪、時鐘、車輪、…等) 製造轉動的速度感, 還能怎麼應用呢?

其實這個濾鏡還能模擬我們在拍攝時, 旋轉整部相機所產生的特殊效果。

原影像只是張靜態的楓葉落葉

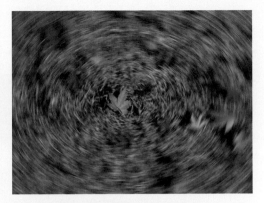

套用**迴轉模糊**濾鏡後, 替影像創造不一樣的視覺效果

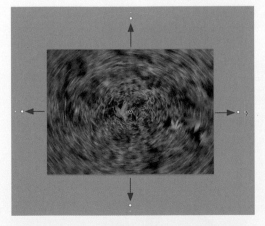

開啟影像後, 執行『**濾鏡/模糊收藏館/迴轉模糊**』命令, 設定好模糊角度, 並拉大模糊的範圍, 就可創造出不同的視覺效果

在此設定模糊角度

04
LESSON

範圍的選取與
編輯、變形影像

拼貼風格海報

課前導讀

Photoshop 提供多種選取工具, 每種工具都有其特性及使用時機, 用對和用錯工具對於選取效率及選取的精細度將大大不同。因此本堂課將教大家各種基本選取工具的使用方法, 並說明其使用時機, 接著再透過移動、縮放與複製物件的技巧, 完成一幅拼貼風格的海報。

本章學習提要

- 認識**選取畫面工具**、**套索工具**、**魔術棒工具**及**快速選取工具**的用法

- 運用**矩形選取畫面工具**與『**影像/裁切**』命令裁切影像

- 執行『**選取/變形選取範圍**』命令調整選取框

- 使用『**編輯/拷貝**』與『**編輯/貼上**』命令將選取範圍貼到圖層

- 使用『**編輯/變形**』功能表中的功能縮放、旋轉、扭曲影像

- 使用**移動工具**調整選取範圍與圖層影像的位置

- 結合多項選取工具增、減選取範圍

- 取消、重選與反轉選取範圍

- 使用**調整邊緣**功能修飾選取範圍的邊緣

- 使用**橢圓選取畫面工具**拉曳選取框時同時修正選取框位置

- 使用**焦點區域**功能快速去背

預估學習時間 **120**分鐘

4-1　認識 Photoshop 的基本選取工具

在設計或編修影像時, 我們經常會需要針對影像中的某個部份進行處理, 而要處理影像的局部區域, 就必須學好選取工具的使用方法。Photoshop 提供了數種選取工具, 讓我們面對各種場合都能迅速且精確地做好選取工作。

本堂課將示範利用下圖的選取工具, 從不同影像中選取所需的部份, 最後合成一張拼貼風格的海報。

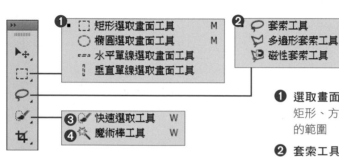

❶ **選取畫面工具組**, 適合用來選取矩形、方形、圓形、橢圓等形狀的範圍

❷ **套索工具組**, 適合用來選取不規則形狀的範圍

❸ **快速選取工具**, 適合用來選取任何可辨識邊緣的形狀

❹ **魔術棒工具**, 適合用來選取顏色相近的範圍

Ⓐ 利用**矩形選取畫面工具**框選所需的背景範圍

Ⓑ 利用**魔術棒工具**選取摩天輪

Ⓒ 利用**快速選取工具**選取鳥

Ⓓ 利用**多邊形套索工具**選取建築物

Ⓔ 利用**磁性套索工具**選取花朵

Ⓕ 利用**橢圓選取畫面工具**選取時鐘

Ⓖ 利用**焦點區域**功能選取花朵

4-2　使用「矩形選取畫面工具」選取矩形範圍

選取畫面工具組提供了 4 種選取工具,包括:**矩形選取畫面工具、橢圓選取畫面工具、水平單線選取畫面工具和垂直單線選取畫面工具**。其使用方法都相當類似,其中以**矩形選取畫面工具** 最常用,因此我們就先來介紹**矩形選取畫面工具**的選取方式。

```
[::] 矩形選取畫面工具      M
◯  橢圓選取畫面工具       M
===  水平單線選取畫面工具
▯▯  垂直單線選取畫面工具
```

選取矩形範圍

以下我們要利用**矩形選取畫面工具** ,在影像中選取一個矩形範圍,做為作品的背景影像:

04-01.jpg

原始影像

選取出一個矩形範圍
做為範例背景

STEP 01 請開啟範例檔案 04-01.jpg, 按下**工具面板**中的**矩形選取畫面工具** （此處為工具圖示）, 在影像上選定起始點並按住滑鼠左鈕拉曳出選取框。在尚未放開滑鼠左鈕前, 都可以縮放選取框的大小。待框住所要的範圍後放開滑鼠左鈕, 閃爍的虛線框內即表示選定的範圍。

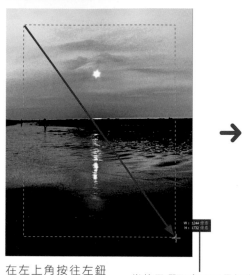

在左上角按往左鈕建立選取的起始點然後往右下拉曳

當使用**選取畫面工具**拉曳選取框時, 會主動顯示數值提示, 讓你得知目前的寬、高

放開滑鼠左鈕後會出現選取框, 此時若還需要調整選取框的位置及大小, 請參考稍後的說明

🔍 使用矩形選取畫面工具時, 若按住 Shift 鍵再拉曳, 可拉曳出 "正方形" 的選取框。

STEP 02 接著執行『**影像/裁切**』命令, Photoshop 便會裁切選取框外的影像, 而將框內的影像保留下來, 此時選取框仍會存在。

STEP 03 最後, 在選取框以外的地按一下滑鼠左鈕, 或是按下 Ctrl + D (Win) / ⌘ + D (Mac) 鍵取消選取框。

接下來我們還會陸續開啟數個檔案, 並利用不同選取工具將部份影像合成到此影像中, 因此請不要關閉 04-01.jpg 這個檔案。

4-4

調整選取框的位置

　　使用選取工具時, 常常無法單靠一次拉曳就選對你所要的範圍, 因此需要透過一些技巧來調整。假如你想取消目前選取的範圍, 重新做選取, 可在影像上的任一處按下滑鼠左鈕 (或執行『選取/取消選取』命令) 取消選取範圍。若是不小心取消了選取範圍, 只要執行『選取/重新選取』命令, 就可以回復到最後一次選取的狀態。

　　如果想要移動選取框的位置, 只要任選一種選取工具, 並到選項列確認目前在新增選取範圍狀態 (按下鈕), 即可在選取框內部拉曳, 或是按 ↑、↓、←、→ 方向鍵來移動選取框調整位置。

　　請注意, 若切換至工具面板中的移動工具, 將指標移到影像中, 指標會變成 的樣子, 此時拉曳並不是移動選取框, 而是將目前選取框中的影像剪下來移動。

在選取框內拉曳調整位置時,
還會出現參考線輔助你做對齊

🖊 調整選取框大小與變形

拉曳出選取框之後, 如果發現大小與你要選取的範圍不合, 可執行『**選取/變形選取範圍**』命令來調整。執行『**選取/變形選取範圍**』命令後, 選取框會出現框線及 8 個控點, 此時只要拉曳框線或控點, 就能縮放選取框或做其它的變形:

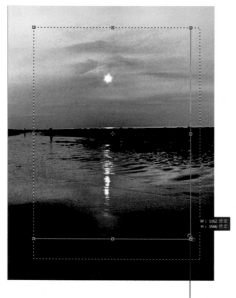

另外還有一些變形的操作技巧, 補充如下:

- 按住 `Shift` 鍵再拉曳角落控點, 可按原比例縮放選取框

- 將滑鼠放在選取框線外緣拉曳, 可旋轉選取框

- 按住 `Ctrl` (Win)/ `⌘` (Mac) 鍵再拉曳角落控點, 可改變選取框的形狀

直接拉曳框線或控點, 即可調整選取框的大小

調好選取框的大小或形狀之後, 按下 `Enter` (Win) / `return` (Mac) 鍵, 或到**選項列**按下 ✓ 鈕確認即可完成。

✋ 限制「矩形選取畫面工具」裁切框的寬高比或尺寸

矩形選取畫面工具拉曳選取框共有 3 種操作方式, 預設是採**正常**方式, 也就是可以任意拉曳選取框不受限制, 另外還有**固定比例**和**固定尺寸**兩種方式, 可在**選項列**的**樣式**列示窗設定。

- **固定比例**: 若選擇**固定比例**方式, 可事先設定選取框的寬高比, 當你在影像上拉曳選取框時, 不論大小如何, 選取框都會保持這個寬高比。

`NEXT`

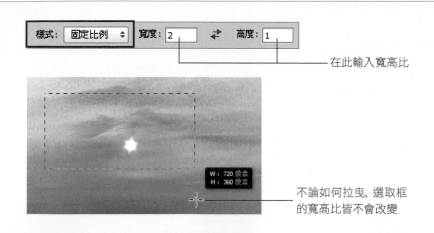

在此輸入寬高比

不論如何拉曳, 選取框
的寬高比皆不會改變

● **固定尺寸**：如果想要直接選取特定尺寸的矩形範圍, 那就選擇**固定尺寸**方式, 然後在**寬度**與**高度**欄位中輸入所要的尺寸, 再到影像上點一下, 便會出現該尺寸的選取框。

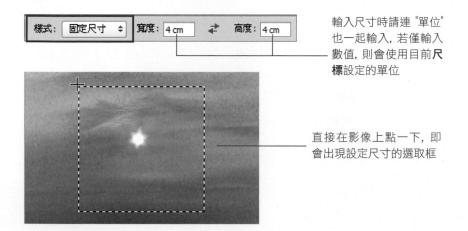

輸入尺寸時請連 "單位"
也一起輸入, 若僅輸入
數值, 則會使用目前**尺**
標設定的單位

直接在影像上點一下, 即
會出現設定尺寸的選取框

按 Ctrl + R (Win) / ⌘ + R (Mac)
即可在文件視窗中切換尺標的顯示與否。
在文件視窗中的尺標上按右鈕, 即可設定
尺標的單位。

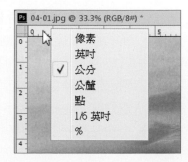

若影像有明顯顏色差異, 當要選取其中某顏色的範圍時, **魔術棒工具** 是最合適的選取工具。**魔術棒工具**在選取範圍時, 會依據所點選像素的色彩來選取色彩相近的鄰近像素, 而色彩的相近度則是由**選項列**中的**容許度**來決定。

依據影像色彩選取範圍

當你所要選取的影像範圍其外觀非常複雜, 這時候你可能會開始傷腦筋, 不知道該怎麼選取才好, 別急!請先觀察一下影像中的色彩, 看看影像中是否有相似的色彩, 如果影像中的色彩很單純或相近, 那麼不管外觀線條有多複雜, 都可以使用**魔術棒工具**快速選取囉!

STEP 01 請開啟範例檔案 04-02.jpg, 影像中的摩天輪由許多線條結構所組成, 但是其色彩非常單純, 這時候就很適合用**魔術棒工具**來選取。

04-02.jpg

STEP 02 請按下**工具面板**中的**魔術棒工具** , 然後在摩天輪影像上點一下滑鼠左鈕, 此時整個摩天輪會被閃動的虛線框所圍繞, 這就表示已經選好了。選好摩天輪後, 請先不要關閉檔案, 待會兒還會派上用場囉!

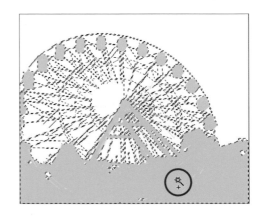

🖌 魔術棒工具的選項設定

剛才的摩天輪影像只有白色與淡褐色 2 種色彩, 因此使用**魔術棒工具**任意點選淡褐色的部位即可完成選取。若是遇到顏色構成比較複雜的影像, 在使用**魔術棒工具**時, 就必須依據影像的情況來調整**選項列**的設定, 以便正確選取需要的顏色範圍。

魔術棒工具的選項設定

- **樣本尺寸**:設定顏色取樣的範圍, 通常設為 **3×3 平均像素** (也就是取樣 9 個像素的平均值) 就夠了;另外, 除非要選取的顏色很突出, 否則不要設成**點狀樣本**。

- **容許度**:可輸入 0~255 間的數值, 數值大小必須依選取影像中的色彩差異來調整。若要選取範圍的顏色較相近, 可將數值設小一點, 以排除選到顏色差異大的部份;反之, 數值較大則選取的色彩範圍會較廣。

點選藍天
的部分 ──   ── 點選藍天
的部分

容許度 = 20,　　　　　　　　容許度 = 100,
顏色較淡的藍色未被選取　　整個天空都被選取

● **連續的**：若影像中有多個不連續區域都為相近的色彩, 取消此項可一次將色彩相近的範圍全部選取起來；勾選此項則只有和點選像素在同一色彩區塊才會被選取。

點選天空的部分

點選天空的部分

勾選**連續的**項目, 樹枝之間的天空未被選取

未勾選**連續的**項目, 樹枝之間的天空也能一併選取

● **取樣全部圖層**：勾選此項可同時對所有可見圖層做選取, 否則只對目前所在的圖層做選取 (關於圖層的說明, 請參閱第 5 堂課和第 11 堂課)。

 關於調整邊緣和消除鋸齒的設定, 我們將在 4-17 頁和 4-25 頁說明。

🖋 複製與貼上選取範圍的影像

剛才已經選取摩天輪的範圍, 接下來要將摩天輪複製到 04-01.jpg 檔案中, 以便進行合成的動作。

STEP 01 在範例檔案 04-02.jpg 中按下 `Ctrl` + `C` (Win) / `⌘` + `C` (Mac) 鍵複製選取範圍內的影像 (或者執行『**編輯/拷貝**』命令)。

STEP 02 執行『**視窗/ 04-01.jpg**』命令, 切換至已經開啟的範例檔案 04-01.jpg。

STEP 03 按下 `Ctrl` + `V` (Win) / `⌘` + `V` (Mac) 鍵, 剛才複製的影像便會貼入目前所在的影像中 (也可以執行『**編輯/貼上**』命令), 如右下圖所示。

完成以上的操作之後, 請執行『**視窗/圖層**』命令開啟**圖層**面板, 你會發現面板中有一個**背景**圖層和**圖層 1** 圖層。其中**背景**圖層就是我們的底圖影像, 而疊在上面的**圖層 1** 則是我們複製到底圖上的摩天輪影像。

對於圖層的概念我們已經在上一堂課中提過了, 現在你可能對圖層還是覺得很陌生, 沒關係, 第 5 堂課我們會再詳細說明圖層的使用。

影像的變形與移動

當我們將 A 影像複製到 B 影像中, 可能會發生兩種情形:一是複製過來的影像太大, 不是我們想要的結果;二是影像的位置不是我們想擺放的地方, 這時候你就可以將影像做縮放、旋轉或變形處理, 最後再使用**移動工具**來調整影像的位置。

STEP 01 將摩天輪複製到 04-01.jpg 後, 其大小及角度都不是我們想要的, 現在我們要進一步做調整。在圖層面板確定目前選取**圖層 1** 圖層後, 執行『**編輯/變形/旋轉**』命令, 在**選項列**的 △ 0.0 度 欄中輸入 "26", 再按兩下 Enter (Win) / return (Mac) 鍵完成順時針旋轉 26 度。

△ 0.0 度 的數值是依照本範例需求來設定, 當你自行設計作品時, 旋轉的角度請依實際需求來設定。當然啦, 你可能得經過多次的實驗才能得到滿意的結果。

STEP 02 調好角度後, 再來我們要調整摩天輪的大小。請執行『**編輯/變形/縮放**』命令, 然後按下**選項列**的 ⑥ 鈕以維持長、寬的比例, 接著在 **W** 欄中輸入 90% (**H** 欄也會跟著變化), 我們要將摩天輪縮小 10%, 輸入完畢, 請按下 ☑ 鈕。

也可以直接拉曳四周的控點來縮放影像的大小

STEP 03 最後再選用**工具面板**的**移動工具** ⊕, 將摩天輪移到左下角即可。你可以開啟範例檔案 04-02A.psd 來觀看結果。

<table>
<tr><td>4-4</td><td>使用「快速選取工具」
選取具有明顯邊緣的範圍</td></tr>
</table>

快速選取工具可讓我們運用筆刷塗抹的方式來選取影像。當所要選取的物體具有明顯的輪廓，像是人像、靜物、花朵、建築、模型、…等，只要用**快速選取**工具在影像中塗抹，就能不費吹灰之力地選取整個物體。

以塗抹的方式選取對象

請開啟範例檔案 04-03.jpg，我們要選取影像中的鳥，並將其複製到之前的 04-01.jpg 中。

STEP 01 開啟 04-03.jpg 檔案後，請先使用**縮放顯示工具** 來放大欲選取的部份，以便清楚檢視影像邊緣，也利於接下來的選取動作。

STEP 02 按下**工具面板**中的**快速選取工具** 後，我們要依預備選取的影像來調整筆刷大小，請在**選項列**中將筆刷大小設為 "10"，並勾選**自動增強**項目，讓**快速選取工具**能夠更精準偵測邊緣。

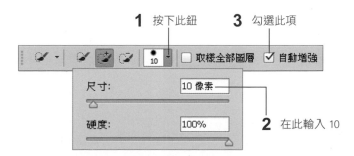

1 按下此鈕　　**3** 勾選此項

尺寸：　10 像素　　**2** 在此輸入 10

硬度：　100%

STEP 03 設定完成後, 就可以按住滑鼠左鈕開始在影像上塗抹, 此時**快速選取**工具會自動偵測物體的邊緣, 而色彩層次較多的部份, 只要小心的描繪邊緣就可以順利選取。

STEP 04 在此我們按住滑鼠左鈕, 從鳥的頭部開始順著身體的方向塗抹, 塗抹完畢就可以順利選取整隻鳥了。

用**快速選取**工具完成選取後, 眼尖的讀者可能會發現, 鳥的腳掌部位選取得不夠精細, 連綠色背景也一併選進來了, 這麼細的地方要怎麼選呢? 請接續底下的說明進行操作。

增減選取範圍

快速選取工具會自動判斷邊界, 然而有時也會有些偏差, 而不夠精確。例如下圖中腳掌的部位就選得不夠仔細, 不僅指尖沒有選取到, 部分綠色背景也選進來了:

此處未選到

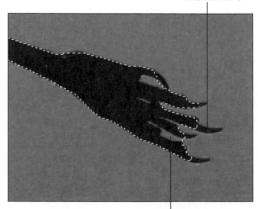

此範圍多選了

此時, 你不需要全部重新來過, 只要利用**選項列**中的按鈕, 即可修改目前影像中的選取範圍：

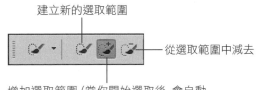

建立新的選取範圍

從選取範圍中減去

增加選取範圍 (當你開始選取後, 會自動切換為此項, 方便你繼續增加選取範圍)

　　在選取影像範圍時並不限定只能使用單一選取工具, 你可以交替使用各種選取工具來增加或減少選取範圍, 例如先用**魔術棒工具**選好某個色塊範圍, 再使用**矩形選取畫面工具**增加選取某個矩形物體…等。以下我們就來練習增減選取範圍的技巧。

STEP 01 沿用剛才的範例使用**縮放顯示工具** 🔍 放大影像的顯示比例, 並選用**工具面板**中的**手形工具** 🖐 將影像捲動到腳趾部份。

STEP 02 接著選取**快速選取工具**, 按下**選項列**上的**增加至選取範圍** 🖌 鈕, 因為我們要選取的影像範圍很小, 請再將**筆刷**大小調整為 2。

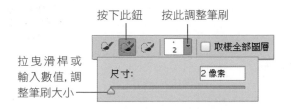

按下此鈕　　按此調整筆刷

拉曳滑桿或輸入數值, 調整筆刷大小

尺寸：　　　2 像素

STEP 03 使用**快速選取**工具塗抹未選取到的腳趾部份, 增加選取範圍。

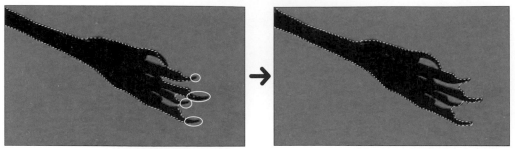

有部份腳趾沒選到　　　　　　　　　　用小筆刷來塗抹未選到的部份

STEP 04 按下**選項列**上的**從選取範圍中減去**鈕 , 然後塗抹腳趾之間綠色背景的部份, 即可將原本多選的範圍扣除掉。

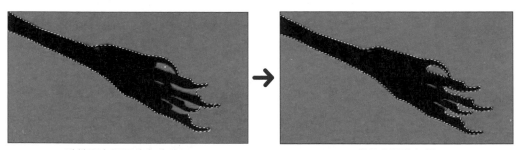

趾縫間多選了綠色的背景　　　　　　　　排除多選的部份

STEP 05 在選取腳趾間的小空隙時, 你會發現不太好選, 很容易就多選了其它的部份。此時請改選**工具面板**中的**套索工具** , 並按下**選項列**的**從選取範圍中減去**鈕 , 直接用滑鼠拉曳的方式來圈選出要減去的範圍。

新增選取範圍　　　　減去選取範圍

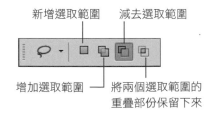

增加選取範圍　　　　　將兩個選取範圍的
　　　　　　　　　　　重疊部份保留下來

套索工具的選項列

利用**套索工具**選取腳趾的間隙

在此將影像放大至 600%　　　　　　　減去腳趾間的間隙

STEP 06　按下 `Ctrl` + `C` (Win) / `⌘` + `C` (Mac) 鍵，複製剛才選取好的鳥，再切換到 04-01.jpg 中按下 `Ctrl` + `V` (Win) / `⌘` + `V` (Mac) 鍵，將鳥的影像貼進來。同樣地，你可以利用 4-3 節教過的**變形**功能及**移動工具**調整鳥的大小並移到適當的位置。

　　運用增減選取範圍的技巧，可以將影像精確的圈選出來，這在進行影像合成時是相當必要的處理，因為精確的選取會使合成的結果更加逼真且細膩。因此，千萬別覺得選取差不多的範圍就好了，待你學會其他選取工具的操作後，靈活運用這些技巧，將可更快也更精準地選取各種物件。

 修改及預覽選取結果 － 調整邊緣

使用選取工具選取影像後，按下**選項列**的**調整邊緣**鈕，可顯示去除背景後的影像，讓我們檢視選取範圍邊緣的品質，若是選取的結果不理想，你可以在**調整邊緣**交談窗中直接修飾選取範圍的邊緣：

NEXT

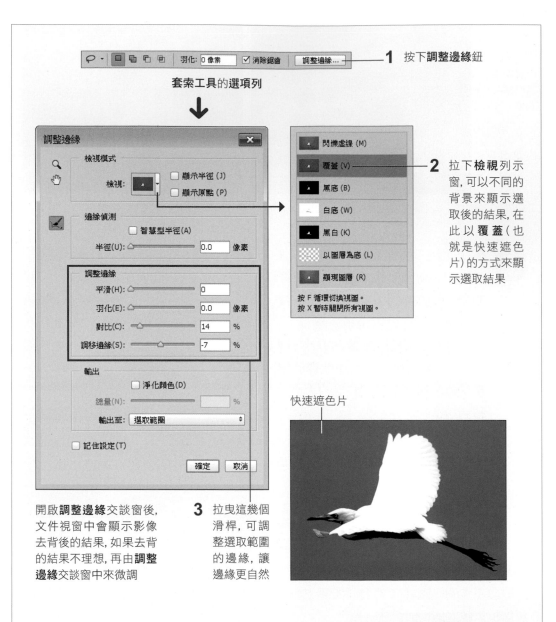

1 按下**調整邊緣**鈕

套索工具的選項列

2 拉下**檢視**列示窗，可以不同的背景來顯示選取後的結果，在此以**覆蓋**（也就是快速遮色片）的方式來顯示選取結果

快速遮色片

開啟**調整邊緣**交談窗後，文件視窗中會顯示影像去背後的結果，如果去背的結果不理想，再由**調整邊緣**交談窗中來微調

3 拉曳這幾個滑桿，可調整選取範圍的邊緣，讓邊緣更自然

在**調整邊緣**交談窗中，主要用來修飾選取邊緣的是**平滑**、**羽化**、**對比**及**調移邊緣**滑桿，為方便你做調整，我們將這幾個選項的作用說明如下：

● **平滑**：可改善選取範圍的鋸齒邊緣，讓邊緣更平滑。

● **羽化**：讓選取範圍的邊緣稍微霧化、模糊，這樣合成到其他影像時邊緣才不會太過突兀。

NEXT

- **對比**：可加強選取邊緣的清晰度。

- **調移邊緣**：以百分比為單位, 讓選取範圍向外擴展或向內收縮。例如選取範圍邊緣若有若隱若現的白邊 (或背景色), 就可將滑桿向左移, 將選取範圍稍微往內縮減, 以去除白邊。

調整邊緣交談窗的**輸出**區有一個很大的妙用, 就是替影像 "去背", 你可以利用上述各項調整滑桿修飾好物體的邊緣, 然後於**輸出至**列示窗選擇如何去背：

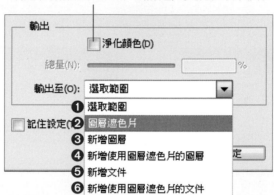

若選取範圍邊緣還殘留一點顏色, 可勾選此項來移除

❶ 不去背, 顯示虛線的選取框

❷ 在原圖層新增**圖層遮色片**蓋掉選取範圍以外的部份

❸ 在原文件中新增一個已去背的圖層

❹ 在原文件中新增一個圖層, 以**圖層遮色片**蓋掉選取範圍以外的部份

❺ 將去背後的結果建立到一份新文件中

❻ 在新文件中以**圖層遮色片**覆蓋選取範圍以外的部份

複製與排列圖層物件

　　本範例海報中一共要排放 4 隻大小不同的鳥, 營造出遠近的距離感, 因此我們要利用剛剛貼入到 04-01.jpg 的鳥, 再繼續複製出 3 隻鳥, 並調整彼此間的位置與大小關係。

STEP 01
如果剛才鳥的選取工作沒有順利完成, 你可以開啟範例檔案 04-04. psd, 再執行『**視窗/圖層**』命令開啟**圖層**面板, 檢視目前的圖層分佈情況。

圖層 **2** 是鳥影像

圖層 **1** 是摩天輪影像

STEP 02
請在**圖層 2** 上面按住滑鼠左鈕不放, 拉曳到下方的**建立新圖層鈕** 上再放開左鈕, 即可複製一份完全一樣的鳥圖層, 並自動命名為**圖層 2 拷貝**。

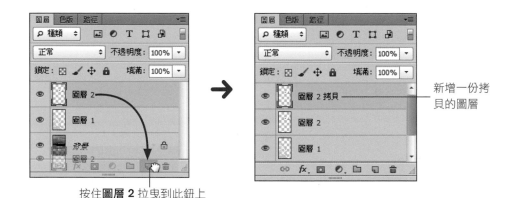

新增一份拷貝的圖層

按住**圖層 2** 拉曳到此鈕上

STEP 03
重複步驟 2 的操作, 再複製出 2 個鳥圖層, 分別為**圖層 2 拷貝 2**、**圖層 2 拷貝 3**。

Photoshop 的每個圖層都是各自獨立的, 將其內容堆疊起來就會變成我們所看見的影像

STEP 04 目前**圖層 2、圖層 2 拷貝、圖層 2 拷貝 2、圖層 2 拷貝 3** 這 4 個圖層中都有鳥影像, 我們逐一從**圖層**面板中選取每個圖層, 利用**工具面板**中的**移動工具** , 調整每隻鳥的位置。

❶ **圖層 2** 的鳥放置於此

❷ **圖層 2 拷貝**的鳥放置於此

❸ **圖層 2 拷貝 2** 的鳥放置於此

❹ **圖層 2 拷貝 3** 的鳥放置於此

 在圖層面板中拉曳圖層, 即可改變圖層堆疊的順序, 例如要將圖層2拷貝3的鳥疊在最上面, 就將該圖層拉曳到所有圖層的上面。

STEP 05 選取**圖層 2 拷貝**圖層, 執行『**編輯/變形/縮放**』命令, 接著拉曳變形框的控點來縮小物件。若配合按住 Shift 鍵再拉曳角落控點, 可等比例縮放。

選取**圖層 2 拷貝**圖層

拉曳周圍的控點調整鳥的大小

在縮放過程中, 將指標移到變形框裡, 再按住滑鼠左鈕拉曳, 即可移動物件位置。

STEP 06 調整完成後, 請按下**選項列**的 ✔ 鈕或 Enter (Win) / return (Mac) 鍵, 確認變形動作。

STEP 07 重複步驟 5、6, 將**圖層 2 拷貝 2** 的鳥也縮小一些, 就可製造出我們所要的遠近距離感了。

4-5 使用「多邊形套索工具」點按邊緣來選取範圍

上一節我們提到**套索工具**可直接在影像上拉曳來建立選取範圍, 本節要再進一步說明**多邊形套索工具** 的用法, **多邊形套索工具**是以點按的方式來選取, 適合用來選取線條筆直的物體。請開啟範例檔案 04-05.jpg, 我們要使用**多邊形套索工具**來選取影像中的紅色建築物。

STEP 01 請放大影像的顯示比例, 再按下**工具面板**中的**多邊形套索工具** , 在要選取的範圍邊緣上, 點按一下滑鼠左鈕, 設定選取區的起始點。

STEP 02 接著沿著建築的邊緣在下一個轉折的地方按一下滑鼠左鈕。

使用多邊形套索工具點選後, 若要取消選取, 請按下 Esc 鍵。

在此按一下滑鼠左鈕建立一個節點, 若要取消這個節點, 請按 Delete 鍵

STEP 03 依此方式, 在紅色建築物邊緣以點按滑鼠的方式來建立選取範圍, 最後雙按滑鼠左鈕以接合起始點與終點。本範例我們選取出如右圖的形狀。

STEP 04 接下來請自行將選取好的建築物按 Ctrl + C (Win) / ⌘ + C (Mac) 鍵拷貝起來，再到 04-04.psd 的文件視窗中按 Ctrl + V (Win) / ⌘ + V (Mac) 鍵把它複製到圖層中。

STEP 05 接著再執行『編輯/變形/扭曲』命令，並拉曳建築物四周的控點來扭曲外形，以配合後面摩天輪的傾斜方向，如右圖所示。

在「套索工具」與「多邊形套索工具」間做切換

使用**套索工具**與**多邊形套索工具**時，可以按住 Alt (Win) / option (Mac) 鍵在這 2 種工具間做暫時性的切換。舉例來說，當你使用**套索工具**拉曳選取範圍時，如果遇到適合用**多邊形套索工具**的情況 (例如直線的區域)，可以先按住 Alt (Win) / option (Mac) 鍵再放開滑鼠左鈕，此時滑鼠指標會變成 (不要放開 Alt / option 鍵)，改用點選的方式來選取。若要切換回**套索工具**，請先按住滑鼠左鈕，再放開 Alt (Win) / option (Mac) 鍵即可。

柔化選取範圍的邊緣

許多選取工具在其**選項列**中都有提供**羽化**及**消除鋸齒**的設定, 以柔化選取範圍的邊緣, 這樣當選取的影像合成到另一張影像時, 就能與目的影像自然地融合在一起, 不會有生硬、突兀的邊緣。

羽化: 0 像素　☑ 消除鋸齒

套索工具組的**選項**列皆有這 2 個設定

- **羽化**: 在選取前先在**選項列**的**羽化**欄中輸入想要羽化的程度, 接著再進行選取即可。羽化的數值愈大, 則選取範圍的影像邊緣會愈模糊, 但請注意!羽化值不可大於選取範圍, 否則會出現錯誤訊息。

影像未經羽化, 邊緣較銳利　　影像經過羽化處理, 邊緣較模糊

如果已經建好選取範圍, 仍然可以執行『選取/修改/羽化』命令來製造羽化效果, 或是在選取工具的選項列中按調整邊緣鈕, 在交談窗的羽化欄設定羽化程度。

- **消除鋸齒**: 勾選此項可使選取區域的邊緣變得較為平滑。

未勾選**消除鋸齒**選項的複製結果

勾選**消除鋸齒**選項的複製結果

使用「磁性套索工具」自動偵測邊緣來選取範圍

磁性套索工具 ☑ 會根據影像相鄰像素的對比來區隔影像, 讓我們在選取時, 感覺像是有磁性般自動貼齊影像邊緣的功能。這個工具非常適合用於圈選顏色或亮度上有明顯邊界差異的影像, 例如範例檔案 04-06.jpg 中的白色花朵, 與暗綠色的背景形成強烈的對比, 就很適合使用**磁性套索工具**做選取。

STEP 01 開啟範例檔案 04-06.jpg 後, 用**磁性套索工具** ☑ 在花朵的邊緣按一下滑鼠左鈕, 指定起始點。

STEP 02 接著只要沿著物體邊緣慢慢移動滑鼠, **磁性套索工具**便會自動產生節點。

🔍 磁性套索工具在沿著物件邊緣選取時, 對於有明顯轉彎角度的部份, 並無法精準的產生節點, 此時請在轉折處自行按下滑鼠左鈕, 以手動的方式產生節點。

STEP 03 將指標移到起始點的位置, 指標會呈 ☑狀, 按一下滑鼠左鈕便可以建立好選取範圍。

STEP 04 最後將所選取的花朵複製到範例檔案 04-04.psd 中, 並放置在如右圖所示的位置:

使用磁性套索工具時, 按住 [Alt] (Win) / [option] (Mac) 鍵拉曳, 可暫時切換為套索工具來圈選範圍;如果按住 [Alt] (Win) / [option] (Mac) 鍵後在影像上點按, 則會暫時變成多邊形套索工具。

磁性套索工具專屬的參數設定

在**磁性套索工具**的**選項列**中, 除了**羽化**與**消除鋸齒**功能外, 還有 4 個專屬的設定選項, 我們一起來了解一下:

> 寬度： 10 像素　對比： 10%　頻率： 57

- **寬度**:**磁性套索工具**是以滑鼠指標為中心, 偵測某一距離內的影像, 以便找出物體邊緣。改變**寬度**設定值 (以像素為單位) 便可以改變偵測的範圍。若要看清楚偵測範圍, 可以在選用**磁性套索工具**時, 先按下 [Caps Lock] 鍵, 將指標切換成顯示偵測範圍的狀態, 再開始圈選, 圈選結束後, 再按下 [Caps Lock] 鍵便可切換回來。請注意:若是將**寬度**設得太大, 偵測速度會變得較慢。

- **對比**:設定物體邊緣反差的程度, 以做為偵測標準。此處是以百分比為單位, 可填入 1~100% 的值。當物體的邊緣很清晰時, 請將百分比值調高, 此時 Photoshop 會以較高的對比值來判斷是否為物體邊緣;反之, 若物體邊緣不易判讀時, 則請將百分比值調低以提高敏感度。

- **頻率**:設定圈選時節點的密度。可填入 0~100 的值, 值愈大節點愈密, 也愈能精確地選取物體邊緣。

- **筆的壓力**:當電腦裝有感壓筆時, 可按下 [筆] 鈕啟動感壓筆的感壓功能, 愈用力時偵測範圍愈小, 反之就愈大。

4-7　反轉選取範圍

　　當你要選取的對象, 其顏色或形狀較為複雜, 而背景卻是單純的色彩時, 我們可以利用**魔術棒工具** 先選取背景, 之後再反轉選取範圍, 便可以輕鬆選取影像主體。

STEP 01　請開啟範例檔案 04-07.jpg, 選用**魔術棒工具** , 並勾選**選項列**的**連續的**項目, 以避免選到花蕊中的黑色部份, 接著在黑色的背景點一下, 就可以一次將背景選取起來。

在黑色背景點一下　　　　　　　　　　　　立即選取黑色背景

STEP 02　執行『**選取/反轉**』命令, 便可以輕鬆選取花朵部份。最後請將選好的花朵同樣複製到範例檔案 04-04.psd 中進行合成的動作, 如右圖所示:

利用反轉的技巧選取花朵部分

合成後的結果

4-8　使用「橢圓選取畫面工具」選取橢圓形範圍

利用**橢圓選取畫面工具** 可以拉曳出橢圓或圓形的選取框, 其使用方式與**矩形選取畫面工具**大同小異, 這裡我們再教你在選取橢圓形時的一些小技巧。

一邊拉曳一邊修正選取框的位置

使用**橢圓選取畫面工具**和**矩形選取畫面工具**最大的不同在於, 我們比較不容易正確選取所要的起點, 經常需要一邊拉曳一邊調整選取框的位置。底下以範例檔案 04-08.jpg 為例, 說明如何選取影像中的圓形時鐘。

STEP 01 請選取**橢圓選取畫面工具** , 依右圖標示 A 點的地方開始拉曳, 螢幕上會出現圓形的選取框, 此時請先不要放開滑鼠左鈕。

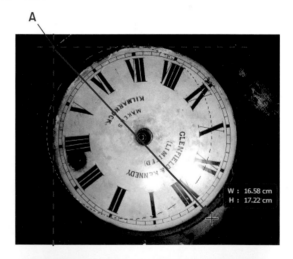

STEP 02 若圓形選取框未完整罩住所要選取的鐘, 請在按住滑鼠左鈕時按住 空白鍵 , 再拉曳滑鼠就可以移動選取框的位置。在按住滑鼠左鈕的情況下放開 空白鍵 , 可繼續調整圓形選取框的大小, 直到選取框符合我們所要的範圍為止。

之後再將選取範圍複製起來, 貼入 04-04.psd 檔案的右下角位置, 合成結果如右圖所示:

利用「尺標」與「參考線」精確地選取圓形

你可以執行『**檢視/尺標**』命令將**尺標**顯示出來, 然後分別在圓形物體的最上方及最左方拉曳出參考線。當用**橢圓選取畫面工具**圈選時, 以參考線的交叉點為起始點開始拉曳, 即可準確地選取圓形物體。

2 選取**橢圓選取畫面工具**後, 按住參考線的交叉點並開始拉曳

1 分別在時鐘的上方及左側拉曳出參考線

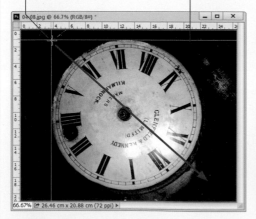

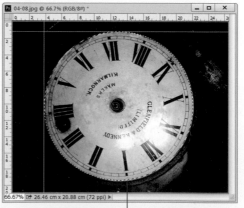

3 準確地選取圓形物體

4-9　使用「焦點區域」功能快速去背

　　前面所介紹的選取工具, 大多是需要使用者自己在影像中逐步拉曳或點選, 才能建立選取範圍。如果對前述的選取工具還不是很熟練, 但又想要快速選取影像中的主體, 那麼你可以善用**焦點區域**功能來選取。**焦點區域**功能適合用在影像中有明顯輪廓或邊緣的主體, 尤其使用大光圈來拍攝的主體, 更是容易判別選取的範圍。

STEP 01　請開啟範例檔案　04-09.jpg, 執行『**選取/焦點區域**』命令, 開啟**焦點區域**交談窗, 我們要選取影像中的粉紅色花朵。

1 拉下此列示窗, 選擇要檢視的模式, 在此選擇**閃爍虛線**, 以便觀察選取範圍

4 若想要選取的範圍附近有雜訊, 可點選此箭頭, 開啟**進階**的**影像雜訊層級**滑桿來調整

2 建議勾選**預視**項目, 以便查看選取後的結果

3 請勾選**自動**鈕, 讓 Photoshop 自動判斷選取的範圍

若勾選**自動**後, 選取的效果不好, 可以手動拉曳此滑桿來調整, 拉曳時不要大幅度調整, 小幅度微調效果較好

自動選取的結果

自動選取的結果, 已經選取畫面中的粉紅色花朵 但是卻也多選了左側及底部的花朵, 現在我們就利用筆刷來刪除多選的部份。

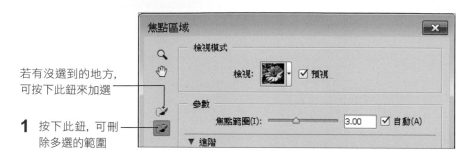

若有沒選到的地方,
可按下此鈕來加選

1 按下此鈕, 可刪
除多選的範圍

調整選取範圍後的結果

2 在不要選取的區域上塗抹,
即可刪掉多選的部份

在塗抹的過程中, 你可以隨時按 [及] 鍵來縮小筆刷的大小;也可以隨時按 Ctrl + +
/ Ctrl + − 來縮放影像的檢視比例

選好我們想要的範圍後, 就可以到**輸出**區選擇目的地, 在此我們想將去背後的
影像開啟到新文件中, 以便看出選取的結果, 請選擇**新增文件**。若想建立圖層
遮色片, 或是只要在影像中建立選取範圍, 都可在**輸出至**列示窗做選擇。

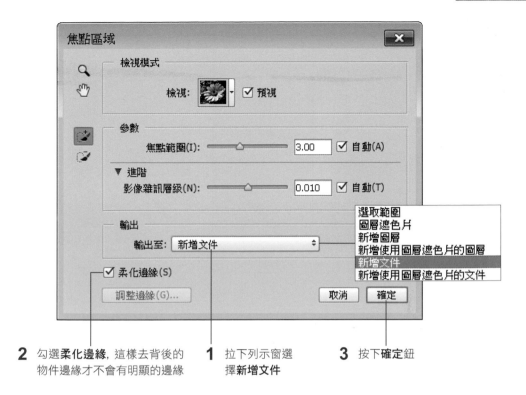

2 勾選**柔化邊緣**，這樣去背後的物件邊緣才不會有明顯的邊緣

1 拉下列示窗選擇**新增文件**

3 按下**確定**鈕

STEP 04 剛才在**輸出至**列示窗選擇**新增文件**，所以去背後的結果會自動建立在新的文件中。雖然剛才有勾選**柔化邊緣**項目，但柔化的效果並沒有很好，請按住 Ctrl 鍵，再點選**圖層1**的縮圖，我們要修飾邊緣的部份。

去背後的結果，邊緣仍有明顯的雜色

按住 Ctrl 鍵，再點選此縮圖，以選取花朵的部份

選取花朵的部分

執行『**選取/修改/縮減**』命令, 將選取範圍往內縮 3 像素。

 接著執行『**選取/反轉**』命令, 改選花朵以外的部份, 並按下 Delete 鍵, 刪除有雜色的部份。

改選花朵以外的部份

04-09A.psd

按下 Delete 鍵後, 花朵的邊緣就乾淨多了

你可以按下 Ctrl + D 鍵, 取消選取狀態

04-10A.psd

STEP 07 請用**移動工具**將去背後的花朵, 移至我們完成好的海報 04-10.psd 裡, 並執行『**編輯/變形**』命令, 調整花朵的大小及位置, 就完成本範例的製作了。

影像平面化並加強影像效果

　本堂課的範例進行到最後, 我們想要讓整個合成的影像風格更強烈一些, 因此再利用**亮度/對比**功能來強化整體影像的對比。請開啟我們事先做好合成的範例檔案 04-11.psd 來做以下的練習:

STEP 01 請先執行『**圖層/影像平面化**』命令, 將所有複製過來的個別影像圖層合併到**背景**圖層, 以便對整個影像加強亮度、對比。

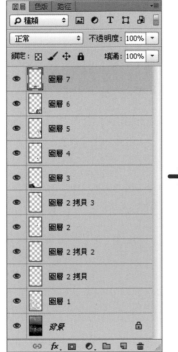

執行『**圖層/影像平面化**』命令, 將所有圖層合併到**背景**圖層

STEP 02 執行『**影像/調整/亮度/對比**』命令, 將**亮度**值提高為 "15", 將**對比**值增加至 "50"。

STEP 03 最後按下**確定**鈕, 一幅拼貼風格的作品便完成囉!

1. 在選取影像中的特定範圍時, 我們可依照選取區的形狀、色彩、邊界明顯度...等, 來選擇最適合的選取工具。當選取區很複雜時, 還可交互使用不同的選取工具來增減選取範圍。下表列出基本選取工具的功用及使用時機:

工具名稱	功用	使用時機
矩形選取畫面工具	可拉曳矩形選取框	適用於選取矩形範圍
橢圓選取畫面工具	可拉曳圓形或橢圓形選取框	適用於選取圓形或橢圓形範圍
水平單線選取畫面工具	可選取 1 像素高的水平線條	適用於在影像上選取水平線
垂直單線選取畫面工具	可選取 1 像素寬的垂直線條	適用於在影像上選取垂直線
套索工具	用拉曳方式來畫出選取範圍	適用於選取不規則形狀或手繪影像範圍
多邊形套索工具	以連續點按的方式建立多邊形來選取影像	適用於選取由直線所構成的影像
磁性套索工具	可自動沿著影像的邊緣進行選取	適用於選取影像邊緣色彩有明顯差異的範圍
魔術棒工具	以點按方式選取色彩相近的範圍	適用於選取色彩單純的影像範圍或背景
快速選取工具	以拉曳塗抹的方式偵測影像邊緣	適用於選取色彩多樣、輪廓明顯的影像範圍, 如人像

2. 使用**矩形選取畫面工具**設定**固定比例**, 然後在影像上拉曳出選取框, 接著執行『**影像/裁切**』命令, 亦可按特定比例來裁切影像。

3. 使用**套索工具**或**多邊形套索工具**時, 可按住 Alt (Win) / option (Mac) 鍵暫時相互切換這兩個工具。

4. 使用**磁性套索工具**時, 按住 Alt / option 鍵拉曳, 可暫時切換為**套索工具**來圈選範圍;如果按住 Alt / option 鍵後在影像上點按, 則會暫時變成**多邊形套索工具**。

5. 使用**磁性套索工具**時, 可按下 Caps Lock 鍵將指標切換為顯示偵測範圍的狀態, 方便我們選取影像。

6. 若要調整選取框的大小、外型，請使用『**選取/變形選取範圍**』命令；若是要變形選取的影像範圍或圖層影像，請使用『**編輯/變形**』功能表中的命令。

7. 使用選取工具在影像上建立選取範圍時，可利用**選項列**的 □ □ □ □ □ 按鈕來增加或減去選取的範圍。

8. 在**圖層**面板中拉曳圖層調整順序，即會改變該圖層影像的堆疊順序。

9. **羽化**可柔化選取範圍的邊緣，但必須在拉曳選取框之前就在**選項列**中設定好才會套用；若已拉曳好選取框才要柔化選取範圍邊緣，可執行『**選取/修改/羽化**』命令，或是按下**選項列**的**調整邊緣**鈕來設定。

10. 使用**矩形選取畫面工具**與**橢圓選取畫面工具**拉曳選取框時，按住 空白鍵 可移動選取框調整位置；放開 空白鍵 則可繼續拉曳選取框調整大小。

11. 如果對**工具面板**中各個選取工具的操作不是很熟練，但又想快速去背，可以執行『**選取/焦點區域**』命令來達成，即使是替人像去背也能輕易達成。

04-12.jpg

用**焦點區域**快速選取人像　　　利用**移動工具**將人像搬移到另一張影像，調整
　　　　　　　　　　　　　　　　至適當的大小後，即可輕鬆替人像變換場景

實用的知識

1. 在 Photoshop 裡, 還有什麼方法可以根據顏色來調整選取範圍, 其做法是?

    當影像上已經有選取範圍時, Photoshop 提供 2 種方法讓我們根據**顏色**來增加選取範圍。您可以在『**選取**』功能表中找到以下 2 個命令, 其用法說明如下:

    *   **連續相近色**:執行此命令, Photoshop 會依顏色相似程度, 由鄰近的點來擴增原有的選取範圍。

原選取範圍   執行『**選取/連續相近色**』命令後的選取範圍

    *   **相近色**:執行此命令, Photoshop 會選取所有跟原選取範圍相近的顏色。和『**連續相近色**』命令不同的是, 此命令可以選取不相鄰區域的相似顏色。

原選取範圍   執行『**選取/相近色**』命令後的選取範圍 (其他的白色花朵也會一併選取起來)

2. 辛苦建立的選取範圍，若日後還會再度使用相同的範圍來做處理，最好將它一併儲存下來，這樣下次只要重新載入選取範圍就可以了，不必大費周章地重頭開始建立、修改選取範圍！

要儲存選取範圍，請執行『**選取/儲存選取範圍**』命令將它保存下來，這個命令會將選取範圍存成「Alpha 色版」，不用擔心，即使不懂色版也能儲存選取範圍，只要在底下的交談窗中替選取範圍取個名稱即可。

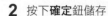
2 按下**確定**鈕儲存

選取杯子的部分

1 設定儲存名稱，例如 "Coffee Cup"

儲存選取範圍後，在**色版**面板中便會新增 **Coffee Cup** 色版，這就是我們儲存的選取範圍。要載入儲存的選取範圍時，可以在**色版**面板中選取 **Coffee Cup** 色版後，按下**載入色版為選取範圍**鈕；或是執行『**選取/載入選取範圍**』命令，選擇要載入的色版即可：

執行『**選取/載入選取範圍**』命令後，直接按**確定**鈕

儲存的選取範圍

選取色版後，按此鈕可載入選取範圍

05 圖層的基本
LESSON 操作與編輯

結合點陣與向量圖的電子報設計

課前導讀

Photoshop 之所以能夠成為藝術設計、影像合成領域中，首屈一指的知名軟體，**圖層**功能扮演著相當重要的角色。在實務應用上，幾乎所有的作品都是由許多圖層所構成，它提供設計者相當寬廣的編修彈性，是不可或缺的重要功能。本堂課的範例一共由 12 個圖層 (背景、古都慢遊、楓葉 1、楓葉 2 …) 上下相疊而成，透過此範例的操作演練，你將能熟悉圖層的使用方式，奠定日後從事影像創作的良好基礎。

本章學習提要

- 深入認識圖層

- 學習如何使用圖層來設計作品

- 將其他軟體製作的影像置入 Photoshop 中成為智慧型物件

- 使用**影像平面化**功能來合併圖層

預估學習時間 | 120分鐘

在前面幾堂課裡，我們已經簡單使用過圖層的功能，因此大家應該對圖層有個初步的概念。現在我們就正式為你介紹圖層的用法。

圖層的功能

你可以將圖層想像成是一張張透明的塑膠片，而你正在這一疊透明塑膠片的正上方由上至下地看穿它。Photoshop 的每個圖層皆是各自獨立的個體，你可以任意修改某一圖層的內容，不需擔心會破壞到其他圖層裡的影像，並且藉由調整圖層的透明程度、混合模式，就能創造出各式各樣的效果。以本堂課的範例來說，它就是由以下 11 個圖層所疊合而成的：

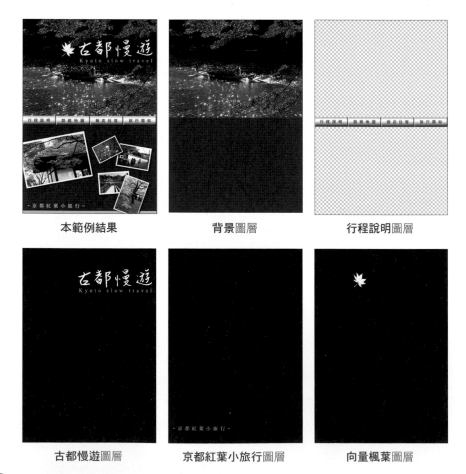

本範例結果　　　背景圖層　　　行程說明圖層

古都慢遊圖層　　　京都紅葉小旅行圖層　　　向量楓葉圖層

由於本範例的文字均為白色，為了讓您能夠清楚看見圖層內容，我們另外填上黑色背景來呈現。

底色圖層

楓葉 1 圖層

楓葉 2 圖層

楓葉 3 圖層

楓葉 4 圖層

楓葉 5 圖層

解讀「圖層」面板

在 Photoshop 中，關於圖層的各項操作，如：檢視圖層分佈情況、增加/刪除圖層、調整圖層的透明程度…等等，都要在**圖層**面板中操作。首先，我們來了解一下**圖層**面板的環境。請開啟範例檔案 05-01.psd，執行『**視窗/圖層**』命令 (或按 F7 鍵)，開啟圖層面板。

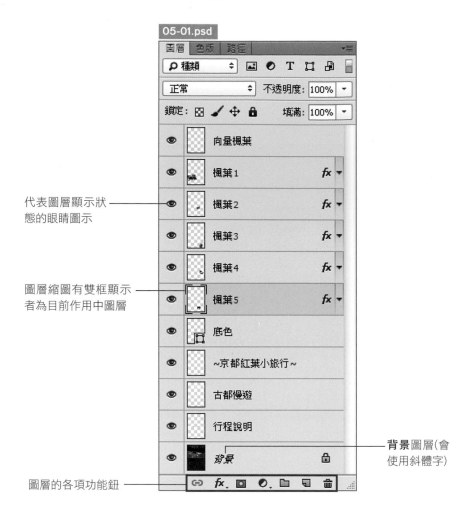

代表圖層顯示狀
態的眼睛圖示

圖層縮圖有雙框顯示
者為目前作用中圖層

圖層的各項功能鈕

背景圖層(會
使用斜體字)

文件標籤會顯示目前作用中的圖層名稱, 當我
們暫時隱藏圖層面板時, 往往搞不清楚在對哪
個圖層編修, 這時只要看文件標籤就清楚了

當你要編輯某個圖層的內
容時, 只要點選圖層名稱 (例如
上圖中的**背景**或**楓葉 5** 等字樣),
該圖層就會成為作用中圖層, 且
圖層的名稱還會顯示在文件視窗
的標籤中, 告訴我們現在編修的
就是這個圖層。

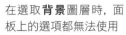 圖層的種類

Photoshop 的影像圖層可區分為 2 種：一種是**背景**圖層，另一種是一般圖層。**背景**圖層就好比是影像的畫布或背景圖，永遠都要放置在最底層，而且不能更改圖層的不透明度與混合效果；一般圖層則沒有這些限制，還可自由地調整上下堆疊順序。

在選取**背景**圖層時，面板上的選項都無法使用

這些都是一般圖層

在此按一下選取**背景**圖層

 一個影像中僅能有一個背景圖層，不過也可以完全沒有背景圖層，只由一般圖層來構成。

當你開啟既有影像時，Photoshop 預設會將此張影像設為**背景**圖層，之後所新增的圖層都會成為一般圖層。開新檔案時，若是將**背景內容**設為**背景色**或**白色**，就會被設成**背景**圖層；若是將**背景內容**設為**透明**，則會建立成一般圖層，並且自動將圖層命名為**圖層 1**。

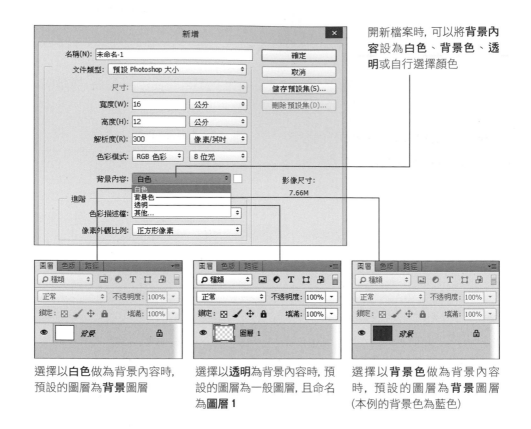

開新檔案時, 可以將**背景內容**設為**白色**、**背景色**、**透明**或自行選擇顏色

選擇以**白色**做為背景內容時, 預設的圖層為**背景圖層**

選擇以**透明**為背景內容時, 預設的圖層為一般圖層, 且命名為**圖層 1**

選擇以**背景色**做為背景內容時, 預設的圖層為**背景圖層** (本例的背景色為藍色)

　　選擇**其他**為背景內容時, 則會開啟**檢色器**交談窗, 讓你選擇自訂的色彩, 預設的圖層為**背景圖層**:

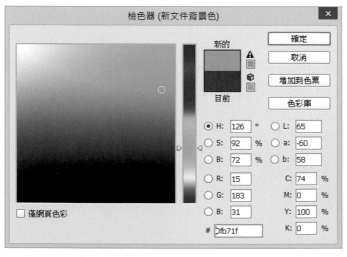

在**檢色器**交談窗中選擇喜愛的顏色做為背景色彩

5-2　圖層的基本操作演練

底下我們就要實地練習圖層的基本操作, 讓你對於圖層的使用方式有更清楚的了解。

05-02.psd

🖋 顯示或隱藏圖層

一張影像可能包含相當多的圖層, 我們可以從**圖層**面板中控制每個圖層的顯示或隱藏, 這樣便可調整影像中所要呈現的內容。請開啟範例檔案 05-02.psd, 並執行『**視窗/圖層**』命令開啟**圖層**面板 (或按 F7 快速鍵) 來做練習:

目前只有**背景**圖層有眼睛圖示, 其餘圖層皆處於隱藏狀態, 因此文件視窗中空無一物, 只有背景圖

STEP 01　請試著在**楓葉 5** 圖層左方的位置點一下, 即可看到眼睛圖示, 且影像上也會出現楓葉影像。

 在眼睛圖示上再點一下, 則會取消眼睛圖示, 表示將該圖層隱藏起來。

STEP 02 以本例來說，還有 4 個圖層沒有顯示出來，除了逐一點選眼睛圖示來顯示外，還可以利用拉曳的方式，更快速地一次顯示或隱藏多個圖層。請將指標移到**楓葉 1** 圖層的眼睛圖示位置，按住滑鼠左鈕往下拉曳至**楓葉 4**，便可以一次顯示 4 個圖層。

✒ 選取作用中圖層並移動圖層影像

　　當影像中包含數個圖層，在做任何操作之前，一定要先確認目前的作用中圖層為哪一層，以免執行的動作套用到錯誤的圖層上。底下我們以移動圖層中的物件位置為例，練習選取作用中圖層：

STEP 01 首先示範移動**楓葉 1** 圖層中的影像。請先將滑鼠移到**圖層**面板中的**楓葉 1** 圖層上按一下，讓**楓葉 1** 圖層切換成作用中圖層。

作用中圖層會變成藍底

目前圖片的配置情形

STEP 02 使用**工具面板**中的**移動工具** ，直接在文件視窗中將**楓葉 1** 影像往左下拉曳，直到貼齊畫面的左下角。

搬移位置時，還會出現輔助參考線及座標位置，供你參考

STEP 03 依上述的方法，請試著將**楓葉 2**、**楓葉 3**、**楓葉 4** 圖層中的影像移動至合適的位置，以顯示出如右圖排列的樣子。

05-02A.psd

✒ 新增圖層的方法

在影像中增加圖層的方法主要有 3 種, 第 1 種是先建立全新的空白圖層, 然後再繪製圖層內容;第 2 種是將既有的圖層複製出一份同樣的圖層來做應用;第 3 種則是直接將另一影像中的圖層複製過來使用。底下我們分別練習這 3 種方式。

STEP 01 請開啟範例檔案 05-03.psd, 選取**楓葉 1** 圖層, 再按下**圖層**面板下方的**建立新圖層鈕** 🗋, 便會在選取圖層的上方建立一個空白圖層。

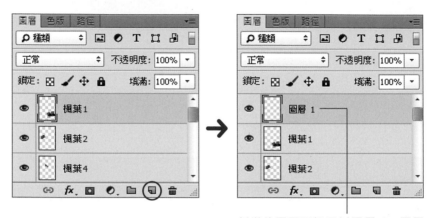

新增的圖層預設是以**圖層 1**、**圖層 2**、**圖層 3**…來命名, 但你可以在圖層名稱上雙按, 自行更改圖層名稱

STEP 02 直接按下**建立新圖層**鈕會建立一個空白圖層, 若是想複製一份現有的圖層, 可以如下操作。請選取**楓葉 2** 圖層, 直接拉曳到**建立新圖層鈕** 🗋 上, 便可以複製一份**楓葉 2** 圖層, 並自動命名為原圖層名稱加上 "拷貝" 二字。

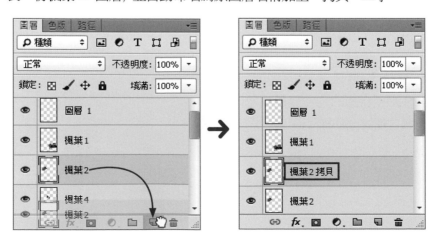

複製的圖層內容會跟複
製來源的圖層內容顯示
在相同的位置上 (也就
是兩張楓葉照片會疊在
一起), 只要用**移動工具**
🔁 移開即可

STEP 03 　接著我們來練習把剛剛新增的圖層刪掉。請選取**圖層 1** 再按住 Ctrl (Win) /
⌘ (Mac) 鍵選取**楓葉 2 拷貝**圖層, 即可同時選取這 2 個圖層。再按下**圖
層**面板下方的 🗑 鈕, 在開啟的交談窗裡按下**是**鈕, 確認刪除的動作後即可
刪除圖層。

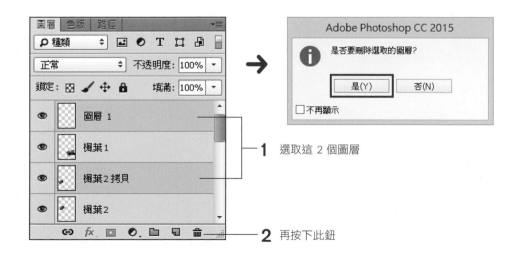

1　選取這 2 個圖層

2　再按下此鈕

STEP 04 選取**楓葉 1** 圖層使其成為作用中圖層, 然後開啟範例檔案 05-04.jpg, 我們要把 05-04.jpg 的**背景**圖層複製到 05-03.psd 中使用。

05-04.jpg

STEP 05 請執行『**視窗/排列順序/2 欄式垂直**』命令, 將目前開啟的兩個檔案並排在一起, 然後選取**移動工具** ， 將指標移到 05-04.jpg 的文件視窗中按住滑鼠左鈕, 然後直接拉曳到 05-03.psd 的文件視窗中再放開, 複製的影像會放置在原本選取圖層的上方, 並成為目前的作用中圖層。

自動命名為**圖層 1**

複製圖層中的部份影像成為一個新圖層

若你想複製原有圖層中的某一部份成為另一個圖層時, 可先建立好選取範圍, 再執行『**圖層/新增/拷貝的圖層**』命令來複製圖層；或是執行『**圖層/新增/剪下的圖層**』命令, 將選取範圍內的影像剪下, 貼到一個新的圖層上。

1 選取影像

2 執行『**圖層/新增/拷貝的圖層**』命令, 將剛才選取的範圍複製一份到新的圖層中

調整圖層的堆疊順序

　　影像的顯示和圖層的堆疊順序有密切關係, 你可以從剛才複製圖層的動作中發現, 複製過來的影像由於堆疊順序在上面, 因此會遮蓋住下方的影像。其實只要在**圖層**面板中拉曳圖層, 即可改變圖層上下的堆疊順序, 以達成想要的結果。

STEP 01 請按住**圖層 1** 不放, 拉曳至**背景**圖層和**行程說明**圖層之間, 當出現一條粗黑線時再放開滑鼠。

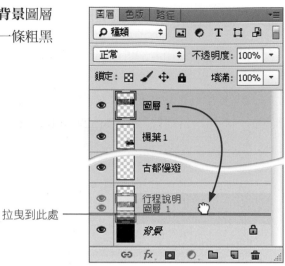

拉曳到此處

STEP 02 請同樣利用**移動工具** 將**圖層 1** 的影像貼齊至視窗最上緣的位置。

調整**圖層 1** 的位置

05-03A.psd

圖層 1 移到**背景**圖層之上

5-3　建立與編輯智慧型物件圖層

　　我們除了用影像來編排版面，也可以加入一些向量圖來做點綴，讓整個電子報更加豐富。而為了不讓縮放圖形時造成失真，我們事先在 Illustrator 中繪製好向量格式的楓葉，待會兒將置入到 Photoshop 成為**智慧型物件**來使用。

　　在 Photoshop 中想要運用 Illustrator 所繪製的向量圖形，你可以使用**置入**的方式，將向量圖形建立為**智慧型物件**，這麼做的好處在於可以保留原本向量圖形的特性。當你想再度修改圖形內容，只要雙按**智慧型物件**就能開啟 Illustrator 來修改，修改完成 Photoshop 便會自動更新圖形內容，大大提升作業效率。

目前的範例版面

欲置入到範例中的 Illustrator 檔案

🖋 將 Illustrator 檔案置入為智慧型物件

　　請開啟範例檔案 05-05.psd，然後跟著下面的步驟一起練習將 Illustrator 的檔案 05-06.ai 置入為 Photoshop 的智慧型物件。

STEP 01 執行『**檔案/置入嵌入的智慧型物件**』命令, 在**置入嵌入的智慧型物件**交談窗中選取 05-06.ai 檔案, 按下**置入**鈕。

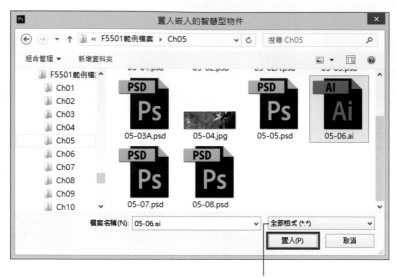

拉下此列示窗, 可看見所有支援智慧型物件的檔案格式

STEP 02 在**開啟為智慧型物件**交談窗中, 可預覽要置入成為智慧型物件的檔案內容, 確認無誤即可按下**確定**鈕。

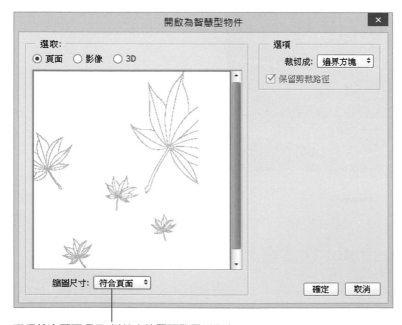

選擇**符合頁面**項目, 以較大縮圖預覽圖形內容

嵌入與連結的智慧型物件有何不同

要置入外部檔案到 Photoshop 裡, 有兩個命令可用, 一是執行剛才所介紹的『**檔案/置入嵌入的智慧型物件**』命令, 另一個則是執行『**檔案/置入連結的智慧型物件**』命令, 這兩者有何不同呢?

以**嵌入**的方式將外部檔案置入到 Photoshop 裡, 置入的物件會直接嵌入到檔案裡; 若是以**連結**的方式 (執行『**檔案/置入連結的智慧型物件**』命令) 來置入檔案, 則只會記錄來源的檔案位置, 並不會真正嵌入到 Photoshop 裡, 但如果來源檔案的檔名變更或是存放的位置有變動, 則會出現如下的交談窗, 你得重新連結來源檔案才行。

按下此鈕, 重新選取來源檔案

STEP **03**　將檔案置入文件視窗後, 可直接在物件上按住左鈕拉曳來調整位置, 或按住 Shift 鍵拉曳角落控點來縮放物件大小 (可維持長寬比例)。

拉曳控點可調整物件大小

按住左鈕拉曳來搬移物件位置

STEP **04** 調整完畢請按下 [Enter] (Win) / [return] (Mac) 鍵或**選項列**上的 ✓ 鈕，表示確定要置入成為智慧型物件 (如果要取消置入的話，只要按下 [Esc] 鍵即可)。

智慧型物件的圖層會出現此圖示

✎ 編輯智慧型物件

　　若要編輯智慧型物件，請直接雙按智慧型物件的圖層縮圖，便會自行開啟該格式的關聯軟體讓你編輯 (如 .ai 檔案格式就會開啟 Illustrator)。而在關聯軟體修改完畢之後，只要重新儲存，就會自動更新 Photoshop 中的智慧型物件。假設我們現在想修改 05-06.ai 的內容，只想留下一片葉子圖案，便可如下操作：

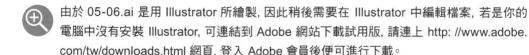

由於 05-06.ai 是用 Illustrator 所繪製，因此稍後需要在 Illustrator 中編輯檔案，若是你的電腦中沒有安裝 Illustrator，可連結到 Adobe 網站下載試用版，請連上 http: //www.adobe. com/tw/downloads.html 網頁，登入 Adobe 會員後便可進行下載。

STEP **01** 請在智慧型物件的圖層縮圖上雙按，此時會先出現說明視窗，告知你編輯內容後應如何處理 (假如沒有安裝智慧型物件的關聯軟體，便會出現無法開啟關聯程式的警示訊息，也就是無法使用智慧型物件的原生軟體來做編輯，你就只能先略過此處的練習步驟了)。

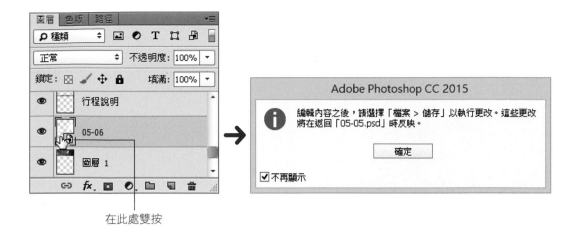

在此處雙按

STEP 02 按下**確定**鈕後, 就會將該檔案開啟在 Illustrator 中, 讓你編修影像內容。

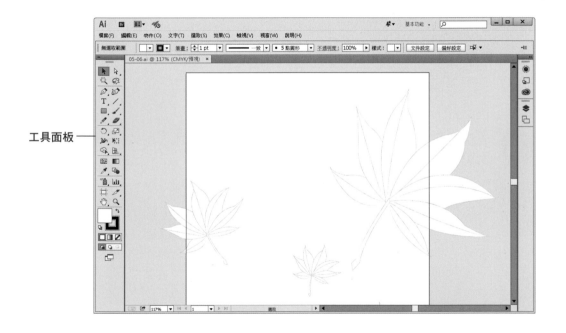

工具面板

STEP 03 在 Illustrator 中, 選取左側**工具面板**中的**選取工具** ![選取工具] 將底下的楓葉葉片全部搬移到矩形框線之外, 只留下中間的小楓葉, 使其在矩形框線之內, 矩形框線所標示的就是影像的實際範圍。

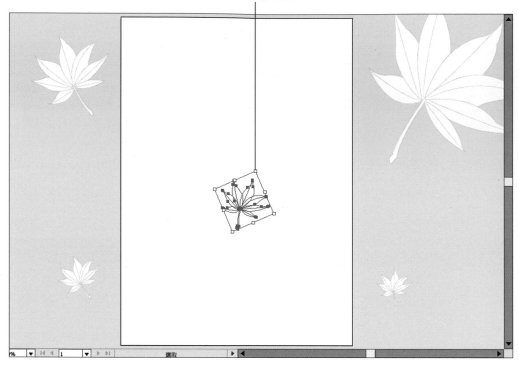

影像的實際範圍

STEP 04 按下 Illustrator 文件視窗的**關閉鈕**，會出現交談窗詢問您是否要將剛才的修改儲存起來，請按**是**鈕儲存檔案。

STEP 05 回到 Photoshop 之後，會自動進行智慧型物件的更新，稍候片刻便可看到修改後的結果。請將 **05-06** 圖層移到最上層，再用**移動工具** 移到適當的位置；或者也可以使用**變形**功能來調整影像大小或旋轉角度。

移動影像位置

自動更新圖層內容

STEP 06 最後再複製一份此向量圖層，使用**移動工具**將向量楓葉圖案移到下方的照片區，再用之前教過的**變形**功能來縮放其大小。

🖋 將智慧型物件轉換成一般圖層

　　若確定智慧型物件不再需要使用原生軟體做編輯，可將智慧型物件轉換成一般的圖層，如此也有助於縮小檔案體積。只要選取目前智慧型物件所在圖層，執行『**圖層/智慧型物件/點陣化**』命令即可。

5-4 圖層的合併

圖層會讓檔案的體積大幅增加，當你完成所有的編輯與設計之後，除了保留一份包含圖層的設計稿，以備日後修改或做其他應用；另外也應進行**影像平面化**的動作，也就是合併所有的圖層內容，另存一份作品圖，以縮小檔案體積方便對客戶做展示。底下我們就來介紹**影像平面化**的操作。

合併所有圖層

在 Photoshop 中執行**影像平面化**的動作，會將所有可見的圖層合併在一起，捨棄隱藏的圖層，並將結果存入至**背景**圖層中。請如下操作：

STEP 01 請開啟範例檔案 05-07.psd，執行『**圖層/影像平面化**』命令，將所有圖層合併在一起。

執行影像平面化前

執行影像平面化後，全部內容都合併到**背景**圖層了

STEP 02　執行『**檔案/另存新檔**』命令, 將平面化後的影像另外再取一個檔名儲存起來。

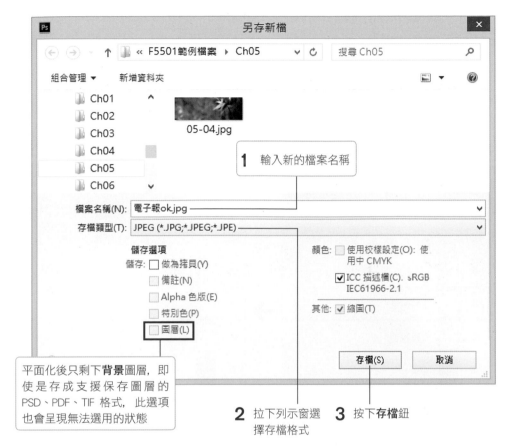

1 輸入新的檔案名稱

平面化後只剩下**背景**圖層, 即使是存成支援保存圖層的 PSD、PDF、TIF 格式, 此選項也會呈現無法選用的狀態

2 拉下列示窗選擇存檔格式　　**3** 按下**存檔**鈕

 假如沒有執行影像平面化, 直接在存檔的時候存成不支援圖層結構的 JPG 格式;或者是存成 PSD、PDF、TIFF 等格式時, 取消另存新檔交談窗中的圖層選項, 則存檔時也會自動完成影像平面化。

　　在此要特別提醒你!當你想保留一份包含圖層的原始檔, 以及一份平面化後的作品檔時, 請優先儲存原始檔, 然後進行平面化之後, 務必執行『**另存新檔**』命令以不同的檔名來儲存作品檔, 否則直接儲存檔案的話, 平面化後的檔案會取代之前含有圖層的檔案!

儲存包含圖層的檔案　→　影像平面化　→　另存新檔, 儲存平面化結果

🖋 合併部份圖層

　　一張平面作品在設計階段通常會產生許多圖層，為了方便後續的操作，你可以將不需再做修改的部份圖層合併起來。合併的方法有以下 2 種，你可以開啟範例檔案 05-08.psd 來練習：

● **向下合併圖層**：這個命令可以直接將目前作用中圖層和下層圖層合併，並以下層圖層的名稱做為合併後的圖層名稱。

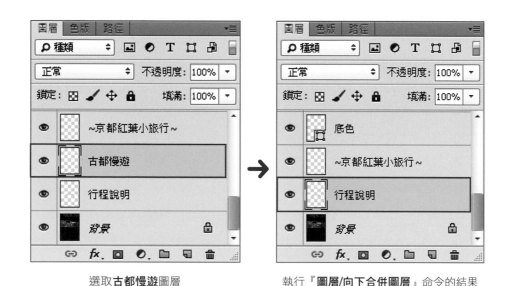

選取**古都慢遊**圖層　　　　　　　　執行『**圖層/向下合併圖層**』命令的結果

● **合併可見圖層**：你也可以先將要合併的圖層顯示出來，其他則隱藏起來，然後執行此命令合併顯示的圖層，合併後的結果會存入最下面一層的可見圖層。請注意！**合併可見圖層**和**影像平面化**看起來類似，其實二者是不相同的！**合併可見圖層**仍會保留住隱藏的圖層，僅把可見圖層合併起來；而**影像平面化**則是會刪除隱藏圖層，再將可見圖層全部合併，並轉成**背景**圖層，不要搞混了喔！

5-5　將每個圖層儲存成單一檔案

　　有時為了因應不同的輸出需求，我們得將圖層儲存成個別檔案 (如：jpeg、tif、png、…等)，以提供給網頁製作人員或是平面設計人員做為素材使用。以往的做法是，如果影像中有 10 個圖層，得先選取一個圖層後，將其他 9 個圖層刪除，再另存成 jpeg、png、…等格式，要將每個圖層都儲存成個別的檔案，得要重覆進行多次的操作。現在，利用**轉存**功能就可一次完成。

STEP 01　請開啟範例檔案 05-09.psd，此檔案中有 12 個圖層，其中有 3 個圖層為隱藏圖層，我們想將目前所有可見圖層個別存成不同檔案。

STEP 02　執行『**檔案/轉存/圖層轉存檔案**』命令，開啟如下交談窗，設定檔案的儲存位置及檔案格式後，就會開始自動儲存檔案。

此影像中有 3 個隱藏圖層

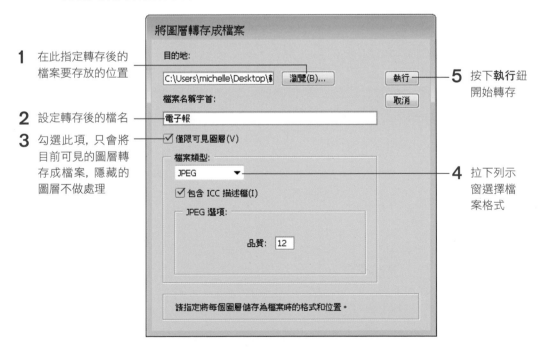

1 在此指定轉存後的檔案要存放的位置

2 設定轉存後的檔名

3 勾選此項，只會將目前可見的圖層轉存成檔案，隱藏的圖層不做處理

4 拉下列示窗選擇檔案格式

5 按下**執行**鈕開始轉存

將圖層轉存成檔案

目的地：

C:\Users\michelle\Desktop\　　瀏覽(B)...

檔案名稱字首：

電子報

☑ 僅限可見圖層(V)

檔案類型：

JPEG ▼

☑ 包含 ICC 描述檔(I)

JPEG 選項：

品質： 12

請指定將每個圖層儲存為檔案時的格式和位置。

執行

取消

轉存完成，會跳出交談窗通知，開啟轉存的資料夾，即可看到每個圖層都變成單獨的檔案了。

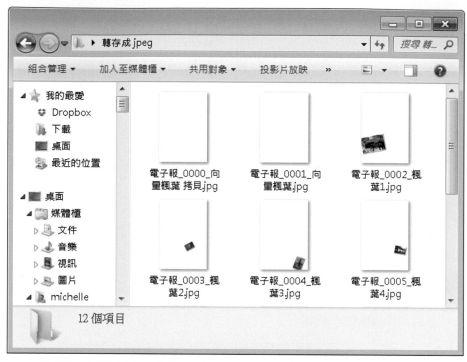

檔名除了我們剛才指定的「電子報」外，還會加上「自動編號」及「圖層名稱」

　　本堂課範例到此告一段落，相信透過以上的練習，能夠讓你體會到圖層在 Photoshop 中所扮演的角色。在往後的各堂課中，也將繼續大量應用圖層的功能，揮灑出更令人激賞的創意。

重點整理

1. Photoshop 的每個圖層都是各自獨立的個體，你可以任意修改某一圖層的內容，不需擔心會破壞其它圖層裡的影像。

2. Photoshop 的影像圖層可分為 2 種：一種是**背景**圖層，一種是一般圖層。**背景**圖層永遠在最底層，而且不能更改圖層的不透明度與混合效果；一般圖層則沒有這些限制，還可以自由調整上下順序。

3. 使用 Illustrator 等軟體所繪製的向量圖可以置入影像中成為**智慧型物件**，只要雙按**智慧型物件**圖層的縮圖，就會開啟該圖檔的關聯軟體讓你編輯；當不再需要單獨編輯該物件時，可執行『**圖層/智慧型物件/點陣化**』命令轉換為一般圖層。

4. 完成所有的編輯與設計之後，可執行『**圖層/影像平面化**』命令合併所有的圖層內容，以縮小檔案體積、方便展示作品。

5. 要合併部份圖層有 2 種方法：一是執行『**圖層/向下合併圖層**』命令，將作用中圖層與下層圖層合併；另一種作法是先將不合併的圖層隱藏起來，再執行『**圖層/合併可見圖層**』命令，即可將目前所有顯示的圖層合併起來。

實用的知識

1. 背景圖層與一般圖層是否可以互相轉換？

在 Photoshop 中，你可以把**背景**圖層轉成一般圖層，也可以把一般圖層轉換成**背景**圖層。例如想調整**背景**圖層的不透明度或混合模式，就必須先將**背景**圖層轉換為一般圖層才能進行設定。以下我們分別說明**背景**圖層與一般圖層之間的轉換。

● 將**背景**圖層轉換成一般圖層：直接在**圖層**面板上的**背景**圖層雙按滑鼠左鈕，開啟**新增圖層**交談窗後直接按下**確定**鈕，就可以將**背景**圖層轉換為一般圖層。

可在此輸入圖層名稱

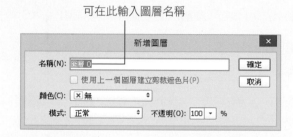

● 將一般圖層轉換成**背景**圖層：在**圖層**面板上選取某個一般圖層，然後執行『**圖層/新增/背景圖層**』命令，即可馬上將該圖層轉換成**背景**圖層。若該一般圖層中有透明像素，則會以目前的背景色來填滿。

若該影像中已經含有背景圖層，則執行『圖層/新增/圖層背景』命令會變成『圖層/新增/背景圖層』命令，執行之後會開啟新增圖層交談窗，讓你先將目前的背景圖層轉換為一般圖層。

2. 如何在背景圖層中做去背？

要在**背景**圖層中做去背，必須先把**背景**圖層轉換成一般圖層 (參考第 1 題的說明)，然後再使用**選取工具**將要去背的部份選取起來，按下 Delete 鍵即可將選取的背景刪除而變成透明的效果。

若是沒有先轉成一般圖層，直接選取**背景**圖層中欲去除的背景部位，然後按下 Delete 鍵，會開啟**填滿**交談窗，讓你選擇要使用**背景色、前景色、…**等來填滿刪除的範圍。

05-10.psd

背景圖層

轉換成一般圖層

使用**魔術棒工具**選
取要去背的藍天

按下 Delete 鍵
完成去背

06

LESSON

圖層遮色片與調整圖層的使用

自然風格名片設計

課前導讀

本堂課我們將運用**圖層遮色片**，讓兩張獨立的影像 "天衣無縫" 融合在一塊兒，並且各自顯現精華的部位。接著還會運用**調整圖層**的功能，在不更動影像內容的情況下，強化影像的亮度、色彩與鮮艷度，以完成一張獨特且具有藝術風格的名片作品。透過本堂課的範例演練，相信各位對於圖層的應用將有更深一層的認識。

本章學習提要

- 圖層遮色片的用途
- 建立圖層遮色片
- 運用**漸層工具**修改圖層遮色片內容
- 使用**筆刷工具**修改圖層遮色片內容
- **內容**面板的用法
- 關閉、套用與刪除圖層遮色片
- 運用調整圖層加強影像的亮度及飽和度
- 運用**內容**面板修改調整圖層的設定

預估學習時間 | **60分鐘**

6-1 圖層遮色片的用途

圖層遮色片的用途就是讓我們能夠隱藏、遮蔽圖層裡的內容，但卻完全不會破壞圖層裡的影像。什麼意思呢？我們用底下的範例來說明。

請開啟範例檔案 06-01.psd，此範例中有兩個圖層，假設我們希望**告示牌**圖層只保留告示牌的部份，怎麼做呢？範例檔案 06-01A.psd 的做法是，在**告示牌**圖層中選取告示牌以外的範圍，然後按 Delete 鍵刪除，這個做法相當直覺，但**告示牌**圖層有部份資料被刪除，不再是原來的樣子了。而範例檔案 06-01B.psd 則是運用**圖層遮色片**將告示牌以外的部份遮住，**告示牌**圖層仍然保持原來的影像，絲毫沒有被破壞：

06-01.psd

原始影像

06-01A.psd

此例的做法是將告示牌以外的部份刪除，**告示牌**圖層的影像會喪失部份資料

06-01B.psd

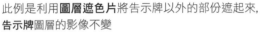

此例是利用**圖層遮色片**將告示牌以外的部份遮起來，**告示牌**圖層的影像不變

圖層遮色片

　　圖層遮色片可說是一張灰階影像，當它與圖層影像結合時，不同的灰階程度會有不同的遮蔽效果，你可以用**筆刷工具**或**漸層工具**來控制圖層遮色片的遮蔽程度，詳細做法我們稍後說明。

- **黑色**的遮蔽率為 100%，所以圖層影像若對應到黑色的部份會變成完全透明，而透出下層影像的內容。

- **白色**的遮蔽率為 0%，所以圖層影像若對應到白色的部份則不變，也就是完全不透明。

- 不同程度的**灰色**遮蔽率也不同，愈接近黑色的遮蔽率愈高，圖層影像愈透明；愈接近白色的遮蔽率愈低，圖層影像愈不透明。所以圖層影像若對應到灰色的部份會有不同程度的半透明效果。

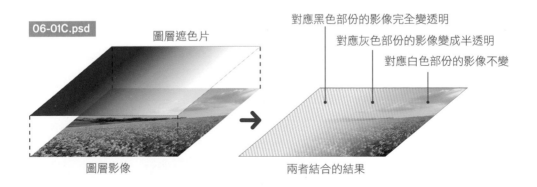

06-01C.psd　圖層遮色片

圖層影像

對應黑色部份的影像完全變透明

對應灰色部份的影像變成半透明

對應白色部份的影像不變

兩者結合的結果

6-2　使用圖層遮色片合成影像

這一節我們要帶各位運用**圖層遮色片**製作出如下的合成作品。本範例一共使用 2
張影像：一張是**波斯菊.jpg**、另一張是**荷葉.jpg**，我們已經裁切出想要的範圍並且調整
過顏色，希望融合這 2 張影像，讓左邊呈現波
斯菊的花蕊部份，右邊則是從波斯菊花瓣底下
隱約透出荷葉的影像：

波斯菊

融合結果

荷葉 (已事先處理成紅色系)

🖋 建立圖層遮色片

首先，我們要將**波斯菊**影像拷貝到**荷葉**影像上，成為**荷葉**影像檔案中的一個圖
層，然後替它新增一個圖層遮色片：

STEP 01　請開啟範例檔案**波斯菊**.jpg與**荷葉**.jpg，先切換到**波斯菊**影像，按 `Ctrl` +
`A` (Win) / `⌘` + `A` (Mac) 鍵選取整張影像，再按 `Ctrl` + `C` (Win) /
`⌘` + `C` (Mac) 鍵進行拷貝。

STEP 02　切換到**荷葉**影像，按 `Ctrl` + `V` (Win) /
`⌘` + `V` (Mac) 鍵貼上，則**波斯菊**影
像就變成**荷葉**影像中的**圖層 1** 了：

先將兩張影像合併在
同一影像的兩個圖層

STEP 03 在**圖層**面板中選取**圖層 1**，也就是**波斯菊**的圖層，將圖層名稱更改為 "波斯菊"，然後按下**增加圖層遮色片**鈕 ▣，即可在**波斯菊**圖層建立圖層遮色片，新建的圖層遮色片是全白的，也就是沒有任何遮蔽區域，因此圖層影像完全不受影響：

按下此鈕新增圖層遮色片 ⎯⎯⎯⎯　　圖層遮色片縮圖

開啟「內容」面版進行遮色片的調整

另外，Photoshop 還有一個**內容**面板，當你選取的圖層含有遮色片，此面板就會顯示與遮色片有關的工具，例如建立、刪除與套用遮色片（將圖層影像與遮色片合併）。請在選取含有遮色片的圖層後，執行『**視窗/內容**』命令來開啟。

選取的圖層中含有圖層遮色片，開啟**內容**面板後，可進行遮色片的相關操作，稍後說明

填入漸層體驗圖層遮色片的效果

上一節提過, 圖層遮色片的黑、灰、白遮蔽率不同, 所產生的效果也不同, 黑色會讓圖層影像變成 "透明", 灰色會讓圖層影像變成 "半透明", 白色則會讓圖層影像正常顯現, 也就是 "完全不透明" 的意思。所以, 若我們想要在**波斯菊**圖層的右半邊看見**背景**圖層的荷葉漸漸透出來, 怎麼做呢? 我們只要在**波斯菊**圖層的圖層遮色片中填入一個由白到黑的漸層 ▭▭ 就可以了。請開啟範例檔案 06-02.psd 來接續操作:

STEP 01 範例檔案 06-02.psd 已經替**波斯菊**圖層建好圖層遮色片了, 請各位在**圖層**面板中選取圖層遮色片縮圖 (或是在**內容**面板中按 ▣ 鈕), 將文件視窗切換成圖層遮色片:

圖層遮色片縮圖出現外框, 表示現在編輯的是圖層遮色片

當切換到圖層遮色片時, 這裡會顯示圖層遮色片縮圖

若目前選取的是影像縮圖, 點選此鈕即可切換到圖層遮色片

文件視窗的標籤上顯示**波斯菊, 圖層遮色片**, 表示我們現在編輯的是**波斯菊**圖層的圖層遮色片

STEP 02 現在我們要在圖層遮色片中填入由白到黑的漸層, 當切換到圖層遮色片時, 預設的前景就是白色, 背景是黑色 (若不是, 請按 D 鍵還原), 然後到**工具面板**選取**漸層工具** , 並在**選項列**中做如下的設定:

1 按下此鈕選擇**前景到背景** (白→黑) 漸層樣式

前景到背景

2 選擇**線性漸層**

若勾選此項, 則會反轉漸層色彩, 如本例就會變成**背景到前景** (黑→白)

起點　　　終點

STEP 03 將滑鼠指標移到文件視窗上點選起點後, 拉曳至想要的位置做為漸層終點, 如此**漸層工具**便會依照你所拉曳的方向填入漸層, 本例為填入白→黑的漸層。

填入漸層

圖層融合的結果

拉曳漸層時的位置、長度、方向, 都會影響填入的漸層變化, 如果你不滿意這次拉曳漸層後的圖層融合效果, 只要直接在影像上重新拉曳漸層, 圖層遮色片便會依照新的漸層來調整顯示範圍。

上一節我們建立了圖層遮色片，並且使用**漸層工具**來編輯圖層遮色片的內容，這一節要介紹更多編輯圖層遮色片的技巧，包括利用繪圖類工具 (例如**筆刷工具**、**鉛筆工具**) 來塗繪圖層遮色片，精確控制遮蔽的範圍、還有暫時關閉圖層遮色片的作用、刪除或套用圖層遮色片、使用**內容**面板調整遮色片.... 等等。

✎ 用「筆刷工具」精確控制遮蔽範圍

首先介紹如何利用**筆刷工具** ，精確地控制圖層遮色片上的遮蔽範圍。請開啟範例檔案 06-03.psd 以接續上一節的結果繼續操作。假設我們要讓荷葉上的大水珠變得更清晰，並將右側的遮蔽率降低一些，讓波斯菊花瓣的紋路若隱若現。

STEP 01 請切換到**波斯菊**圖層的圖層遮色片，然後選取**筆刷工具**，並到**選項列**設定筆刷大小、筆尖形狀...，我們準備先塗抹水珠的部份：

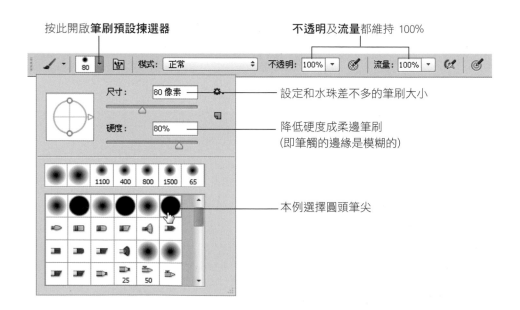

STEP 02 將前景色設成黑色，然後塗抹大水珠的部份，由於**波斯菊**圖層的影像完全被黑色遮蔽，所以下層的水珠便愈來愈清楚：

圖層影像　　　　　　**圖層遮色片**

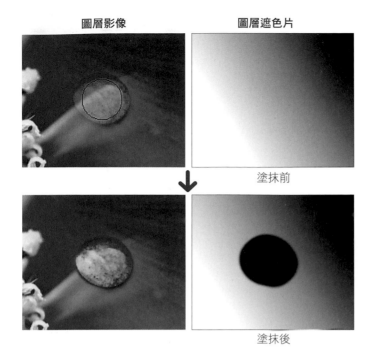

塗抹前

塗抹後

若有塗超出水珠的部份, 只要將前景色換成白色, 然後塗抹超出的部份, 即可將該圖層的影像還原。

STEP 03 再來我們要在遮色片的右側刷上幾筆 "灰色" 筆刷, 讓波斯菊花瓣的紋理能稍微顯露出來。請將前景色設成白色, 然後到**選項列**將筆刷再加大一些, **硬度**降為 0%, 並將**不透明**度降為 30%:

STEP 04 用筆刷塗抹圖層遮色片右側的部份, 讓波斯菊花瓣的紋理浮現出來;若覺得紋理太過明顯, 可換成黑色再去塗抹, 就可將花瓣紋理變淡了。

在此塗抹

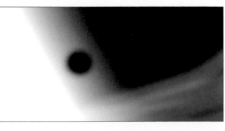

從「內容」面板調整遮色片內容

內容面板亦提供了許多調整遮色片內容的功能，例如調整遮色片的濃度、邊緣羽化的程度、反轉遮色片的顏色 ... 等，現在我們就來試試這些功能。請開啟範例檔案 06-04.psd，點選波斯菊圖層的圖層遮色片縮圖，並開啟內容面板：

內容面板

STEP 01 請拉曳內容面板的濃度滑桿，將濃度降低為 80%，結果發現圖層遮色片中的黑色、灰色都變淡了，影像的呈現也出現差異：

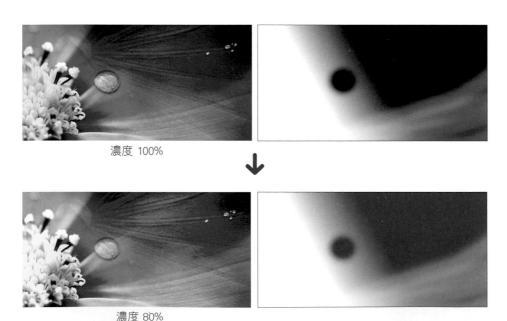

濃度 100%

↓

濃度 80%

STEP 02 **羽化**滑桿在調整邊緣模糊的程度，調整**羽化**可模糊掉遮色片中的邊緣線條：

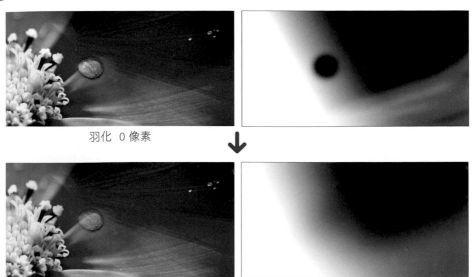

羽化 0 像素

羽化 60 像素

STEP 03 按下**調整**區的**遮色片邊緣**鈕會開啟**調整遮色片**交談窗，你可以在**調整邊緣**區中，藉由拉曳**平滑**、**羽化**、**對比**及**調移邊緣**等項目來修飾遮色片的邊緣，使其變淡或更清晰。

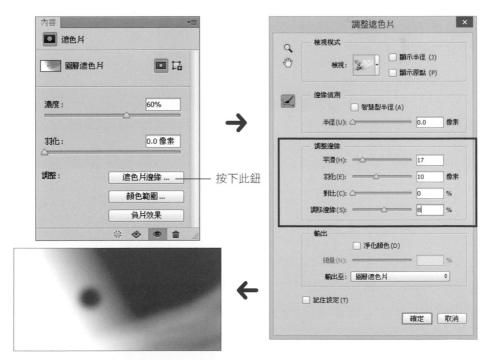

按下此鈕

STEP 04 按下**內容**面版**調整**區的**顏色範圍**鈕, 會開啟**顏色範圍**交談窗, 讓你運用**顏色範圍**功能建立遮色片內容。

STEP 05 按下**內容**面版**調整**區的**負片效果**鈕, 則會將遮色片中的顏色反轉, 也就是黑的變白的, 白的變黑的。

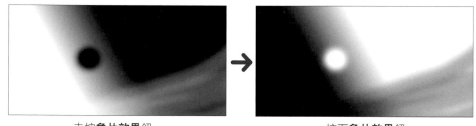

未按**負片效果**鈕　　　　　　　　　　　按下**負片效果**鈕

關閉圖層遮色片

當圖層影像建立圖層遮色片後, 若你想要觀察 "沒有" 圖層遮色片時的圖層影像, 可暫時將圖層遮色片關閉, 待檢視完畢再將圖層遮色片重新打開。

要關閉圖層遮色片, 請先切換到圖層遮色片, 然後在**內容**面板中按下**眼睛**圖示, 即可關閉圖層遮色片, 再按一次**眼睛**圖示就又可開啟圖層遮色片。另外, 你也可以按住 Shift 鍵不放, 然後點選**圖層**面板中的圖層遮色片縮圖來關閉圖層遮色片, 再按一下則又會重新打開。

按住 Shift 鍵再點選**圖層**面板的圖層
遮色片縮圖, 亦可開/關圖層遮色片

──── 按此鈕切換圖層遮色片的開/關

套用與刪除圖層遮色片

　　假如最後我們發現圖層遮色片遮蔽的部份再也用不到了, 可執行**套用**的動作, 將
圖層遮色片與圖層影像合併, 刪除掉遮蔽的部份以減少檔案大小。要套用圖層遮色片,
可在**內容**面板中按下**套用遮色片鈕** 　, 或是到**圖層**面板中的圖層遮色片縮圖上按
右鈕, 執行『**套用圖層遮色片**』命令:

套用圖層遮色片之前

套用圖層遮色片之後

　　若最後決定要放棄圖層遮色片, 還給圖層影像最原始的面目, 你可以到**內容**面板
中按下**刪除遮色片鈕** 　 直接刪除;或是到**圖層**面板中選取圖層遮色片縮圖 (請勿
按到圖層縮圖), 然後按下**刪除圖層** 　 鈕來刪除, 這個方法會先出現一個警告交談
窗, 讓你確認要套用或直接刪除遮色片, 所以比較保險。

6-4　運用調整圖層加強對比及飽和度

　　調整圖層並不是實體的影像圖層，而是用來調整影像亮度、對比、色彩的 "功能性" 圖層，它可以在不變更影像內容的情況下調亮影像、更改飽和度...，且影響範圍涵蓋其下的所有圖層。這一節我們將學習利用**調整圖層**來加強影像的對比及飽和度，讓畫面色彩更亮麗。

🖊 建立「亮度/對比」調整圖層

　　Photoshop 提供十多種調整圖層，包括**亮度/對比、色階、自然飽和度、色彩平衡**... 等等，這裡我們先帶各位建立一個**亮度/對比**調整圖層，除了調整影像的亮度對比之外，也可以藉此了解調整圖層的操作流程。

STEP 01　請開啟範例檔案 06-05.psd，請在**圖層**面板中選取最上層的**波斯菊**圖層，然後按下**圖層**面板下方的**建立新填色或調整圖層**鈕 ，在選單中選擇『**亮度/對比**』項目。

按下**建立新填色或調整圖層**鈕可建立多種調整影像亮度或色彩的圖層

STEP 02　選取調整圖層選單中的項目後，Photoshop 即會在目前選取圖層上新增調整圖層，並開啟**內容**面板顯示該調整圖層的設定選項：

建立**亮度/對比**調整圖層

內容面板，目前顯示**亮度/對比**功能的設定選項

STEP 03 再來在**內容**面板中調整你想要的設定，例如本例將**亮度**滑桿調整為 -35，**對比**滑桿調為 +50，如此就完成了。

✐ 建立「自然飽和度」調整圖層

Photoshop 的**內容**面板，讓調整圖層的各項操作一氣呵成，不需開開關關交談窗。現在我們接續之前的結果，利用**內容**面板再為範例檔案 06-05.psd 建立一個**自然飽和度**調整圖層。

STEP 01 請在**圖層**面板中選取上例新增的**亮度/對比 1** 調整圖層，因為我們要將新的調整圖層加到最上層，接著再按下**建立新填色或調整圖層**鈕 ⬤，執行『**自然飽和度**』命令。

STEP 02 **圖層**面板就會新增一個**自然飽和度**調整圖層，同時**內容**面板亦會切換到**自然飽和度**的選項頁次，本例我們的設定如下：

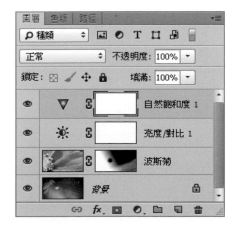 

在**內容**面板中調整設定時，我們可利用面板下方的幾個按鈕來協助比對前後的差異，或是還原設定、刪除調整圖層等：

● ⬜ : 前面我們說過調整圖層的效果會影響其下的所有圖層，若只想將調整圖層的效果套用至其下的一個圖層，只要按下 ⬜ 鈕就可以了，其它圖層則不受影響。

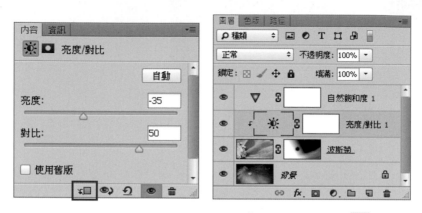

例如我們選取**亮度/對比 1** 調整圖層，再按下**內容**面板中的 ⬜ 鈕，則調整亮度與對比後的結果只會套用至**波斯菊**圖層

● 👁 : 按住此鈕文件視窗會顯示 "調整前" 的影像，放開後即恢復 "調整後" 的影像。所以在調整設定時，隨時可利用此鈕來比對前後的差異。

● ↺ : 若調來調去都不滿意，可按此鈕將所有設定還原為最初的預設值。

● 👁 : 按此鈕可切換調整圖層的顯示狀態，當按鈕為 👁 (呈下壓狀) 表示顯示，按一下讓按鈕變成 👁 則可關閉調整圖層，其功用和**圖層**面板中調整圖層前面的**眼睛**圖示一樣。

● 🗑 : 按此鈕會刪除調整圖層，Photoshop 會先顯示訊息讓你確認，若按**是**鈕即會刪除調整圖層。你也可以在**圖層**面板中選取調整圖層，然後按下右下角的**刪除圖層**鈕 🗑 來刪除 。

🖊 修改調整圖層的設定

假如你對於調整圖層的效果覺得不滿意，隨意可以修改，而且不管修改多少次都不會降低影像品質。請開啟範例檔案 06-06.psd，假設我們覺得之前的**亮度/對比**調整圖層調得太暗了，想要修改一下：

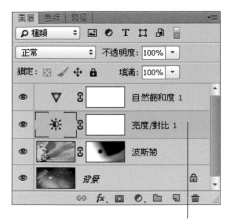 →

1 在**圖層**面板選取要修改的調整圖層

2 **內容**面板會立即切換到該調整圖層的選項頁次，你就可以重新做設定了，例如我們將**亮度**調到 -20，**對比**調到 +40

3 最後再加上文字，本堂課的名片範例就大功告成了（有關文字部份的輸入與編輯，請參閱第 8 堂課的說明）

06-06A.psd

優活之森藝術休閒中心
The forest of good life

http://www.flag.com.tw

台北市杭州南路一段15-1號19樓
TEL：02-2396-3257　FAX：02-2321-2545

開啟範例檔案 06-06A.psd，若出現遺失字體的訊息，這是因為你的電腦中未安裝與本範例相同的字型，請按下取消鈕關閉交談窗。此時，你雖然可以在螢幕上看到 Photoshop 模擬該字型的效果，但卻無法保有文字的向量特性，你得雙按文字圖層的 縮圖，以電腦中現有的字型來替代。

　　最後要提醒你，如果想要保留圖層遮色片或調整圖層，以供日後繼續修改，記得將未平面化的影像儲存成 PSD 或 TIFF 等支援保留圖層的格式。

重點整理

1. 利用**圖層遮色片**來合成影像，既可達到影像合成的目的，又不會破壞原來的影像，還保有高度的調整彈性。

2. **圖層遮色片**中的灰階代表不同程度的遮蔽效果：

   - **黑色**的遮蔽率為 100%，圖層影像若對應到黑色的部份會變成完全透明，而透出下層影像的內容。

   - **白色**的遮蔽率為 0%，圖層影像若對應到白色部份則不變，也就是完全不透明。

   - **灰色**的遮蔽率各不相同，愈接近黑色的遮蔽率愈高，愈接近白色的遮蔽率愈低，所以圖層影像若對應到灰色的部份會有不同程度的半透明效果。

3. 按下 D 鍵可將前景色與背景色還原為預設值，但要注意，當編輯一般圖層影像時，前景色與背景色的預設值是「黑/白」 ■ ；當編輯圖層遮色片時，預設的前景和背景色則是「白/黑」 ■ 。

4. 若要淡化圖層遮色片中黑色和灰色的濃度，可拉曳**內容**面板的**濃度**滑桿。

5. 若要調整圖層遮色片中的邊緣線條，可拉曳**內容**面板中的**羽化**滑桿，或按下**遮色片邊緣**鈕取得更多的選項來調整邊緣。

6. **套用圖層遮色片**會將圖層影像與圖層遮色片合併，並將圖層遮色片遮蔽的像素刪除掉，日後就無法再修改圖層遮色片了。

7. **調整圖層**可在不更動影像內容的情況下，調整影像的色彩、亮度、對比 ...，且影響範圍涵蓋其下的所有圖層。而『**影像/調整**』功能表中的命令則是直接變更影像的內容來改善亮度、對比，且只對該層影像有作用。

8. 選取調整圖層後，點選**內容**面板中的 👁 可切換調整圖層的顯示狀態，其作用和**圖層**面板中調整圖層前面的**眼睛**圖示一樣。另外，在**內容**面板中調整設定時，可利用 👁 鈕比對調整前、後影像的差異。

實用的知識

1. Photoshop 可以直接依照影像上的選取範圍來建立圖層遮色片內容？

只要先在圖層影像中建好選取範圍，然後按下**圖層**面板的**增加圖層遮色片**鈕 ，Photoshop 即會建立圖層遮色片，並自動將選取範圍設為白色區域，非選取範圍設為黑色區域 (即遮蔽範圍)。

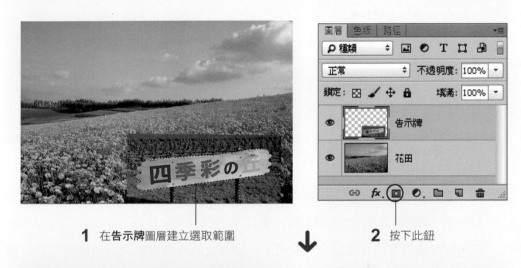

1 在**告示牌**圖層建立選取範圍　　　↓　　　**2** 按下此鈕

依選取範圍建立圖層遮色片後，選取
區會填入白色，非選取區會填入黑色

2. 如何將圖層遮色片直接覆蓋在影像上, 以便檢視圖層遮色片遮蔽的範圍?

選取圖層遮色片後按下 ＼ 鍵, 圖層遮色片便會覆蓋在影像上 (呈紅色), 再按一次則會取消。

選取圖層遮色片, 按下 ＼ 鍵

圖層遮色片覆蓋在影像上

3. 建立圖層遮色片後, 預設會與其所在的圖層連結在一起, 你可以在**圖層**面板中看見兩者的縮圖之間有一個鎖鏈圖示 🔗。

當圖層與圖層遮色片連結在一起時, 不論選定的是圖層縮圖還是圖層遮色片縮圖, 一旦以**移動工具** ➤ 移動, 或用**自由變形**功能、**濾鏡**功能修改其內容時, 這些編輯效果會同時套用到圖層和圖層遮色片上。如果要分別編輯圖層或圖層遮色片, 請先按一下鎖鏈圖示 🔗 使其消失, 以解除連結狀態, 然後再選定圖層或圖層遮色片縮圖來個別編輯即可。

代表連結狀態　　　在連結狀態下移動圖層內容,
的鎖鏈圖示　　　　遮色片中的影像也會一起移動

解除連結狀態後再移動圖層
內容, 遮色片中的影像不變

4. 調整圖層預設會套用到其下的所有圖層，若要限定僅套用在某範圍或僅套用在單一圖層，怎麼做呢？

建立調整圖層時預設都會附帶一個圖層遮色片，所以若要限定調整圖層僅能套用在特定範圍，可利用調整圖層的圖層遮色片來控制。

此例要讓**黑白**調整圖層的作用僅套用在外圍的部份

若要將調整圖層套用在單一圖層上，則可在調整圖層上面建立**剪裁遮色片**，方法是選取調整圖層後到**內容**面板中按下下方的 🔲 鈕，或是在**圖層**面板中按住 `Alt` (Win) / `option` (Mac) 鍵再點一下調整圖層與下層圖層之間的分界線。再重複一次相同的操作即可取消**剪裁遮色片**。

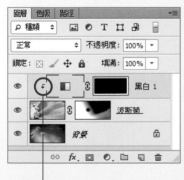

出現這個符號即表示為剪裁遮色片　　　　　黑白調整圖層的作用僅套用到**波斯菊**圖層

07
繪圖工具與
濾鏡的應用

言情小說插畫設計

課前導讀

許多言情小說的封面, 總會搭配唯美的繪畫作品, 本堂課要教你使用 Photoshop 的繪圖工具, 包括**筆刷工具**與**鉛筆工具**, 再加上數種濾鏡特效與編輯工具, 讓你也能繪製出類似的畫風喔!

本章學習提要

- 學習**筆刷工具**與**鉛筆工具**的基本操作
- 使用**筆刷工具**描繪線條與填色
- 套用**調色刀**與**污點和刮痕**濾鏡製造繪圖效果
- 套用**增加雜訊**與**立體浮雕**濾鏡仿製紙張紋理

預估學習時間	120分鐘

7-1　繪圖工具的基本操作

Photoshop 的繪圖工具包含**筆刷工具** 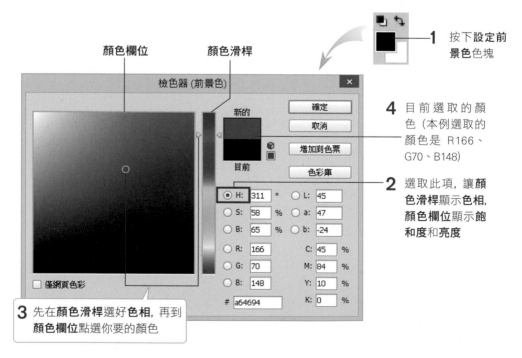 和**鉛筆工具** ，兩者皆可讓我們使用前景色在影像上塗繪，並可搭配各種不同的筆尖形狀、粗細、硬度、不透明度、流量...等，揮灑出千變萬化的筆觸，滿足你繪圖的夢想。後面我們將利用繪圖工具來勾勒人物的線條以及著色，在這之前我們要先學會繪圖工具的基本操作。

「筆刷工具」的用法

首先介紹**筆刷工具** 的基本用法，請各位開啟空白文件，跟著下面的步驟一起來練習操作：

STEP 01　不論是使用**筆刷工具**或**鉛筆工具**，使用前都需先設定筆觸的顏色，請按下**工具面板**中的**設定前景色**色塊，開啟**檢色器**交談窗來選取你要的繪圖色彩：

1 按下設定前景色色塊

4 目前選取的顏色 (本例選取的顏色是 R166、G70、B148)

2 選取此項，讓**顏色滑桿**顯示**色相**，**顏色欄位**顯示**飽和度**和**亮度**

3 先在**顏色滑桿**選好**色相**，再到**顏色欄位**點選你要的顏色

顏色欄位　　顏色滑桿

STEP 02　選好顏色後，接著到**工具面板**選取**筆刷工具** ，並到**選項列**中去設定**筆刷工具**的屬性，包括筆刷形狀、大小、硬度、不透明度 ... 等等，然後就可到空白文件上去作畫了。這裡我們先帶各位設定筆刷大小、硬度、以及筆尖形狀：

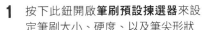

1 按下此鈕開啟**筆刷預設揀選器**來設定筆刷大小、硬度、以及筆尖形狀

拉曳此三角形，可調整筆刷刷頭的角度

拉曳空心圓點，可調整筆刷刷頭的形狀，往內拉曳可使刷頭變成橢圓形

此區會列出最近使用過的筆刷，以便後續使用

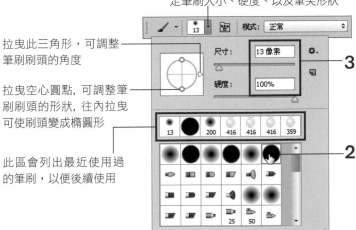

3 再調整**尺寸**（即筆刷大小）及**硬度**，硬度在控制筆觸邊緣柔化的程度，數值愈大，筆觸邊緣愈清晰

2 先選擇筆尖形狀

 點選筆刷工具後，在文件視窗中按一下滑鼠右鈕，可叫出獨立的「筆刷預設」揀選器面板，快速調整筆刷設定。

筆刷形狀	● 35	❀ 46	● 60
筆刷名稱	實邊圓形壓力不透明	潑濺 46 像素	柔邊圓形壓力尺寸
尺寸	35	46	60
硬度	100	無	0
效果	● ━	⋯ ▬	● ▬

用拉曳滑鼠或點按的方式就可畫出筆刷的筆觸

調整筆刷大小、硬度的快速鍵

除了從**選項列**設定筆刷大小與硬度，你也可以直接在文件視窗中按 [和] 鍵調整筆刷大小，按 Shift + [和 Shift +] 鍵則可調整硬度。

另外，按住 Alt （Win）／ option （Mac）鍵不放，再按住**滑鼠右鈕**左右拉曳，也可調整筆刷大小；按住**滑鼠右鈕**上下拉曳，則可調整硬度。

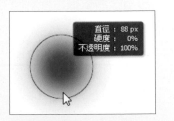

Alt ／ option ＋ 滑鼠右鈕 ＋ 左右拉曳：調整尺寸

Alt ／ option ＋ 滑鼠右鈕 ＋ 上下拉曳：調整硬度

STEP 03 筆刷工具的**選項列**還可設定筆刷的繪圖模式、不透明度、流量及噴槍效果等，我們一併說明如下：

筆刷繪圖模式可讓筆刷的顏色和下層的顏色產生不同混合效果

設定筆刷顏色的濃度上限

控制筆刷的上色流量，數值愈大，筆畫愈濃厚

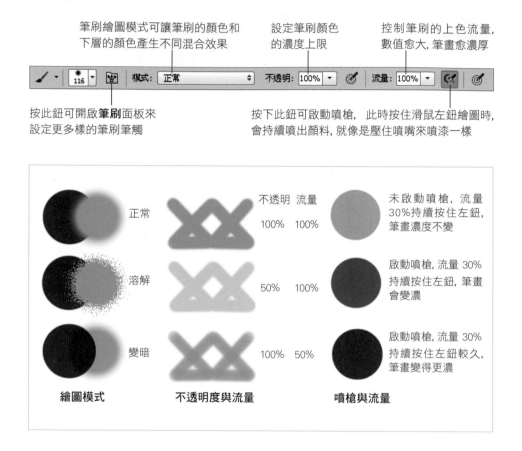

按此鈕可開啟**筆刷**面板來設定更多樣的筆刷筆觸

按下此鈕可啟動噴槍，此時按住滑鼠左鈕繪圖時，會持續噴出顏料，就像是壓住噴嘴來噴漆一樣

| 繪圖模式 | 不透明度與流量 | 噴槍與流量 |

此外，在**選項列**中還有 2 個數位繪圖板專用的設定，分別是 及 ，若你的電腦有連接數位板，那麼按下 鈕會依據感壓筆施力的輕重來控制不透明度；而按下 鈕，會依據感壓筆施力的輕重來控制筆尖的大小，有關數位板的操作，我們會在稍後做說明。

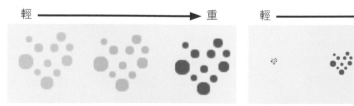

按下 鈕，感壓筆施力愈輕愈透明，施力愈重愈不透明

按下 鈕，感壓筆施力愈輕筆尖愈小，施力愈重筆尖愈大

在「筆刷面板」、「筆刷預設集面板」設定筆刷筆觸

除了**選項列**的**筆刷預設揀選器**，我們還可以在**筆刷**面板或**筆刷預設集**面板中選擇及設定筆刷筆觸：

1 選擇筆尖形狀　　**2** 設定基本屬性　　選好筆觸後，可在此調整**尺寸**　　按此鈕可切換到**筆刷**面板

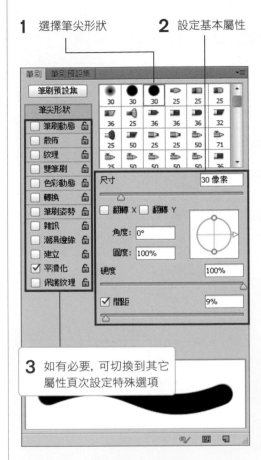

3 如有必要，可切換到其它屬性頁次設定特殊選項

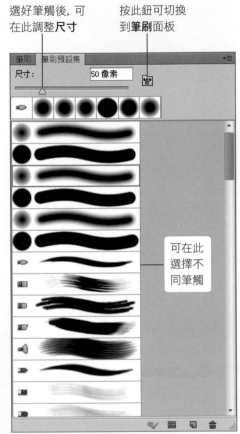

可在此選擇不同筆觸

如果想自訂筆刷筆觸的各項特性，可到**筆刷**面板中設定，勾選『**視窗/筆刷**』命令即可顯示**筆刷**面板

勾選『**視窗/筆刷預設集**』命令即可顯示**筆刷預設集**面板，此面板中提供許多已定義好筆刷特性的筆觸，只要直接點選想要的筆觸即可

即時筆尖預視視窗

選擇特殊的筆尖, 如**毛刷**類、水彩與**噴槍**類、**蠟筆與鉛筆**類筆尖, 畫面上會出現一個小視窗讓你預視筆尖的變化, 如筆尖的傾斜度、磨損的程度等等。

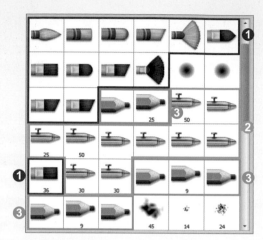

1 毛刷類筆尖

2 水彩與噴槍類筆尖

3 蠟筆與鉛筆類筆尖

在預視視窗中按鈕可切換不同的檢視

按**筆刷**面板下方的 🖌 鈕可切換筆尖預視視窗的開/關

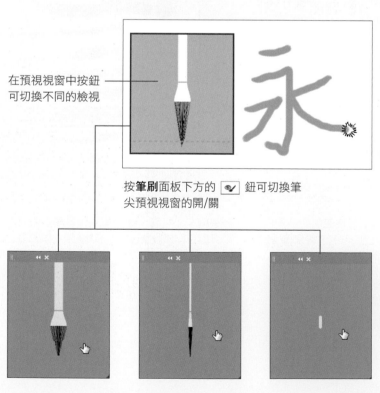

數位繪圖板的使用

以滑鼠描繪線條時，線條的粗細、色彩濃度都會維持固定，缺少真實筆觸的輕、重、緩、急變化。如果想繪製更逼真的筆觸，建議你添購繪圖板 (包含一塊繪圖板和一支感壓筆)，以感壓筆在繪圖板上描繪時，就會依據你下筆的力量與速度，模擬出相當真實的線條筆觸。

一般 4X6 的小型繪圖板大約只要 2、3 千元，是從事電腦繪圖工作者必備的輔助工具

繪圖板與感壓筆的構造與功能

剛開始使用感壓筆操作時，難免會有些不適應，不過只要熟練之後，要繪製任何圖形都能非常順手。底下我們先為你介紹感壓筆及繪圖板的功能：

使用此端操控，可自動切換為橡皮擦功能

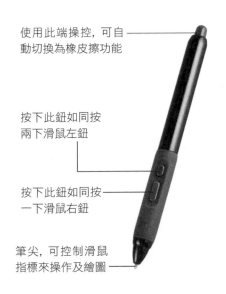

按下此鈕如同按兩下滑鼠左鈕

按下此鈕如同按一下滑鼠右鈕

筆尖，可控制滑鼠指標來操作及繪圖

有些繪圖板還會有功能鈕或滾輪，實際的產品功能請參考使用手冊的說明

工作區，感壓筆必須在此區操作

感壓筆的作用範圍

使用感壓筆時必須在繪圖板的工作區中操作, 而感壓筆在工作區的作用位置, 會直接對應滑鼠指標在螢幕畫面上的位置:

螢幕上的畫面, 指標所在的位置即感壓筆在繪圖板上對應的位置　　　繪圖板的工作區會完全對應到螢幕上的畫面

 使用繪圖板時, 務必安裝隨附的驅動程式, 否則感壓筆會無法對應到電腦螢幕中正確的位置。

底下我們歸納出幾種感壓筆的基本操作方式, 只要多練習幾次就能掌握感壓筆的使用方法囉!

感壓筆的握法

感壓筆的握法與一般拿筆的方式相同, 你只需用自己習慣的方式握筆即可。唯一不同的是, 感壓筆接近筆頭的地方附有按鈕, 其功用等同滑鼠的左、右鈕, 因此建議握筆時, 將按鈕所在的筆面靠近大拇指與食指交界處, 以方便點按。另外在操作繪圖板時, 請將手舒服地靠在繪圖板上, 避免手腕懸空造成肌肉負擔。

你可視個人的握筆習慣, 使用食指或大拇指按功能鈕

感壓筆的移動方式

使用感壓筆在繪圖板上移動，可控制電腦螢幕中的指標位置。移動感壓筆需掌握一個非常重要的原則：「懸空」，也就是感壓筆不必碰到繪圖板的表面。感壓筆與繪圖板間有很好的心電感應 (約莫 0.5cm 以內的範圍都感應得到)，不用擔心感應不良的問題。

若不確定是否到達感應距離，你可將感壓筆自較遠的地方「慢慢地」接近繪圖板，發現指標「飄動」時即進入感應區囉！此時移動感壓筆，螢幕中的指標將乖乖地受控制。

感壓筆的點按方式

一般在使用滑鼠除了用來操控指標外，也經常需要「按一下左鈕」、「按一下右鈕」、「雙按左鈕」以下達指令 (例如：選取、開啟快顯功能表、開啟檔案、…等)。感壓筆當然也具備這些功能，操作方法分別說明如下：

● **等同按一下左鈕**：將指標移至欲作用的位置後,用感壓筆觸碰一下繪圖板。

● **等同按一下右鈕**：不需觸碰繪圖板,於欲作用的位置用食指或大拇指,按一下感壓筆下方的按鈕。

● **等同雙按左鈕**：不需觸碰繪圖板,於欲作用的位置用食指或大拇指按一下感壓筆上方的按鈕;或是於繪圖板上快速觸擊兩下亦可。

感壓筆的拉曳方式

使用滑鼠時，按住左鈕移動即所謂「拉曳」，在操作繪圖軟體時，經常需要用到「拉曳」的操作方式，例如：繪製、搬移物件等。而使用感壓筆時，筆尖碰觸到繪圖板且不離開的動作就等於「按住左鈕」，持續保持零距離的碰觸狀態並移動感壓筆即可達到「拉曳」的動作。拉曳過程中筆尖都不可離開繪圖板表面，否則就等於是完成拉曳的動作囉！

感壓筆的橡皮擦功能

感壓筆的另一端跟真實鉛筆所附的橡皮擦一樣, 具有「擦拭」的功能, 而它的操作方式與前面提到的筆尖用法相同。通常此功能在繪圖及影像編輯軟體中才會產生作用, 而在無法使用擦拭功能的情況下, 它的作用則等同於筆尖。

使用「鉛筆工具」

鉛筆工具的用法和**筆刷工具**差不多, 但它只能畫出堅硬的筆觸, 即使降低**硬度**也沒用, 而且也沒有**流量**和**噴槍**的設定; 但**鉛筆工具**有一項特有的功能 —— **自動擦除**, 當勾選此項時, 若你下筆處的色彩剛好與前景色相同, 則筆觸會自動改成背景色:

鉛筆工具的選項列

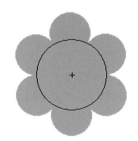

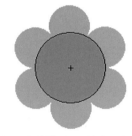

目前的前景色
與背景色設定

未勾選**自動擦除**, 下筆處顏色與
前景色相同, 仍以前景色繪圖

勾選**自動擦除**, 下筆處顏色與
前景色相同, 改以背景色繪圖

 如何畫出直線

若要使用**筆刷工具**或**鉛筆工具**畫出水平、垂直或各種角度的直線, 請按住 `Shift` 鍵拉曳, 或在點選起點後按住 `Shift` 鍵再點選其它的地方, 就可以畫出直線。

7-2 使用「筆刷工具」描繪線條筆觸

對於新手來說，要憑空完成人像插畫實在太困難了！記得我們小時候畫畫，經常會在喜歡的圖畫上面墊一張描圖紙，然後依樣畫葫蘆描繪出來。在 Photoshop 中也能使用類似的技巧，只要新增一個空白圖層，調低底稿圖層的不透明度，然後在空白圖層上根據隱約透出來的底圖來描繪，就會容易許多。這一節我們便要完成這樣的工作 — 使用 Photoshop 的繪圖工具來描繪人物的線條。

請開啟範例檔案 07-01.psd，其中共有 3 個圖層，最底下是白色**背景**圖層，再來是我們事先完成去背的**人物**圖層，最上面則是要拿來描圖的**線條**圖層。接下來我們就使用**筆刷工具**依序勾勒出人物的外型、臉部五官、以及衣服的紋路皺摺：

07-01.psd

STEP 01 首先請選取**人物**圖層，將圖層的**不透明度**降低為50%，以便待會兒描圖時可以看清楚線條的筆觸。

將人物的色彩調淡，這樣
描圖的筆觸才看得清楚

STEP 02 接著選取**線條**圖層，並按 D 鍵將前景色和背景色恢復為預設的黑/白，接著選取**筆刷工具**，並從**選項列**挑選較細的圓形筆刷來勾勒人物外觀的線條：

在**線條**圖層上面描繪   先把人物外型描繪出來

STEP 03 接著再繼續描繪臉部的五官和衣服上的花樣和皺摺，過程中你可自行調整筆刷大小，讓線條有不同的粗細變化。

臉部是重點所在，可多花
一些心思仔細描繪

暫時將**人物**圖層關閉，
以便看到描繪的結果

 在描繪臉部時，建議使用縮放顯示工具　放大臉部，以便描繪出更細緻的線條。

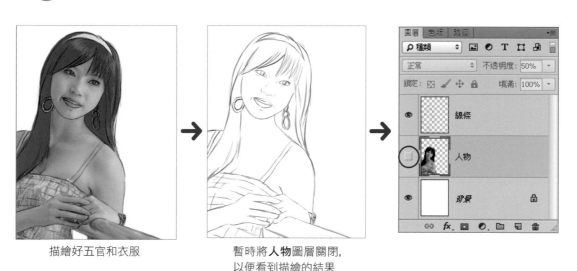

描繪好五官和衣服

暫時將**人物**圖層關閉，
以便看到描繪的結果

人物線條繪製完畢後，再來就是進行上色。在此我們選擇以柔邊的**筆刷工具**來塗刷色彩，你可延續上一節繼續操作，或者開啟已經畫好人物線條的範例檔案 07-02.psd 來練習。

STEP 01 首先我們要塗刷眉毛、瞳孔、嘴唇這 3 個部份。請新增一個空白圖層命名為**臉部**，然後選取**筆刷工具**，在**選項列**設定如下的筆刷屬性，稍後要先來塗刷眉毛部位。

設定和眉毛粗細相當的筆刷大小　　　　　　　　　調整不透明度與流量

STEP 02 接著將前景色設為眉毛欲使用的顏色 (本例為 R143, G127, B120 的淺咖啡色)，然後比對**人物**圖層的照片繪製眉毛。

請放大影像的檢視比例，以便進行描繪

STEP 03 接著將前景色設為接近瞳孔的顏色 (本例為 R28, G27, B26)，塗抹瞳孔及眼影，再用較細的灰色筆刷一筆一筆刷出睫毛，整個眼睛部位才算完成。

強化眼神的繪製技巧

光是以筆刷描繪眼睛、眉毛、睫毛，感覺十分黯淡無光。若想強化眼睛的神韻，那麼濃密的睫毛、發亮的眼神光都是不可或缺的。在筆尖形狀中， 和 這兩種筆刷用於眼瞼部位可以仿造出捲翹的睫毛，看你想幫睫毛刷上黑色、棕色還是藍色 … 的睫毛膏，都可以快速辦到。接著再以白色筆刷點按瞳孔部位，為眼睛打上眼神光，並使用**加亮工具** 點按整個瞳孔部位，就可創造出迷人的雙眼！

沿著眼睛邊緣慢慢刷上筆刷

要使用 和 繪製睫毛，請先打開筆刷面板，將該筆尖形狀的屬性設定，如筆刷動態、散佈 … 等，都先取消才行。

STEP 04　繼續將前景色設成適合的唇色來塗刷嘴唇部位，本例的唇色為 R203、G131、B108。若想讓嘴唇有光澤，可塗好唇色後選擇**橡皮擦工具** ，將**流量**降低 (如20%)，再於嘴唇上欲產生光澤的地方塗抹，即可因刷淡而產生光澤感。然後再用較深的紅色繪製牙齦、牙齒的形狀。

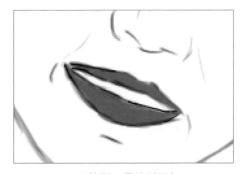

用**筆刷工具**塗刷唇色

用**橡皮擦工具**塗刷光澤，並描出牙齒的形狀

STEP 05　再新增一個空白圖層，命名為**著色**，並移到**臉部**圖層下方，然後以較大的柔邊筆刷約略塗刷各個部位的色彩 (顏色可用**滴管工具** 從照片中取樣)。著色時，選項列上的**不透明度**、**流量**請隨著光線的強弱與方向來變化，光線愈亮的部位，色彩要愈淡，有陰影的部位則色彩要愈濃郁，這樣整體才會有立體感。

STEP 06　最後在**著色**圖層上方新增一個**頭髮**圖層，然後以**潑濺 59 像素** 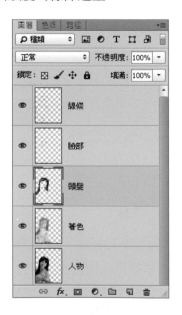 筆尖形狀塗刷頭髮，其技巧在於先大片的上色，然後再逐漸調小筆刷尺寸、加深色彩，以描繪出頭髮的線條造型。

07-02A.psd

　　目前作品看起來還是相當生硬不自然，原因在於色彩平淡、缺乏立體感，且線條過於明顯。若想提升作品的可看性，還得繼續做些後製處理，我們將在下一節做說明。

7-4　運用濾鏡強化繪圖效果

　　本例的**人物**圖層除了當做底稿勾勒線條外，還要拿來處理成繪畫效果，然後再跟之前手工繪製的結果做疊合，作品肯定會更好看。底下我們就一起來學習幾種強化繪圖效果的技巧吧！

套用「調色刀」、「污點和刮痕」濾鏡

　　請開啟範例檔案 07-03.psd，我們已先從**人物**圖層複製出一個**後製**圖層放置在最上層，底下要連續利用 2 種濾鏡來處理這層的影像。此外我們還將**著色**圖層的混合模式改成**加深顏色**，這樣膚色會比較正常。

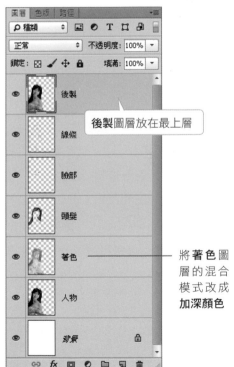

後製圖層放在最上層

將**著色**圖層的混合模式改成**加深顏色**

STEP 01 首先使用**調色刀**濾鏡來刮除影像上的細節, 產生塊狀的質感。請選取**後製**圖層, 執行『**濾鏡/濾鏡收藏館**』命令, 在交談窗中展開**藝術風**類別選取**調色刀**濾鏡, 然後如下圖設定參數值：

只保留大致的輪廓, 將細節全部打成色塊狀

STEP 02 再來仍舊選取**後製**圖層, 執行『**濾鏡 /雜訊/污點和刮痕**』命令, 開啟**污點 和刮痕**交談窗, 利用**強度**值來糊化 影像。

將強度加強到 8

STEP 03 將**後製圖層**的**不透明度**調整為 50%，讓底下的各個圖層能夠顯露出來。

STEP 04 目前的色彩稍嫌黯淡，因此我們在**後製圖層**上執行『**影像/調整/色相/飽和度**』命令，將**飽和度**提高到 70，整張影像立即灌注鮮活的色彩。

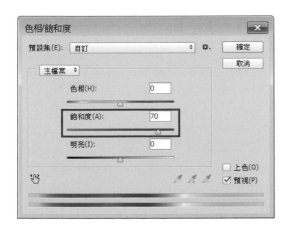

🖋 淡化線條

　　色彩的部分處理完畢了，現在還剩下僵硬的線條沒有改善。底下要提供的技巧其實不難，只是需要多一點的耐心和觀察力。而為了得到滿意的作品，花點時間仔細修飾，也是相當值得的。

STEP 01 選取**線條**圖層，按下**圖層**面板底下的**增加圖層遮色片**鈕 ⬚，建立全白的圖層遮色片。

為**線條**圖層新增一個圖層遮色片

STEP 02 選取**線條**圖層的圖層遮色片，然後選用柔邊的黑色大筆刷在影像上塗刷要淡化的線條，塗刷的原則是 "愈明亮的部位線條要愈淡"，所以塗抹明亮部位的線條時，筆刷的**不透明**度也要設得愈高。

塗刷前的線條

塗刷後的線條

STEP 03 接著也為**後製**圖層建立圖層遮色片，利用相同的手法來淡化局部膚色與髮色，模擬光線照射部位所產生的反光效果。

STEP 04 最後，我們想讓部份線條再清楚一些，所以請在**圖層**面板中將**線條**圖層拉曳到**建立新圖層**鈕上，再複製一層**線條**圖層，然後比照步驟 2 的方式再修飾一下圖層遮色片即可。你可開啟範例檔案 07-03A.psd 來檢視人像部份最終的調整結果：

07-03A.psd

🖊 製作背景

另外，我們還準備了一張背景影像 (**背景**.jpg)，讓你練習應用前面各節所教的技巧，仿製出人物背後的手繪街景。

背景.jpg

新增**背景線條**圖層, 用**筆刷工具**描繪背景的線

在**背景線條**圖層下新增**背景上色**圖層, 用**筆刷工具**填色

複製**背景**圖層, 更名為**背景後製**並放置在**背景上色**圖層的下層, 然後在此圖層套用**調色刀**與**污點和刮痕**濾鏡製造繪畫風格, 並用**色相/飽和度**命令提高飽和度

由於原始背景的上方太空曠, 所以我們在**背景線條**下新增了兩個圖層, 分別用**筆刷工具**塗上藍天和一些花朵做點綴

新增兩個圖層 (分別命名為**天空**和**裝飾**)

07-04.psd

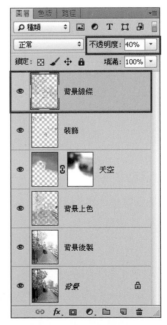

為了讓背景更亮麗一些, 我們將**背景上色**圖層的混合模式改成**覆蓋**, 並將**背景線條**圖層的**不透明度**降低為 40%, 稍微淡化線條。你可開啟範例檔案 07-04.psd 來對照背景影像的調整結果

合併人像與背景

　　最後，將人像的所有圖層拷貝到背景上合成，並做一些修飾，例如提亮人像亮度及背景的對比、飽和度 ... 等等，本例即可暫告一段落。

STEP 01 在範例檔案 07-03A.psd 中選取**背景**以外的所有圖層，然後按住 Shift 鍵再拉曳選取圖層到範例檔案 07-04.psd 的視窗中，即可拷貝圖層並放置到原位。同時，我們新增兩個**圖層群組**，以便將「人像」的圖層和「背景」的圖層分開存放。

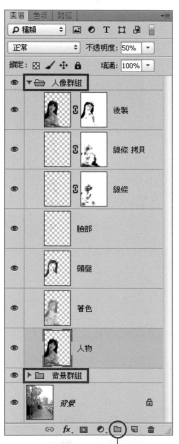

 有關圖層群組的詳細說明及操作，請參考第 11 堂課。

按下此鈕，可新增圖層群組

STEP 02　人像部份因為少了白色背景，變成半透明，所以我們要來做些補救。請新增一個空白圖層，命名為**白底**，放置到**人物**圖層的下層；接著按住 Ctrl (Win) / ⌘ (Mac) 鍵再點選**人物**圖層的縮圖圖示，載入 "人物" 的選取範圍：

STEP 03　執行『**選取/修改/羽化**』命令，設定約 2 像素的羽化強度，再執行『**編輯/填滿**』命令填入**白色**，人像就不再是半透明了。

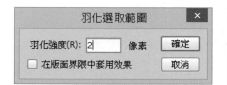

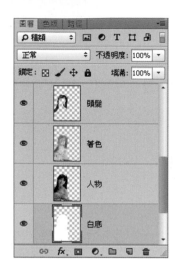

STEP 04 最後我們新增了幾個調整圖層改善「人像」及「背景」的亮度、對比及飽和度，你可開啟範例檔案 07-04A.psd 來檢視人像與背景的合成結果。

07-04A.psd

7-5　製作畫布紋理

好不容易製作出手繪風格的作品，不過還差臨門一腳，那就是缺少紙張的紋理，沒有那種顏料滲入紙張的感覺，本節我們要透過底下的技巧，仿製出紋理紙張的效果。請開啟範例檔案 07-05.psd 來操作，我們已事先合併該檔案的人像與背景圖層，以簡化圖層結構：

STEP 01　請在**圖層**面板最上面新增一個空白圖層，命名為**紙紋**，然後將前景色設成白色，按 Alt + ←Backspace (Win) / option + delete (Mac) 鍵填滿白色。

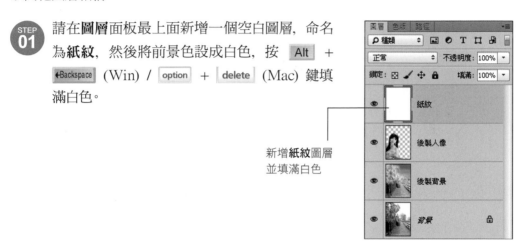

新增**紙紋**圖層
並填滿白色

STEP 02　選取**紙紋**圖層，執行『**濾鏡/雜訊/增加雜訊**』命令，開啟**增加雜訊**交談窗，然後設定如下的參數值。

製作雜點

STEP 03 接著將背景色設定為黑色，執行『**濾鏡/濾鏡收藏館**』命令，在交談窗中展開**素描**類別選取**立體浮雕**濾鏡，如下圖設定參數：

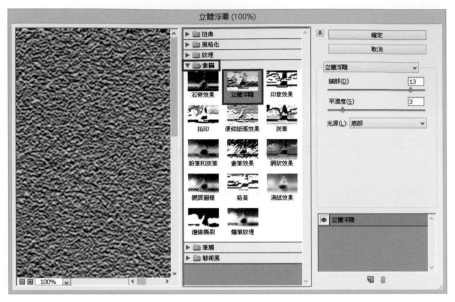

設定浮雕效果

STEP 04 將**紙紋**圖層的混合模式設成**覆蓋**，並將**不透明度**調整為 15%，紙張的紋理便出現了。

07-05A.psd

重點整理

1. **筆刷工具**與**鉛筆工具**的差異在於筆觸不同, 前者的筆觸邊緣柔和, 後者的筆觸邊緣銳利且有鋸齒。

2. 要設定筆刷的筆尖樣式, 除了**選項列**的**筆刷預設揀選器**之外, 還可到**筆刷**面板或**筆刷預設集**面板中去選擇, **筆刷**面板還可讓我們自訂各種筆觸屬性。

3. 本堂課將人像照片改造成手繪風格插畫的步驟如下:

❶ 建立新圖層, 以**鉛筆工具**或**筆刷工具**勾勒影像的輪廓與線條。

❷ 使用**筆刷工具**為畫好的線稿上色, 模擬手繪水彩或油墨著色的效果。

❸ 調整圖層混合模式, 讓線稿、著色等圖層融合在一起。

❹ 視需要為作品加上背景或紙張紋理等特殊效果。

4. 簡化描繪照片線條的方法:在原圖層上新增一個空白圖層, 再降低原圖層的**不透明度**, 然後在空白圖層上根據隱約透出來的底圖來描繪。

5. 下表是本章使用的濾鏡技巧整理:

操作目的	作法
仿製近似水彩的筆觸	(1) 套用**調色刀**濾鏡將影像打散成色塊 (2) 套用**污點和刮痕**濾鏡將色塊糊化
仿製紙張紋理效果	(1) 新增白色圖層, 套用**增加雜訊**濾鏡在圖層中添加均勻的單色雜訊 (2) 再套用**立體浮雕**濾鏡模擬紙張紋理 (3) 調整圖層的**混合模式**與**不透明度**, 讓紋理和影像融合

實用的知識

1. 使用**鉛筆工具**或**筆刷**工具繪圖時, 如果畫錯了該如何擦除呢?

你可以使用**橡皮擦工具** 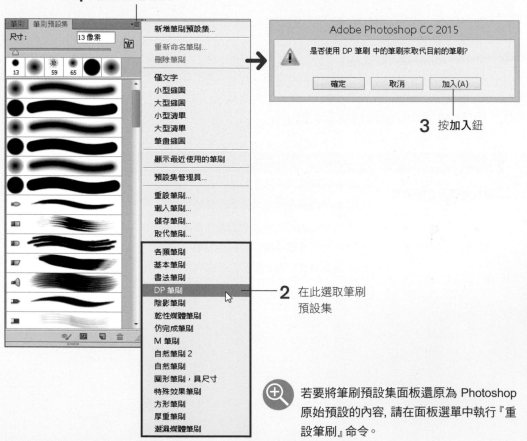 來擦除錯誤的部分, 但要注意, 假如你擦拭的是**背景**圖層, 則擦掉的部位會變成背景色;假如你擦拭的是其他透明圖層, 則擦掉的部位就會轉成透明。若使用繪圖板及感壓筆來畫畫, 那麼將筆反過來使用, 就可當成橡皮擦來擦除。

2. Photoshop 內建多組**筆刷預設集**, 要如何載入使用呢?

要載入 Photoshop 內建的**筆刷預設集**, 請在**筆刷預設集**面板按右上角的 鈕, 然後從選單中選取欲載入的筆刷預設集名稱即可:

1 按此鈕展開選單

3 按加入鈕

2 在此選取筆刷預設集

若要將筆刷預設集面板還原為 Photoshop 原始預設的內容, 請在面板選單中執行『重設筆刷』命令。

3. Photoshop 預設的筆刷樣式為圓形, 如果您想修改預設的筆刷樣式, 可在**筆刷**面板左側的屬性設定區中調整筆刷的形狀、紋理、散佈、間距...等。調好筆刷的樣子及大小再搭配不同的前景色, 可讓筆刷產生多種不同的變化。

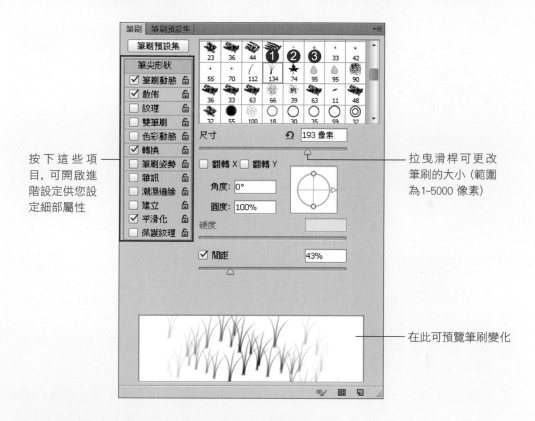

按下這些項目, 可開啟進階設定供您設定細部屬性

拉曳滑桿可更改筆刷的大小 (範圍為1~5000 像素)

在此可預覽筆刷變化

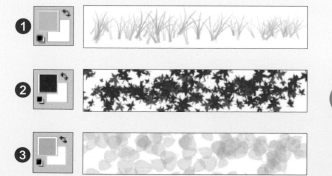

在每個屬性設定項目右方都會有個鎖頭圖示 🔓, 按下後可鎖定該項目的設定值避免不小心更動, 鎖定時圖示會呈現為 🔒。

4. 如何自訂筆刷的樣式？

若要將你畫好的圖案自訂成筆刷樣式，只要選取該圖案，然後執行『**編輯/定義筆刷預設集**』命令，設定筆刷名稱，即可將自訂筆刷加入**筆刷**面板。

選取圖案

執行『**編輯/定義筆刷預設集**』命令設定筆刷名稱

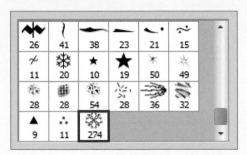

你可在**筆刷預設揀選器**或**筆刷**面板中找到自訂的筆刷樣式

5. 使用繪圖工具塗畫時，經常需要更換筆刷的顏色，但從**檢色器**視窗或**顏色**面板來挑選色彩實在不夠直覺，有沒有更快的方法？

其實使用 Photoshop 的繪圖工具來塗繪時 (如**筆刷工具**、**鉛筆工具**)，按住 `Alt` (Win) / `option` (Mac) 鍵即會轉換成滴管工具，此時在影像上按住滑鼠左鈕會出現一個色環，色環上半部會顯示目前選取的顏色，下半部則會顯示先前選取的顏色，你可以藉由移動色環來選取影像中的其他色彩。

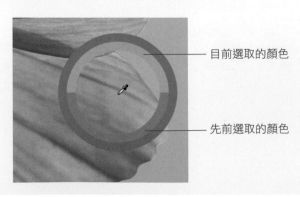

目前選取的顏色

先前選取的顏色

6. 雖然 Photoshop 已內建了一些筆刷樣式, 但如果覺得內建的筆刷不符需求, 你可以從網路下載免費的筆刷來使用。只要在瀏覽器中輸入 "Photoshop Brush"、"Free Brush"、"Photoshop 筆刷"、…等關鍵字, 即可找到相關網站。

1 點選喜歡的筆刷縮圖

在此以 **Brusheezy** 網站為例 (http://www.brusheezy.com/)

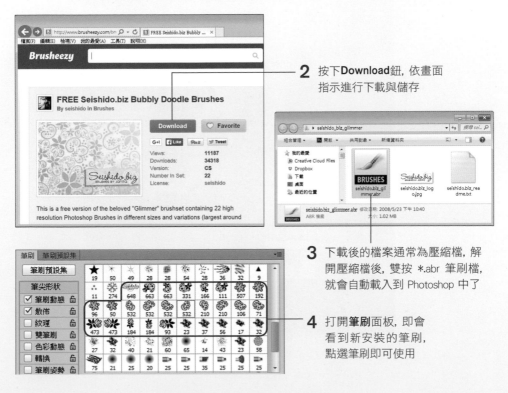

2 按下**Download**鈕, 依畫面指示進行下載與儲存

3 下載後的檔案通常為壓縮檔, 解開壓縮檔後, 雙按 *.abr 筆刷檔, 就會自動載入到 Photoshop 中了

4 打開**筆刷**面板, 即會看到新安裝的筆刷, 點選筆刷即可使用

08
LESSON

文字的編輯與特效

純淨牛奶廣告

課前導讀

本堂課範例將介紹如何在 Photoshop 中輸入文字, 進行多行文字的排列, 以及各種編輯文字的方法。除了說明在影像中輸入與編輯文字的基本功外, 還要教你讓文字服貼於材質表面的技巧, 並利用文字與色塊的組合, 製作挖空的文字效果, 最後完成一張產品平面廣告的作品。

本章學習提要

- 錨點文字與段落文字輸入方式

- 貼入「假文」預留文字區塊位置

- 設定文字的外觀格式

- 調整段落的對齊方式

- 運用**字元樣式**快速設定文字外觀

- 彎曲文字的製作技巧

- 將文字圖層轉換成一般圖層 (點陣化)

- 使用**加深工具**將局部範圍變暗

- 建立文字選取範圍製作挖空效果

預估學習時間　**60**分鐘

8-1　輸入文字

　　現在我們要開始進入本堂課的主題, 在範例海報上加上品牌名稱以及廣告文字。在 Photoshop 中輸入文字可分成**錨點文字**和**段落文字** 2 種方式:**錨點文字**的輸入方法就是, 在影像中點選要加入文字的地方, 待出現**插入點**後就開始鍵入文字, 由自己來決定何時換行;如果希望將文字固定在某個範圍內, 可改用**段落文字**的輸入方式, 即先拉曳出一個文字框, 再輸入文字, 如此文字就會自動在文字框中排列、換行。底下我們分別示範這兩種方式。

錨點文字的輸入方法

08-01.jpg

　　請開啟範例檔案 08-01.jpg, 我們已事先做好海報的影像部份, 只要再填入文字就可完成。首先我們用**錨點文字**的方式來輸入牛奶瓶上的廣告標語, 請如下操作:

STEP 01　在**工具面板**中選取**水平文字工具** T , 並到**選項列**設定**字體**、大小、以及**顏色**, 這些設定以後都可以更改, 在此我們先以 "清楚顯示文字" 為原則:

水平文字工具的選項設定

STEP 02　將滑鼠指標移到牛奶瓶身的地方點一下, 待出現插入點後即可開始輸入文字 "Milk":

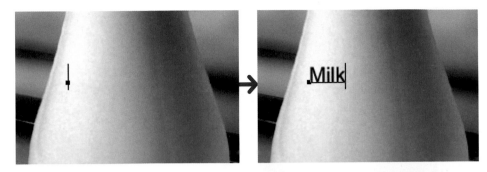

STEP 03　輸入完 "Milk" 後, 接著按一下 `Enter` (Win)/ `return` (Mac) 鍵換行, 再繼續輸入 "Natural Origin":

🔍 輸入文字時, 若你覺得文字的「字距」與「行距」不理想, 稍後可利用字元面板來調整。

STEP 04　輸入文字後要到**選項列**按下 ✔ 鈕(或按 `Ctrl` + `Enter` (Win)/ `⌘` + `return` (Mac) 鍵) 確認完成, 同時**圖層**面板會新增一個**文字圖層**:

確認輸入後, 插入點即消失不見

輸入文字後, Photoshop 會自動建立成**文字圖層**, 且預設會以輸入的內容為圖層名稱, 但可以更改

🔍 輸入文字後若覺得不好, 可在**選項列**中按 ⊘ 鈕(或 `Esc` 鍵) 取消, 那麼剛才輸入的文字就會被清除, 當然也不會建立文字圖層。

📍 段落文字的輸入方法

再來, 我們改用**段落文字**的方式來輸入下一段廣告文案:

STEP 01 同樣選取**水平文字工具**, 然後到牛奶瓶身的地方拉曳出一個文字框:

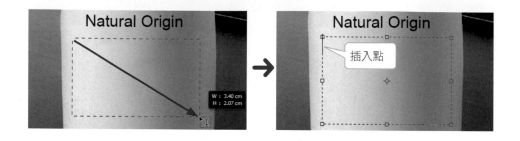

STEP 02 接著再到**選項列**將**字體**換成**新細明體**, 其它選項則沿用上例, 然後輸入 "來自阿爾卑斯山 100% 新鮮健康的頂級鮮乳", 輸入時文字會在文字框內自動換行。

你可拉曳文字框的控點或框線調整框的大小

STEP 03 輸入完畢後按**選項列**的 ✔ 鈕確認, 然後再用同樣的方法輸入下一段 "From the very pure environment of Mountain Alps.":

🔍 在輸入時, 如果打錯字了, 只要用方向鍵將插入點移到錯字上即可修改。

修改文字內容

經由上列的步驟後，**圖層**面板一共新增了 3 個文字圖層，分別存放不同的文字內容。若此時才要回過頭去修改文字內容，必須先選取文字所在圖層，然後用**文字工具**去做修改。底下我們就用這個方式將 "From the very pure environment of Mountain Alps." 中的 "Mountain" 改成縮寫 "Mt."，請開啟範例檔案 08-02.psd 來接續操作：

STEP 01 首先在**圖層**面板中選取 **From the very pure…** 文字圖層。然後選取**水平文字工具**，將指標移到要修改的文字上，等指標變為 ⌷ 時按一下，文字間就會出現插入點。

若是在指標呈 ⌷ 時點選，則會變成是輸入新的錨點文字，而非在已建立的文字圖層中顯示插入點。

STEP 02 按 ← 或 → 方向鍵將插入點移到要修改的位置，然後按下 Delete 鍵刪除不要的文字再重新輸入即可，請各位將 "Mountain" 刪掉，改輸入 "Mt."，修改完畢同樣要按 ✔ 鈕確認。

如果想要刪除整個文字圖層，只要選取文字圖層，再按下圖層面板下方的 🗑 鈕，就可以刪除該文字圖層 (文字圖層中的所有文字也會一併刪除)。

調整文字區塊的位置

輸入文字之後，接下來可以先調整文字區塊的位置，以便確認整張海報的版面配置。搬移文字區塊是以 "整個文字圖層" 為單位，所以先在**圖層**面板中選取要調整的文字圖層，再利用**移動工具**來搬移即可：

STEP 01 在**圖層**面板中選取要移動的文字圖層，請選取**來自阿爾卑斯山…**圖層。

STEP 02 到**工具面板**中選取**移動工具** ，然後在影像上拉曳 "來自阿爾卑斯山" 文字區塊即可搬移位置。

選取**移動工具**後，你也可以按鍵盤上的 ↑、↓、←、→ 方向鍵來微調文字區塊的位置

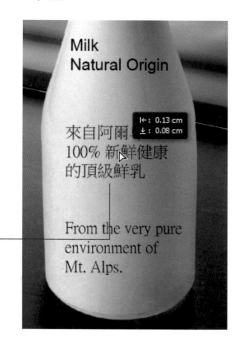

貼上「假文」預留文字區塊位置

製作廣告海報時，有時候會因為廣告文案尚未完成，使得版面安排上出現困擾！所幸，Photoshop 提供了一項**填充文字**功能，可讓我們在預定位置中先貼入「假文」代替，這樣版面就不會空一塊了！假設我們想將那段未完成的文案放在海報的左上方位置，現在就來貼上「假文」預留位置吧：

STEP 01　先用**水平文字工具**在文案的預留位置上拉曳出一個文字框。

STEP 02　接著同樣可以到**選項列**設定文字的外觀格式，然後執行『**文字/貼上 Lorem Ipsum**』命令，Photoshop 就會在文字框中貼入一段 "假文" 了。

STEP 03　確認輸入之後，**圖層**面板中一樣會新增一個文字圖層，並且以「假文」內容為名，建議將此圖層更改為更容易辨識的名稱：

更改「假文」的圖層名稱

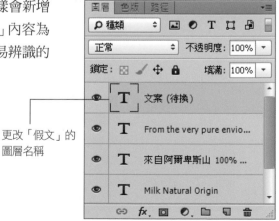

　　貼入「假文」後就可以繼續設計的工作，等到廣告文案出來了，就只要修改這個文字圖層，換成正式的文案內容就好了。

8-2　文字外觀的美化

現在大家對於文字的外觀一定覺得不滿意，這一節我們就來談談如何調整文字外觀的格式設定、行距、字距以及段落的對齊方向。

🖋 設定文字格式

文字工具的**選項列**提供了許多文字格式的相關設定，包括**字體、大小、顏色、對齊方式** ... 等。底下我們就來說明，如何利用**選項列**中的各項設定改變文字的外觀，請各位開啟範例檔案 08-03.psd 來操作：

STEP 01 要設定文字外觀，請先到**工具面板**選取**文字工具** (如**水平文字工具**)，以顯示**文字工具**的**選項列**。

① 切換橫式、直式文字方向　④ 設定字體大小　　　⑦ 設定文字顏色　　　⑩ 將文字圖層轉
② 設定字體　　　　　　　　⑤ 設定消除鋸齒的方法　⑧ 建立彎曲文字　　　　成 3D 模型 (參考
③ 設定字體樣式　　　　　　⑥ 設定段落的對齊方向　⑨ 開啟**字元**和**段落**面板　第 13 堂課)

STEP 02 接著，若要調整 "整個文字圖層" 的外觀，就在**圖層**面板中選取該文字圖層；若只要調整其中部份文字的外觀，就用**文字工具**到影像中將欲設定的文字選取起來。這裡我們先選取 **Milk Natural Origin** 圖層來做設定。

STEP 03 首先我們來變更**字體**, 到**選項列**拉下**設定字體系列**列示窗選取 **Comic Sans MS Bold** 字型。

1 在此輸入字體名稱, 可從長串的列示窗中搜尋字體, 一邊輸入文字就會一邊開始搜尋

2 點選字體

這裡可以預覽套用字型後的結果

若覺得設定字體系列列示窗中的預覽字型太大或太小, 可到『文字/字體預視大小』功能表中選擇適當的大小, 共有小、中、大、特大、巨大 5 個尺寸。

文字是傳達作品理念的重要元素之一, 選用合適的字型可以提高作品的訴求, 不過平常我們所使用的作業系統提供的字型並不多, 建議您額外添購專業的字型, 或是利用網路搜尋引擎以 "font"、"字型" 為關鍵字, 來取得免費字型 (以英文字型居多)。

設定字體樣式列示窗提供粗體 (Bold)、斜體 (Italic)、粗斜體 (Bold Italic) ⋯ 等字體樣式, 但並非每種字體都有樣式可選擇。

STEP 04 再來請用**水平文字工具**選取 "Milk" 4 個字, 然後在**設定字體大小**列示窗 中輸入 "40" (預設以**點**為文字大小的單位), 再按 ✔ 鈕確認:

→

STEP 05 再來設定文字的顏色。請選取 **Milk Natural Origin** 圖層, 然後按下**選項列**的**設定文字顏色**色塊, 於**檢色器(文字顏色)**交談窗中設定 R124、G74、B2 色彩, 然後按**確定**鈕 ✔:

STEP 06 最後我們稍微調一下行距和字距。行距和字距需在**字元**面板中設定, 所以請在**選項列**按 ▤ 鈕 (或執行『**文字/面板/字元面板**』命令) 來開啟**字元**面板。

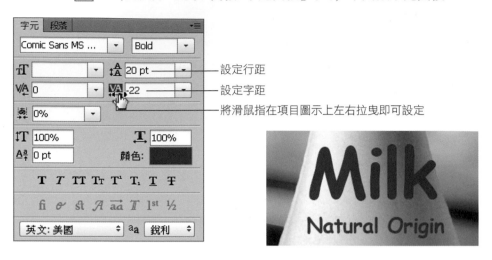

設定行距
設定字距
將滑鼠指在項目圖示上左右拉曳即可設定

瓶身另外兩段文字就請各位依照下面的說明自行調整:

標楷體、8 pt、黑色、行距 (🔠) 自動、字距 (🆚) 0

Comic Sans MS、8 pt、黑色、行距 (🔠) 自動、字距 (🆚) 0

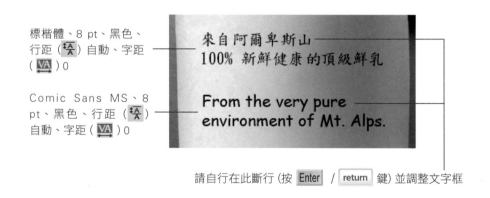

請自行在此斷行 (按 Enter / return 鍵) 並調整文字框

⌖ 設定段落的對齊方向

文字工具的**選項列**上提供了 3 個對齊按鈕 ▤ ▤ ▤, 分別是**左側對齊文字**、**文字居中**、**右側對齊文字**, 主要是方便我們對齊文字框中的文字段落。而錨點文字也可以使用這 3 個工具按鈕, 只是會以輸入文字的「起始點」做為基準來對齊。現在我們要把牛奶瓶上的 3 段文字採置中對齊, 請如下操作:

STEP 01 請先選取瓶身上的 3 個文字圖層，然後在**工具面板**選取**水平文字工具**顯示文字工具的**選項列**，再按下其中的**文字居中鈕** ，則文字便會在文字框中置中對齊。

3 段文字皆改為置中對齊

STEP 02 由於 "Milk Natural Origin" 是以輸入文字的「起始點」做為基準來對齊，所以位置有點跑掉了，請再次使用**移動工具** 將它移回到牛奶瓶上。

使用**移動工具**移動文字位置時，會自動出現參考線讓你參照對齊位置

段落面板中還有更多段落格式設定，包括齊行對齊、縮排、段落前後間距等，需要時可執行『文字/面板/段落面板』命令開啟該面板來設定。

想輸入特殊符號，就開啟「字符」面板

以往在 Photoshop 中想輸入一些 ®、©、½、¥、…等符號，通常得在 Word 中先輸入好，再複製到 Photoshop 中，自 CC 版開始新增了一個**字符**面板，你可以從中選擇特殊符號、上標、下標字、貨幣符號、數字、…等等，以便插入到文字裡。

要開啟**字符**面板，請執行『**文字/面板/字符面板**』命令，或是執行『**視窗/字符**』命令。

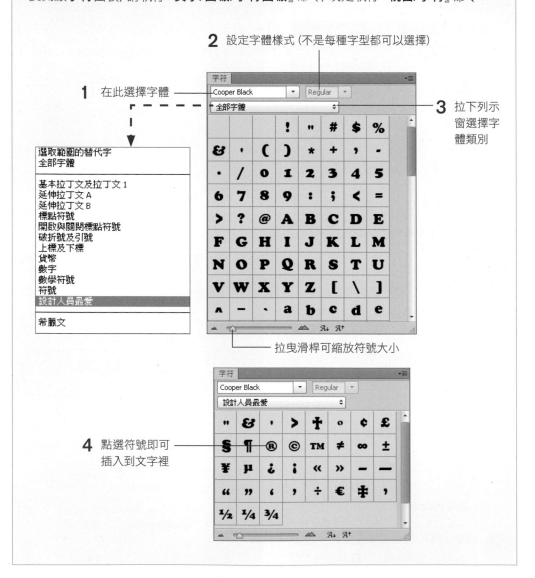

2 設定字體樣式 (不是每種字型都可以選擇)

1 在此選擇字體

3 拉下列示窗選擇字體類別

拉曳滑桿可縮放符號大小

4 點選符號即可插入到文字裡

8-3	運用「字元樣式」快速設定文字外觀

　　假如設計作品中的文字量較多，運用上一節的方法來設定文字外觀會有點太慢了，而且若有段落要求相同的格式，那樣的設定方法也容易出錯。Photoshop 提供**字元樣式**與**段落樣式**功能，可將各種文字格式組合 (如 Arial、Bold、18 pt、紅色) 建立成**字元樣式**或**段落樣式**，然後直接套用到需要的字元或段落上，既可節省時間，又能確保一致性。

套用字元樣式

　　請開啟範例檔案 08-04.psd，我們已經將裡面的「假文」換成正式標語了，底下就運用**字元樣式**快速將 4 個標語套用一致的文字格式。首先為第 1 個標語 "Fresh" 設定文字格式，然後將這組文字格式建立成字元樣式，再套用到其它的標語上。

STEP 01　在**圖層**面板選取 **Fresh** 圖層，接著到**工具面板**選取**水平文字工具**，然後到**選項列**設定如下的格式：

Copperplate Gothic Bold　　　　　　　　　　　　　　　　R255、G204、B51

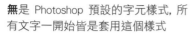

STEP **02** 勾選『**文字/面板/字元樣式面板**』命令開啟**字元樣式**面板, 再按面板下方的**建立新字元樣式**鈕 即會新增一個字元樣式, 此樣式會先沿用 Photoshop 預設的字元設定, 請點選**字元樣式 1** 將此樣式套用到 **Fresh** 圖層。

無是 Photoshop 預設的字元樣式, 所
有文字一開始皆是套用這個樣式

+ 號表示文字格式已有變更,
與樣式原來的設定不同

新增字元樣式

→

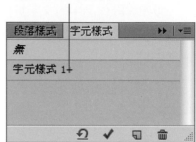

STEP **03** 樣式名稱旁出現 **+** 號, 表示格式設定有變, 要儲存變更就按 ✔ 鈕;若要移除變更, 將樣式還原為原來設定則按 ↩ 鈕。這裡請按 ✔ 鈕就可以將 "Fresh" 的格式設定存到**字元樣式 1** 了。

按 ✔ 鈕儲存變更
後, + 號就消除了

STEP **04** 接著請雙按**字元樣式 1** 開啟**字元樣式選項**交談窗, 我們要更改樣式名稱, 順便增加一些設定:

2 切換到**進階字元格式**頁次　　　　　**1** 在此更改樣式名稱

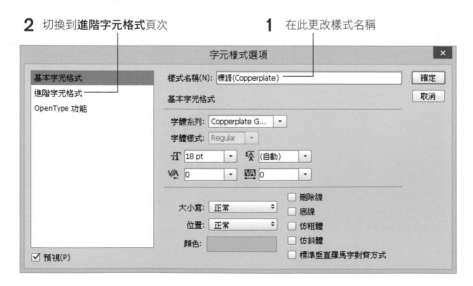

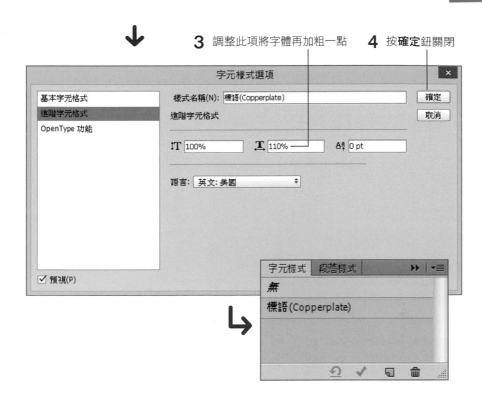

3 調整此項將字體再加粗一點　　**4** 按**確定**鈕關閉

STEP 05 建好樣式就可以套用到其它標語上了。請在**圖層**面板中選取 **Rich** 圖層 (若要套用到部份文字, 則還需用**文字工具**將部份文字選取起來), 然後到**字元樣式**面板中點選**標語 (Copperplate)** 樣式套用:

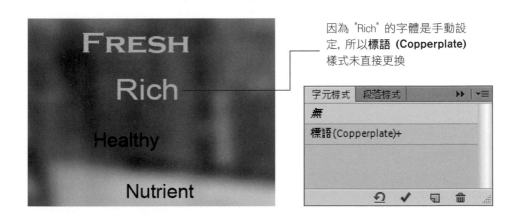

因為 "Rich" 的字體是手動設定, 所以**標語 (Copperplate)** 樣式未直接更換

在**字元樣式**面板按下**清除置換鈕** ，也就是還原為**標語 (Copperplate)** 樣式的設定，則 "Rich" 字體便會換成 Copperplate 字體了。另外兩個英文標語也請為它套用**標語 (Copperplate)** 樣式。

按此鈕還原樣式原來的設定

預設字元樣式：無

無是 Photoshop 預設的字元樣式，若想要將輸入的文字還原為 Photoshop 預設的字元格式，就請為它套用**無**樣式。套用後若**無**樣式名稱旁出現 ＋ 號，記得要按 鈕才能還原為**無**原始的設定。

更新字元樣式

　　套用字元樣式除了可以簡化設定文字外觀的程序，還有個好處，就是只要修改字元樣式的格式，所有套用該字元樣式的文字皆會自動更新！假設我們想將標語的顏色改成「白色」、大小換成「14 pt」：

STEP 01 在**字元樣式**面板中雙按**標語 (Copperplate)** 樣式名稱，開啟**字元樣式選項**交談窗：

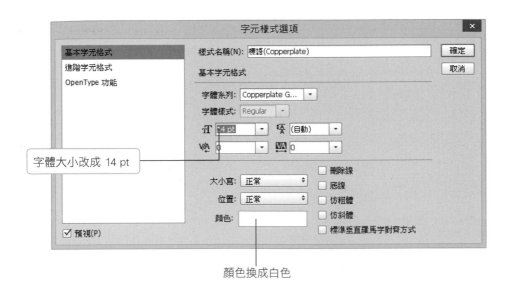

字體大小改成 14 pt

顏色換成白色

STEP 02 按下**確定**鈕後，就可看到 4 個套用**標語 (Copperplate)** 樣式的英文標語都更新了。

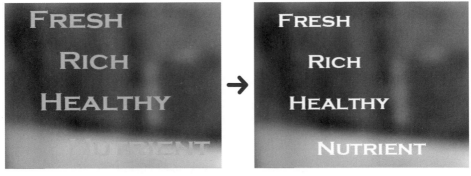

套用該字元樣式的文字都變
成白色、14 pt 的字了

牛奶瓶上的文字已經輸入完成，但由於圓形瓶身是具有弧度的物體，因此上面的文字也應當隨著瓶身的弧度做彎曲，效果才會逼真。在此我們已經事先配合瓶身的形狀，製作好一個咖啡色的產品標籤圖樣要墊在文字區塊之下，所以接下來我們要依據瓶身弧度來彎曲瓶身上所建立的文字，以完成整個牛奶瓶的設計。

置入產品標籤影像

我們已經事先準備好牛奶瓶上的標籤影像 (**奶瓶標籤**.psd)，現在要把它複製到本堂課的範例檔案中，請開啟範例檔案 08-05.psd 與**奶瓶標籤**.psd，然後跟著底下的步驟置入標籤影像：

STEP 01 首先請切換到**奶瓶標籤**.psd 視窗，先按 `Ctrl` + `A` (Win) / `⌘` + `A` (Mac) 鍵選取整張影像，再按 `Ctrl` + `C` (Win) / `⌘` + `C` (Mac) 鍵拷貝。

STEP 02 接著切回 08-05.psd 視窗，先選取**背景**圖層，再按 Ctrl + V (Win) / ⌘ + V (Mac) 鍵將標籤貼在**背景**圖層的上層，並將該圖層更名為**標籤**，然後用**移動工具**將標籤移到牛奶瓶身的位置。

STEP 03 由於標籤的顏色過深，看起來不像是自然地貼附在瓶身上，因此我們將**標籤**圖層的混合模式設成**柔光**，讓標籤的顏色與現場的光線更吻合。

拉下此列示窗選擇**柔光**混合模式

STEP 04 由於選擇**柔光**模式讓標籤變得太亮一些，所以我們再拷貝一層**標籤**圖層，讓標籤的顏色變深一點：請拉曳**標籤**圖層至**圖層**面板的**建立新圖層鈕**  上，即可再拷貝一層相同的圖層。

STEP 05 貼上標籤後，發現標籤上的文字變得不夠明顯，因此我們將標籤上的文字改成白色，並調整至適當的位置。

選取這兩個文字圖層

將文字更改為白色

建立彎曲文字

文字圖層專屬的**彎曲**功能, 可以使文字產生彎曲變形的效果, 如:弧形、拱形、波浪形...等等。但要特別注意, **彎曲**功能不能套用在**點陣字型**上, 也不能用在**仿粗體**樣式的文字上, 否則在製作彎曲文字時會出現錯誤訊息。

 字元面板才有提供仿粗體樣式 **T** , 文字工具的選項列沒有這項設定。

如何判斷點陣字型

拉下**設定字體系列**列示窗時, 若發現字型前面沒有任何圖示, 則該字型就是點陣字型, 點陣字型在放大之後, 文字邊緣會出現明顯的鋸齒狀。其他字型前有 "O" 圖示的是 OpenType 字型、有 "T" 圖示的是 TrueType 字型, 皆可任意縮放字體大小, 且不會產生鋸齒狀邊緣。

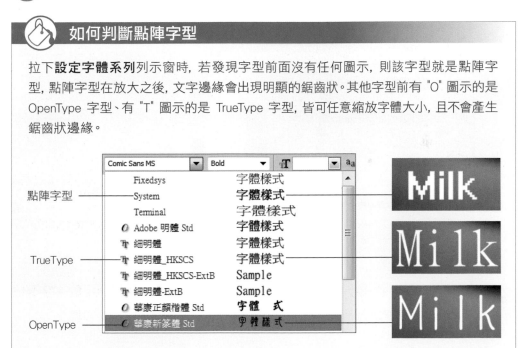

有了上述的概念之後, 我們就實際著手來彎曲文字吧!

STEP 01 首先我們來彎曲 "Milk Natural Origin" 這組文字, 請選取 **Milk Natural Origin** 圖層。

STEP 02 到**工具面板**選取**水平文字工具**後, 按下**選項列**的**建立彎曲文字**鈕 工 開啟**彎曲文字**交談窗, 然後如圖設定:

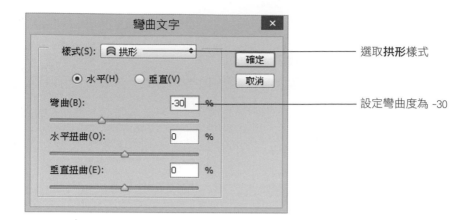

選取**拱形**樣式

設定彎曲度為 -30

STEP 03 按下**確定**鈕套用文字彎曲的效果。

套用彎曲文字效果的圖層縮圖

可用**移動工具**適當調整位置

 如果想要修改彎曲變形的效果, 只要再次按下選項列的建立彎曲文字鈕 工 鈕, 即可重新選擇彎曲樣式或是調整彎曲程度。

　　接下來就請各位比照上述的方式, 為下面兩段文字進行彎曲變形, 你必須依據文字字串的長度、大小、位置, 並配合瓶身的弧度來調整文字的彎曲程度, 這樣才能建立逼真的文字貼附效果。

這兩段文字皆選擇**拱形**樣式, **彎曲**程度為 -33%

將文字圖層轉換為一般圖層做變形

　　利用**彎曲文字**交談窗來調整文字的彎曲效果，有時還是無法完全符合想要的樣式，不過我們可以將文字圖層轉換成一般圖層，再進行各種變形操作，讓文字包覆瓶身的效果更逼真。

STEP 01　請選取瓶身上的文字圖層，然後執行『**文字/點陣化文字圖層**』命令，文字圖層便會轉換成一般圖層。

圖層縮圖上面不再有 "T" 的字樣

選取文字圖層

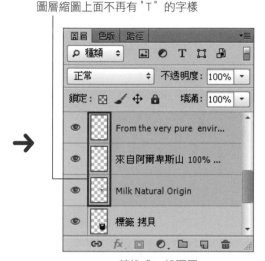

轉換成一般圖層

STEP 02　接著就可分別選取圖層，執行『**編輯/變形**』功能表中的各項命令來變形文字。我們先選取 **Milk Natural Origin** 圖層，然後執行『**編輯/變形/彎曲**』命令來變形：

請配合瓶身形狀的變化, 拉曳控點來調整想要的效果

STEP 03　調好後需到**選項列**按 ☑ 鈕確認變形，同時你也可以利用**移動工具**再稍微調整一下文字的位置。利用上述方法，便可以一一調整個別文字的變形狀況，讓文字貼附在牛奶瓶上的效果更加真實。

點陣化文字圖層後無法再編輯文字！

在此要跟各位補充一個觀念，實務上在影像設計的過程中，若使用了具有破壞性的功能，就無法再恢復原狀，例如：已經點陣化的文字無法再轉回文字圖層來編輯文字內容、已經扭曲變形的影像也無法再恢復到原貌，因此最好是複製一份相同的圖層再進行操作，以保留原始的圖層內容 (記得要隱藏原始圖層的顯示狀態，以免干擾畫面)，以備日後還可繼續做其他編修。

🖌 加深暗部區域製造光影效果

由於光線角度的緣故，牛奶瓶右側的部份較暗，為了讓我們貼上的標籤、文字與牛奶瓶的光影更為一致，我們必須將標籤和文字的右邊也調暗一些。**工具面板**中有個**加深工具** ，它是模仿傳統暗房技術來調整影像的曝光程度，可單獨將局部區域變暗，在此我們就使用此工具來塗抹需要變暗的部位，請開啟範例檔案 08-06.psd 來操作：

STEP 01　首先選取 **Milk Natural Origin** 圖層，然後選取**加深工具** ，並到**選項列**調整筆刷大小，讓筆刷約能涵蓋牛奶瓶右方的暗部、**硬度**降為 0% 以免產生明顯邊緣、**範圍**設定為**中間調**、並將**曝光度**降低為 50%。

　　　拉下列示窗，在此將筆刷大小　　　　　　　此項可指定每次加深的強度
　　　調整為125 像素，硬度設為 0%

STEP 02　接著便用筆刷塗抹 "Milk Natural Origin" 位於陰影的部份, 由上而下塗抹效果比較自然, 如果你覺得效果不夠明顯可以多塗幾次, 讓陰影的顏色加深。

我們總共在 "Milk Natural Origin" 的陰影部位塗了 3 次

接著我們試著用另外一種方法來處理另外那兩段白色文字, 方法如下:

STEP 01　請選取 **From the very...** 圖層, 然後執行『**圖層/向下合併圖層**』命令, 將該圖層與**來自阿爾卑斯...**圖層合併, 待會一併處理。

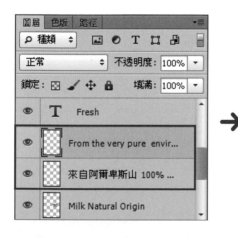

STEP 02　將合併後的**來自阿爾卑斯...**圖層的**不透明度**設為 80%, 即可淡化白色文字。

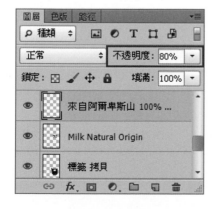

讓白色的文字略為淡化, 製造出左側是受光面的感覺

STEP 03　接著我們運用漸層讓淡化的效果更明顯。請選取**來自阿爾卑斯...**圖層，然後按下圖層面板下方的**增加圖層遮色片鈕** ，為它新增一個圖層遮色片。

STEP 04　將前景色設為黑色，然後選取**漸層工具** ，並到**選項列**進行如下的設定：

1 按下此鈕, 選取**前景到透明**漸層

2 選擇**線性漸層**模式　　　**3** 將**不透明**設定為 80%

STEP 05　選取**來自阿爾卑斯...**圖層的圖層遮色片縮圖，然後使用**漸層工具**從文字的暗部往亮部拉曳，這樣白色文字部分就和瓶身標籤一樣有了明暗的變化，你可以視情況再自行調整。

拉曳漸層　　　　　　　　　　　　右側的文字變得更淡了

8-5　製作挖空文字效果

我們打算在海報的左下方再製作
一個圖案，其中會使用到**水平文字遮色
片工具**  來製作挖空文字，我們來看
這個挖空文字的圖案要如何製作。

STEP 01 請開啟範例檔案 08-07.psd 並切換至最
上層的圖層，然後按下**圖層**面板下方的
建立新圖層鈕 新增一個圖層，並更
名為**挖空圖案**。

STEP 02 到**工具面板**中選取**水平文字遮色片工具** ，然後到**選項列**依照下圖調整字
型、大小與字體樣式：

Comic Sans MS、Bold、20 pt

STEP 03 到影像上按一下顯示插入點，此時 Photoshop 會自動切換至**快速遮色片模式**，
請輸入和牛奶品名一樣的 "Milk Natural Origin"，輸入文字為遮色片上的非
遮罩範圍。

STEP 04　接著請依照右圖換行，並將第二行字型大小改為 6 pt，採置中對齊 (記得先將 Milk 後的空格，或 Natural 前的空格刪掉)；置中對齊後文字位置會跑掉，只要將滑鼠指標移到文字外，當指標呈現 時，便可以拉曳調整位置。

若覺得行距的間隔不理想，可將兩行文字都選取起來，然後打開字元面板，自行調整設定行距列示窗 A (自動) 的設定。

STEP 05　確定好文字的排列後，按下**選項列**上的 鈕確認，則**水平文字遮色片工具**輸入的文字便會轉換成選取範圍。

確認建立文字選取範圍後，若還想調整選取範圍的位置，請先選取任一項選取工具 (如矩形選取畫面工具)，並在選項列確認是新增選取範圍 的狀態，即可拉曳選取範圍來移動。

STEP 06　再來執行『**選取/反轉**』命令，改選文字以外的範圍，然後再選取**矩形選取畫面工具** ，並按下**選項列**的**與選取範圍相交鈕** ，在要製作挖空文字效果的範圍拉曳出一個矩形方框，結果會選取 "矩形" 與 "原來選取範圍" 相交的部份。

這就是要製作挖空效果的範圍

STEP 07　最後將前景色改為 R209、G162、B93，然後按 Alt + Backspace (Win) / option + delete (Mac) 鍵將選取範圍填滿前景色就完成了。

利用相同的方法, 我們還可以使用**奶瓶標籤**.psd 中的乳牛圖案來製作挖空圖形的效果, 如下所示:

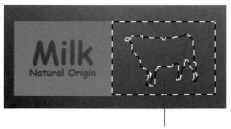

從**奶瓶標籤**.psd 取得乳牛圖案的選取範圍

填滿白色

最後請自行在瓶身下方加入 "福拉格乳品" 的字樣 (瓶身上的文字參考前面的做法予以彎曲再調暗陰影), 再調整一下海報中的所有元件, 本章的產品海報就完成囉!

在此輸入這兩行文字, 字體: 華康粗明體、 22pt、白色

08-07A.psd

重點整理

1. 在套用字體時, 套用**向量字體** (OpenType 或 TrueType 字體) 會比套用**點陣字體**更便於編輯。它們的基本差異如右:

	向量字型	點陣字型
將字體放大時邊緣會產生鋸齒	否	是
可套用彎曲變形效果	是	否

2. 要在影像上輸入文字時, 可以先依據文字的多寡來判斷要使用錨點文字或是段落文字來輸入:

   ● **錨點文字**:若只要輸入單行文字 (短句或是無須換行的文字), 可先用**文字工具**在要輸入的地方按一下, 即可輸入單行文字。

   ● **段落文字**:若要輸入整段或整個區塊的文字, 可先用**文字工具**拉出一個文字框, 接下來輸入的文字就會自動排列在框內的範圍。

3. 在設計海報時, 若廣告文案尚未完成, 可運用 Photoshop 的**填充文字**功能, 在預定位置中先貼入「假文」代替, 以確認版面的安排!其方法是先在預留位置拉曳一個文字框, 執行『**文字/貼上 Lorem Ipsum**』命令貼入 "假文"。

4. 要新增字元 (或段落) 樣式, 請到**字元樣式** (或**段落樣式**) 面板中按 🔲 鈕, 即會新增一個預設格式的樣式, 接著再雙按樣式名稱開啟**字元 (段落) 樣式選項**交談窗來設定格式。

5. 套用字元 (或段落) 樣式時, 若樣式名稱旁出現 + 號, 表示格式設定有變, 要儲存變更就按 ✔ 鈕;若要移除變更, 將樣式還原為原來設定則按 🔁 鈕。

6. 若要將文字合成到曲面的物體影像上 (例如球或瓶子), 可參考下列兩種方法來變形文字, 讓文字與物體的表面更服貼, 效果更逼真。

   ● 選取已經輸入的文字, 按一下**建立彎曲文字**鈕 🧘 即可開啟**彎曲文字**交談窗, 為文字套用各種彎曲樣式。

   ● 將選取的文字圖層點陣化後, 執行『**編輯/變形**』功能表中的命令來自由調整文字的彎曲度。

7. 使用**文字遮色片工具**可以直接建立文字形狀的選取範圍。

實用的知識

1. 文字除了直排、橫排、彎曲之外，能否根據自己的喜好排列成各種形狀，如：ㄇ字型、星形、Z 字型... 呢？

若要讓文字的排列方式更有變化，可以先用**筆型工具** 🖊 將文字所要排列的形狀路徑建立好，然後選取**文字工具**再將滑鼠指標移到路徑上，當指標呈現 𝕩 狀按下滑鼠左鈕，文字插入點就會出現在路徑上，此時輸入的文字便會依照路徑來排列 (有關**筆型工具**的使用方式，請參考第 9 堂課的說明)。

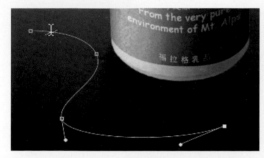

在影像上建好路徑，並將滑鼠指標貼在路徑上

沿著路徑輸入文字

2. 在 Photoshop 中開啟檔案時，出現如下的 "遺失字體" 訊息，該怎麼辦呢？

電腦中無此字體

上面的訊息只是在提示，你的電腦並未安裝該檔案所使用的字型，按**取消**鈕關閉即可！除非你要修改檔案中的文字，否則並不需要替代字體，該字體外觀可保持不變。但若要編輯文字內容或格式，需先換成替代字體才能修改。

若要替換接近的字體，可拉下列示窗，選擇目前電腦中安裝的字體

這裡會顯示文件中遺失的字體

遺失字體的文字圖層會加上"驚嘆號"

也可以雙按加上"驚嘆號"文字圖層縮圖，即會出現此訊息，按下**確定**鈕即可替換字體，當然文字的字體也會改變

3. 想將文字製作成如火焰般的效果，該怎麼做呢？

Photoshop CC 新增了**火焰濾鏡效果**，藉由各項參數的調整，可製作出逼真的火焰文字。製作重點在於，得先將文字圖層點陣化，並轉換成路徑，再執行『**濾鏡/演算上色/火焰**』命令，就可以了。

STEP 01 請建立一份新文件，將背景填入「黑色」，再利用**文字工具**輸入「白色」的文字。

在此輸入「火」這個字，並選用**華康粗明體**、文字大小：70pt、白色

STEP 02 接著要將文字圖層點陣化，請選取**火圖層**，執行『**文字/點陣化文字圖層**』命令。將文字點陣化後，請按住 Ctrl 鍵，然後點一下圖層縮圖，將文字選取起來。

將文字圖層點陣化　　　　按住 Ctrl 鍵，點一下圖層縮圖　　　　選取文字

STEP 03 選取文字後, 請切換到**路徑**面板, 按下**從選取範圍建立工作路徑**鈕, 將選取範圍轉換成路徑。

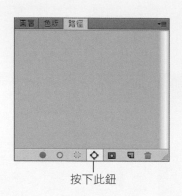

08-08.jpg

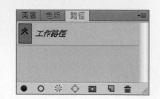

按下此鈕　　　　　　　　建立了文字路徑

 有關路徑的觀念, 請參考第 9 堂課的說明。

STEP 04 執行『**濾鏡/演算上色/火焰**』命令, 開啟**火焰**交談窗, 即可製作出逼真的火焰文字。

可調整火焰的長度

拉下列示窗選擇火焰的類型

在此設定火焰的寬度、角度及火焰的間隔

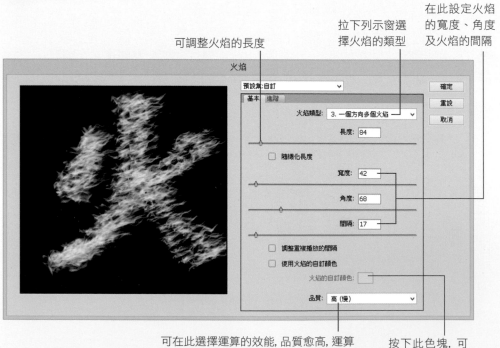

可在此選擇運算的效能, 品質愈高, 運算後的效果愈逼真, 但需要較久的時間

按下此色塊, 可選擇火焰的顏色

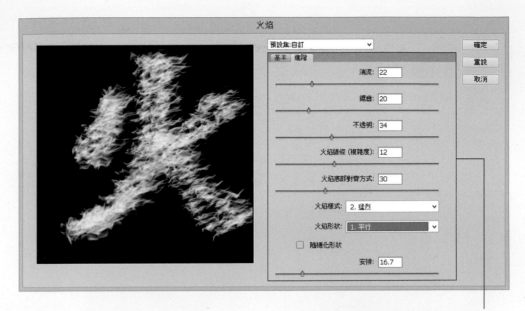

切換到**進階**頁次, 還可進一步調整
火焰的線條複雜度、不透明度、
火焰的樣式、形狀、…等

STEP 05 在**火焰**交談窗調整至滿意的效果後, 按下**確定**鈕, 就會產生火焰文字囉!

你可以開啟範例檔案 08-08A.psd 來觀看結果

09
LESSON
繪製路徑、筆型工具的應用

節慶賀卡

新品上市海報

課前導讀

本堂課將帶你使用 Photoshop 主要的向量繪圖工具 — **筆型工具**, 來繪製直線、曲線、自由路徑, 在文件中建立向量圖形, 學習塗刷、填色路徑的技巧。並且還要應用**選取區與路徑的轉換技巧**, 製作結合點陣圖與向量圖的新品上市海報。

本章學習提要

- 使用**筆型工具**繪製直線、曲線路徑

- 使用**創意筆工具**徒手描繪圖形的外框

- 用顏色筆畫塗刷路徑及為路徑填色的技巧

- 執行『**編輯/變形路徑**』功能表中的命令調整路徑的外觀

- 使用**直接選取工具**編輯路徑的輪廓錨點

- 將選取範圍轉換成路徑的應用

- 運用路徑建立**向量圖遮色片**為影像去背

- 將建立好的路徑儲存為自訂形狀

預估學習時間	120分鐘

Photoshop 的向量繪圖與 路徑觀念

在開始使用 Photoshop 的向量繪圖工具前, 我們先帶你了解**點陣圖**與**向量圖**的 觀念, 並說明 Photoshop 向量繪圖的特性, 這樣待會兒實際操作時才能得心應手。

📏 點陣圖與向量圖

點陣圖是把影像的形狀一點一點的描繪出來, 每一個點即是構成影像的基本元 素, 我們稱為**像素** (Picture Element, 簡稱 Pixel)。它的缺點是在縮放圖形時, 即使 經由軟體來插補像素, 其細緻度仍會變差。

而**向量圖**則是記錄圖形的形狀、位置及大小, 之後再利用數學公式的運算來描繪 圖形, 例如直線只要記錄線段兩個端點的位置、而圓形也只需要記錄圓心座標和半徑 即可。以向量圖的方式來記錄, 不論如何縮放圖形都不會影響其細緻度。

🔍 向量圖在螢幕顯示或列印時, 會先轉換成點陣圖 (也就是改以像素顯示), 然後才顯示在螢幕 上或列印出來。

以下圖為例, 圖形的部份是使用向量圖的方式繪製, 而文字的部份則是使用點陣 圖的方式繪製, 你可以觀察到, 當放大影像後, 點陣圖的部份明顯失真, 但向量圖的 部份則保有原來的平順與連續。

原影像, 圖形部份為向量圖, 文字部份為點陣圖

放大至 300% 後, 圖形部份仍保有原來 的細緻度, 文字部份則明顯失真

🖋 Photoshop 用「路徑」來記錄「向量圖形 (形狀)」

在 Photoshop 中**路徑**是向量繪圖的基礎，所有的向量圖都是用**路徑**來記錄與定義其形狀。雖然**路徑**看起來像是以很細的線條直接繪製在影像上，但事實上**路徑**本身並不是圖形，它只是一種線條的記錄方式。Photoshop 的**路徑**除了用來繪圖 (用顏色塗刷或填滿**路徑**)、定義向量圖的**形狀**之外，還可轉換成**選取範圍**、**遮色片**來應用，這些我們稍後都會詳加說明。

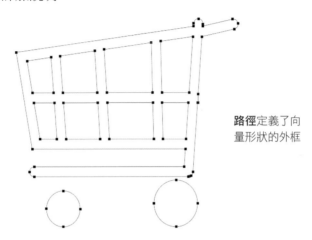

路徑定義了向量形狀的外框

🖋 Photoshop 的向量繪圖工具

你可以利用**工具面板**中的**筆型工具** 🖋、**創意筆工具** 🖋 以及**向量形狀工具組**來建立**路徑**。其中，**向量形狀工具組**包含矩形、圓角矩形、橢圓、多邊形、直線、自訂形狀 6 種工具，可讓你快速畫出各種形狀的**路徑**。

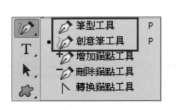

工具面板中的**筆型工具組**

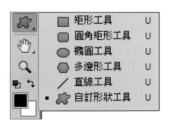

向量形狀工具組

本堂課主要教你使用**筆型工具**來建立**路徑**，以及**路徑**的基本編修、應用技巧，至於**向量形狀工具組**則留到下一堂課再做探討。

使用「筆型工具」繪製路徑與筆畫/填滿路徑

使用**筆型工具** 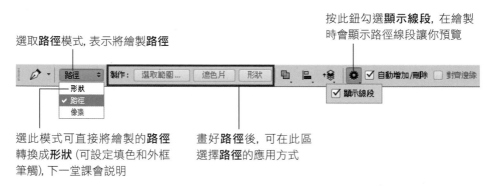 能夠繪出精確的直線和平滑曲線, 底下我們就從最簡單的直線線段開始練習。

繪製直線

假設我們要設計一張 700 × 500 像素的網頁影像, 所以首先得開啟一份空白文件, 做為繪製路徑的場所:

STEP 01
執行『**檔案/開新檔案**』命令, 開啟一張 700 × 500 像素、解析度 72 像素/英吋、背景為**白色**的空白文件。

STEP 02
按下**工具面板**中的**筆型工具** , 在**選項列**選取**路徑**模式, 表示待會兒畫的是**路徑**:

按此鈕勾選**顯示線段**, 在繪製時會顯示路徑線段讓你預覽

選取**路徑**模式, 表示將繪製**路徑**

選此模式可直接將繪製的**路徑**轉換成**形狀** (可設定填色和外框筆觸), 下一堂課會說明

畫好**路徑**後, 可在此區選擇**路徑**的應用方式

STEP 03
然後在文件視窗中按下滑鼠左鈕, 即可建立新的錨點, 連續兩個錨點之間會以線段連接形成路徑, 按下 Esc 鍵即完成路徑的繪製。

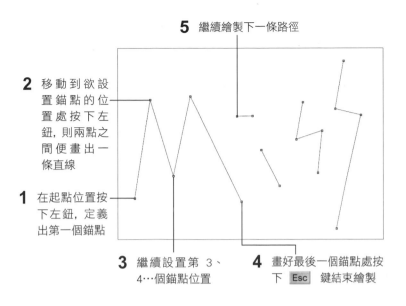

5 繼續繪製下一條路徑

2 移動到欲設置錨點的位置處按下左鈕, 則兩點之間便畫出一條直線

1 在起點位置按下左鈕, 定義出第一個錨點

3 繼續設置第 3、4…個錨點位置

4 畫好最後一個錨點處按下 `Esc` 鍵結束繪製

 筆型工具小技巧

- 按住 `Shift` 鍵不放再設置錨點, 則繪製出來的線段夾角就會固定為 45 度的倍數, 當要繪製矩形、正三角形、直角時, 就可善用此技巧。

- 按 `Esc` 鍵結束一段路徑後, 若又想接著該路徑繼續畫, 只要用**筆型工具**點選路徑的起點或終點, 即可連接路徑繼續畫。

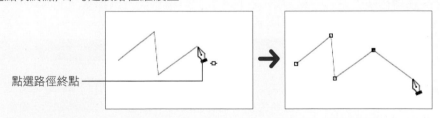

點選路徑終點

- 使用**筆型工具**繪製路徑時, 若想刪除起點和終點之間的錨點, 只要將滑鼠移到該錨點上點選即可刪除；而將滑鼠移到起點和終點之間的路徑點選, 則會新增錨點 (需勾選**選項列**的**自動增加/刪除**項目)。

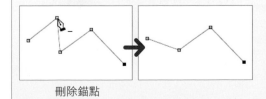

刪除錨點

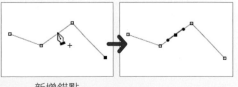

新增錨點

STEP 04 執行『**視窗/路徑**』命令開啟**路徑**面板, 這時會看到有一層**工作路徑**, 用來記錄我們所繪製的路徑, **工作路徑**是暫時性的, 一不小心就會被代換掉, 若要將畫好的**工作路徑**儲存起來, 請雙按**工作路徑**圖層替它重新命名即可。

雙按**工作路徑**圖層　　　　　　　替**工作路徑**重新命名即可儲存

STEP 05 你也可以在**路徑**面板中按下**建立新增路徑**鈕 ⬜, 先新增空白路徑, 再去文件視窗中繪製路徑, 如此一來就可建立多組路徑, 並同時將路徑儲存起來。

按此鈕新增空白路徑

建立多個路徑之後, 你可在**路徑**面板中點選要編輯的路徑, 以便在文件視窗中顯示出該路徑。請自行練習路徑的繪製操作, 稍後我們將會教你為路徑著色的技巧。

顯示格點來輔助路徑繪製

你可以在文件視窗上顯示格點, 以協助繪製精確的路徑。請執行『**編輯/偏好設定/參考線、格點與切片**』命令, 將格點顏色設成粉紅色後按下**確定**鈕;然後再執行『**檢視/顯示/格點**』命令顯示格點, 便可藉由格點的輔助繪製精確的線段。

按下此色塊, 開啟**選取格點顏色**交談窗來選取色彩

NEXT

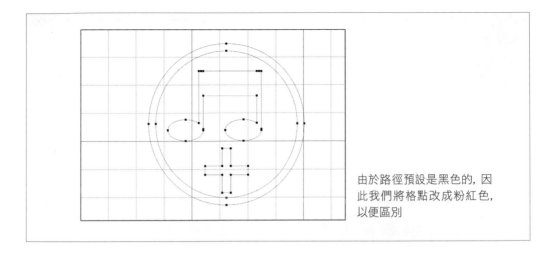

由於路徑預設是黑色的, 因此我們將格點改成粉紅色, 以便區別

用「顏色筆畫」塗刷路徑

假如你沒有數位繪圖板, 單用滑鼠操控**筆刷工具**或**鉛筆工具**來繪圖是有點困難, 不過我們可以利用**路徑**來協助繪圖, 也就是先用**筆型工具**畫出圖形外框的**路徑**, 然後再用 "筆刷" 之類的工具, 如**筆刷工具**、**鉛筆工具**、**仿製印章工具**、**圖樣印章工具** ..., 塗刷**路徑**, 就可獲得異曲同工之妙哦!

底下我們來試試看如何以**筆刷工具**的筆觸來塗繪剛才建立的路徑, 請開啟範例檔案 09-01.psd 來接續操作:

STEP 01 按下**工具面板**中的**設定前景色**色塊, 開啟**檢色器**交談窗設定筆刷的色彩。

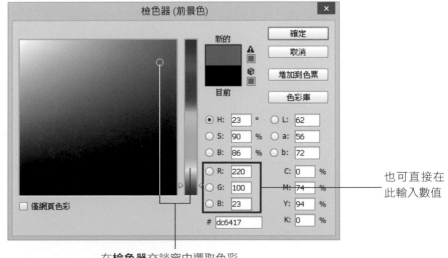

也可直接在此輸入數值

在**檢色器**交談窗中選取色彩

STEP 02 選取**工具面板**的**筆刷工具** ✏️ ，然後到**選項列**設定筆尖樣式、大小…。在此選用**圓形扇形硬細毛刷** 🔊 筆尖樣式，再做如下設定：

2 筆刷大小設為 25 像素

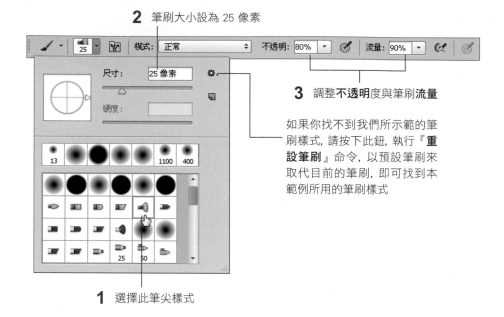

3 調整**不透明**度與筆刷**流量**

如果你找不到我們所示範的筆刷樣式，請按下此鈕，執行『**重設筆刷**』命令，以預設筆刷來取代目前的筆刷，即可找到本範例所用的筆刷樣式

1 選擇此筆尖樣式

STEP 03 接著到**圖層**面板中按 🔲 鈕新增一層空白圖層，我們要將筆刷塗刷的影像放在這個圖層中：

STEP 04 選取**路徑**面板中的 **Miss** 路徑, 則文件中便會顯示路徑的線條, 然後按下**使用筆刷繪製路徑**鈕 ⊙, 即可將**筆刷工具**的筆觸套用到整個路徑上。

路徑線條, 在**路徑**面板中點選空白處,
即可隱藏路徑線條

選取路徑後, 按下此鈕即會以目前
選取的筆刷筆觸來塗刷路徑

STEP 05 若不喜歡此種筆刷效果, 只要按下 `Ctrl` + `Z` (Win) / `⌘` + `z` (Mac) 鍵還原至上個步驟, 或是再新增空白圖層, 然後設定其他的筆刷筆觸, 或是要改用**鉛筆工具**的筆觸也可以, 設好後同樣在**路徑**面板中按下 ⊙ 鈕套用, 輕輕鬆鬆就能產生多種不同的筆刷繪製效果。

使用『筆畫路徑』命令塗刷路徑

另外, 我們亦可在**路徑**面板中執行
『**筆畫路徑**』命令來塗刷路徑, 這
個命令的好處是可在此選擇塗刷
的工具;不過我們仍必須事先設定
這些工具的特性, 無法在**筆畫路
徑**交談窗調整:

1 按此鈕執行『**筆畫路徑**』命令

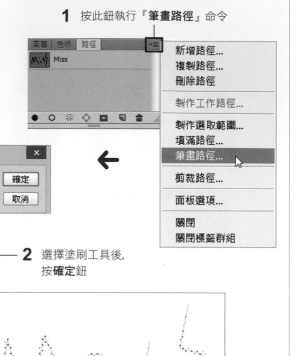

2 選擇塗刷工具後,
按**確定**鈕

若要更改**圖樣印章**的樣式, 可按下**工具面板**的**圖樣印章工具**  (在**仿製印章工具**底下), 再到**選項列**中挑選喜歡的圖樣。

按下此鈕挑選圖樣

塗刷路徑在影像上的應用

在影像上亦可利用塗刷路徑的技巧，依照路徑快速描繪出各種筆觸效果。例如底下的賀卡封面只由紅、白、黑 3 色所構成，我們依據右側的樹木外型來建立路徑，然後刷上 **74** 筆刷，整張賀卡立即呈現鮮活生動的感覺！

─── 將前景色設為 R255, G102, B0

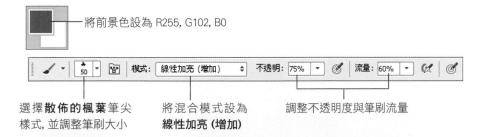

選擇**散佈的楓葉**筆尖
樣式，並調整筆刷大小

將混合模式設為
線性加亮 (增加)

調整不透明度與筆刷流量

09-02.jpg

開啟**路徑**面板，點選 **Tree** 路徑即可載入我們事先建立好的路徑

09-02A.psd

按下**路徑**面板的**使用筆刷繪製路徑**鈕，以楓葉筆刷塗刷路徑

建立封閉路徑

剛才我們所繪製的直線是屬於開放路徑 (也就是起點與終點不在同一點上), 接下來要練習的是封閉路徑的繪製。

起點和結尾在同一點的路徑稱為封閉路徑

STEP 01 請開啟一個 600 × 500 像素的空白文件, 並勾選『**檢視/顯示/格點**』命令來顯示格點, 這樣在繪製路徑時會比較精確。

STEP 02 選取**工具面板**中的**筆型工具** ✐, 依照繪製直線路徑的方式, 繪製如下的星形路徑, 當設置完最後一個錨點時, 請將**筆型工具**移到起點的錨點上, 此時**筆型工具**旁會出現小圓圈提示 ✎。, 按一下起點的錨點即可形成封閉路徑。

1 在此設置起點錨點　　**3** 出現小圓圈提示, 按下滑鼠左鈕就完成封閉路徑的繪製

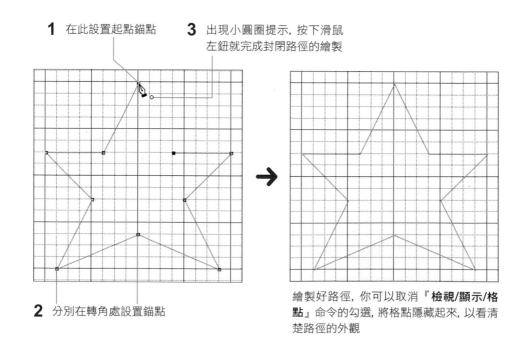

2 分別在轉角處設置錨點

繪製好路徑, 你可以取消『**檢視/顯示/格點**』命令的勾選, 將格點隱藏起來, 以看清楚路徑的外觀

替封閉路徑填入色彩或圖樣

建立封閉路徑, 除了可以比照前面的方式用顏色塗刷它的外框之外, 還可以在內部填上顏色或圖樣, 我們就以剛才畫好的星形路徑來示範。請開啟範例檔案 09-03. jpg, 先到**圖層**面板中新增一層空白圖層, 我們要將填滿路徑的影像放在此圖層中;然後到**路徑**面板中選取 **star** 路徑, 在文件視窗中顯示出星形, 接著就來進行填色吧:

STEP 01 在**路徑**面板選單中執行『**填滿路徑**』命令, 開啟**填滿路徑**交談窗來操作。

STEP 02 開啟**填滿路徑**交談窗後, 即可依下面步驟選擇要填入的顏色或圖樣:

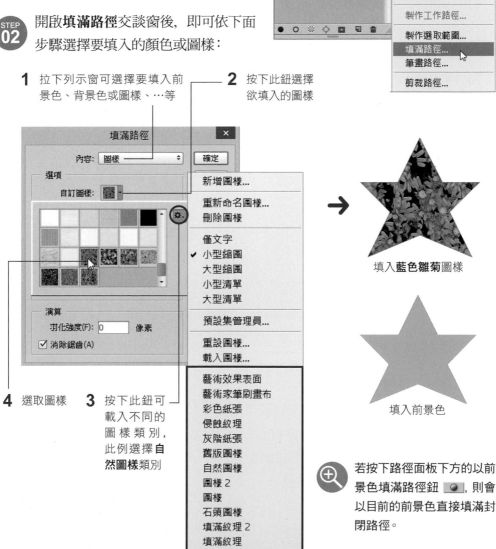

1 拉下列示窗可選擇要填入前景色、背景色或圖樣、…等

2 按下此鈕選擇欲填入的圖樣

填入**藍色雛菊**圖樣

填入前景色

4 選取圖樣

3 按下此鈕可載入不同的圖樣類別, 此例選擇**自然圖樣**類別

若按下路徑面板下方的以前景色填滿路徑鈕, 則會以目前的前景色直接填滿封閉路徑。

直線路徑能繪製的造型有限，畢竟許多圖形是由曲線所構成，因此曲線路徑的繪製技巧也是不容忽視的！當你使用**筆型工具**建立錨點時，若是按住滑鼠左鈕拉曳，就會出現一條以錨點為中心向兩側延伸的**方向線**，方向線的兩端有**方向點**，方向線的長短和角度會決定曲線的彎曲度。

由曲線路徑所構成的圖形

📌 使用「筆型工具」繪製曲線

剛嘗試繪製曲線路徑的人，常會覺得曲線彎來彎去地難以控制。而事實上，曲線路徑也的確需要多做練習才會愈畫愈順手。底下我們以繪製簡單的半圓形為例，說明曲線路徑的基本畫法。

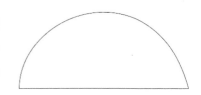

STEP 01　請開啟一份空白文件，然後點選**筆型工具**，在影像上設置第 1 個錨點時，按住滑鼠左鈕不放直接往上拉曳，此時指標會呈 ▶ 狀， 拉曳出適當的長度後放開滑鼠，接著將指標向右移動，按一下左鈕設置第 2 個錨點，此時不要放開滑鼠，直接向下拉曳，即可讓線段呈現彎曲的弧度，確定好彎曲的程度後再放開滑鼠左鈕，即可建立一條曲線路徑。

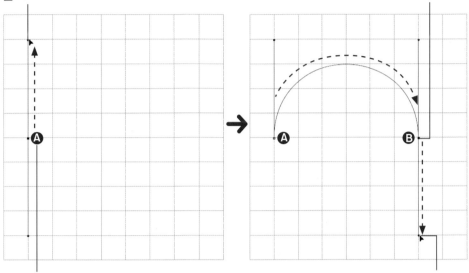

2 往上拉曳至此才放開滑鼠左鈕

3 將指標移動到此處，按一下滑鼠左鈕設置第 2 個錨點，此時按住左鈕不放拉曳方向線，可控制曲線的彎曲弧度

1 設置第1 個錨點，並按住滑鼠左鈕往上拉曳 (若放開左鈕則不會出現方向線)

4 緊接著按住滑鼠左鈕往下拉曳，至此再放開滑鼠，以產生曲線路徑

STEP 02　接著我們要繪製直線線段，因此必須按住 Alt (Win) / option (Mac) 鍵，再點選方向線中央的黑點 (也就是剛才設置的第 2 個錨點)，讓方向線只剩單邊，即可拉曳出直線路徑。

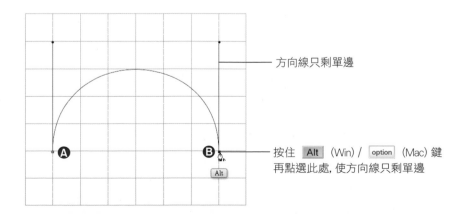

方向線只剩單邊

按住 Alt (Win) / option (Mac) 鍵再點選此處，使方向線只剩單邊

使用筆型工具時, 按住 Alt (Win) / option (Mac) 鍵再點選錨點, 可將錨點兩側連接的線段「由曲線轉成直線」；若要將錨點兩側的線段「由直線轉成曲線」, 可按住 Alt (Win) / option (Mac) 鍵再從錨點拉曳, 即可拉出方向線。

STEP 03 繼續按住 Alt (Win) / option (Mac) 鍵, 再點一下路徑的起始錨點 (指標旁會出現小圓圈), 即可畫出一個半圓形。

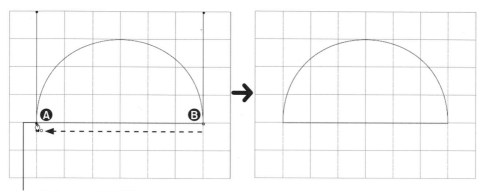

按住 Alt (Win) / option (Mac) 鍵, 並點一下此處

　　學會半圓形的畫法, 那麼你知道右邊這個連續彎曲路徑該怎麼畫嗎？

　　首先, 如同之前繪製半圓形的方法先畫出第 1 個曲線, 在設置第 2 個錨點時按住左鈕繼續向下拉曳後, 再將滑鼠往右移動, 設置第 3 個錨點後再按住左鈕向上拉曳, 即可產生第 2 個半圓形, 如此反覆操作即可建立如圖的連續彎曲路徑了。

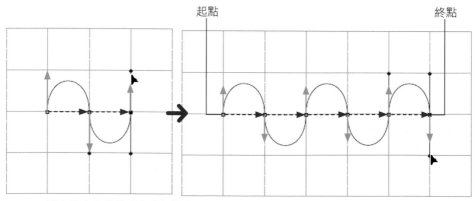

⟶ : 沿實線方向按住滑鼠左鈕拉曳　----▶ : 沿虛線方向, 按一下滑鼠左鈕設置錨點

🖋 使用「創意筆工具」徒手繪曲線

如果要繪製的圖形有多處彎曲轉折, 使用**筆型工具**會比較辛苦, 這時你不妨改用
創意筆工具 🖉 直接以徒手描繪的方式來繪製。

在此選擇**路徑**模式

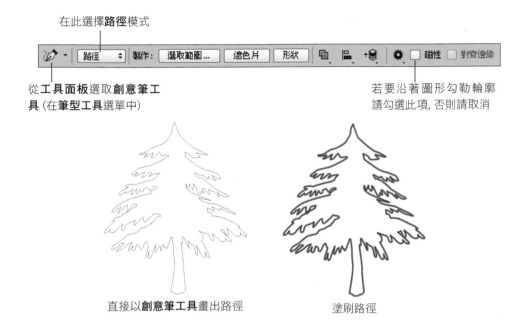

從**工具面板**選取**創意筆工
具** (在**筆型工具**選單中)

若要沿著圖形勾勒輪廓
請勾選此項, 否則請取消

直接以**創意筆工具**畫出路徑　　塗刷路徑

我們再看看底下這兩個例子, 都是利用**創意筆工具**的特性, 製作出與眾不同的文
字與商標。

● 範例一:先使用**水平文字工具** T 在影像上輸入 "顛" 字, 建立**顛**文字圖層, 然後
新增一個空白圖層在 "顛" 字上面, 使用**創意筆工具**描繪平滑的 "山" 形路徑, 接
著再以筆刷筆觸塗刷路徑, 如此便完成如下的簡易文字效果了。

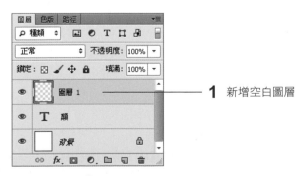

1 新增空白圖層

↓

2 使用**創意筆工具**繪製 "山" 路徑

3 將前景色設成黑色, 並選取**筆刷工具**設好想要的筆刷筆觸 (**潑濺 24 像素**), 再將路徑拉曳到**使用筆刷繪製路徑鈕**上, 以筆刷塗刷路徑

你可開啟範例檔案 09-04.psd 來比對圖層的分佈情況

開啟範例檔案 09-04.psd, 若出現遺失字體的訊息, 這是因為你的電腦中未安裝與本範例相同的字型, 請按下取消鈕關閉交談窗。此時, 你雖然可以在螢幕上看到 Photoshop 模擬該字型的效果, 但卻無法保有文字的向量特性, 你得雙按文字圖層的 縮圖, 以電腦中現有的字型來替代。

● 範例二:先以**創意筆工具**描繪出捲曲的路徑, 再建立一個新圖層以**筆刷工具**塗刷路徑, 然後利用**橡皮擦工具** 搭配較低的不透明度來塗刷部份路徑, 就可製造出逐漸淡化的塗刷效果, 要讓塗刷的效果更自然, 你可以重覆 2 ～ 3 次以上的做法。

用**創意筆工具**繪製捲曲的路徑

新增一空白圖層後，將前景色設為橘黃色
(R239、G124、B26)，再選取**筆刷工具**設好
粗圓形毛刷、筆刷大小設為 80 像素，
然後在**路徑**面板中按下**使用筆刷繪製路徑**
鈕 塗刷路徑

橡皮擦工具的**選項列**設定

到**工具面板**選取**橡皮擦工具**，降低**不透**
明度後，塗抹**圖層 1** 的影像，製造淡化效果

　你可換用不同的前景色再重複 1 次以上的做法，讓捲曲圖案有更多變化，最後
則可開啟範例檔案 09-05.psd 來比對結果。

9-4　路徑的變形調整

　　建立好的路徑可做縮放、旋轉、扭曲⋯等變形處理，只要用**路徑選取工具**  選取要進行變形的路徑，然後執行『**編輯/任意變形路徑**』或『**編輯/變形路徑**』命令下的各種變形命令即可。

　　請開啟範例檔案 09-06.jpg，這是一片打上燈光的牆面，假設我們要在牆面上設計企業商標，包含公司的 LOGO 和名稱，不過由於這面牆是側拍的角度，有透視感，因此設計在牆面上的平面商標，必須經過變形處理，才能符合牆壁的透視方向。製作步驟如下：

STEP 01　請先建立一個新圖層，並將圖層更名為 "Logo"。接著點選**工具面板**中的**自訂形狀工具鈕** 〔 〕，到**選項列**設定好工具模式 (**路徑**) 及要畫的形狀圖案，然後在文件視窗中拉曳出指定的圖形路徑：

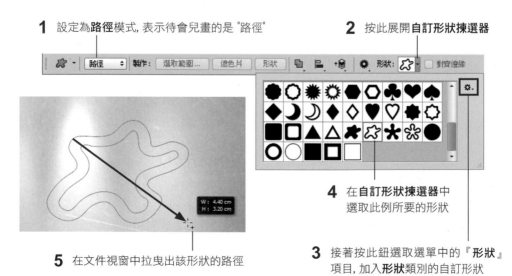

1 設定為**路徑**模式, 表示待會兒畫的是 "路徑"

2 按此展開**自訂形狀揀選器**

5 在文件視窗中拉曳出該形狀的路徑

4 在**自訂形狀揀選器**中選取此例所要的形狀

3 接著按此鈕選取選單中的『**形狀**』項目, 加入**形狀**類別的自訂形狀

STEP 02
再建立一個新圖層, 使用**水平文字工具** T 輸入公司名稱 "Digital Entertainment" (在此使用的字型是 **Century Gothic**、**17** 點的字體大小)。

STEP 03
為了讓 Logo 路徑能夠符合牆壁的透視方向, 我們必須在選取路徑的情形下, 執行『**編輯/變形路徑/透視**』命令來調整路徑外形。

拉曳四周的控點, 依據影像的透視方向調整路徑變形效果

STEP 04
調整好 Logo 的透視效果後, 請選取 **Logo** 圖層, 接著到**工具面板**中將**前景色**設成 R0、G106、B152 的藍色, 再按下**路徑**面板中的**以前景色填滿路徑鈕** ● 為 Logo 路徑上色。

STEP 05 最後，公司名稱也要做透視變形。請選取文字圖層，然後執行『**文字/點陣化文字圖層**』命令，將文字圖層轉換成一般圖層，再以『**編輯/變形/透視**』命令來調整文字透視效果便完成了。

09-06A.psd

調整文字透視效果後按下 Enter (Win) /
return (Mac) 鍵確認變形

範例結果圖

在進行步驟 5 的操作時，若你發現已將文字做點陣化處理，但按下『編輯』功能表，卻不會出現『變形』命令，而是出現『變形路徑』命令，請切換到路徑面板，取消路徑的選取即可。

編修路徑輪廓

路徑的外觀可以做整體的變形, 也可以做局部的修飾, 有時我們需要將某線段拉長、縮短或是調整彎曲的弧度, 此時你可以選取**工具面板**的**直接選取工具** 來點選要修改的路徑或錨點, 以調整路徑的形狀。

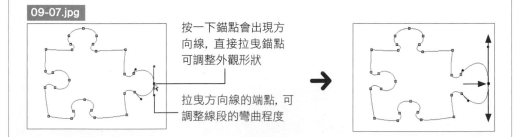

`09-07.jpg`

按一下錨點會出現方向線, 直接拉曳錨點可調整外觀形狀

拉曳方向線的端點, 可調整線段的彎曲程度

若要在現有的路徑上新增錨點, 請選取**增加錨點工具** , 在欲加入錨點的線段上按一下。若要刪除路徑線段上的錨點, 請選取**刪除錨點工具** , 再點選欲刪除的錨點。

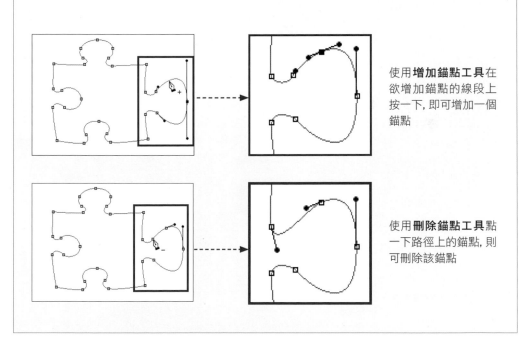

使用**增加錨點工具**在欲增加錨點的線段上按一下, 即可增加一個錨點

使用**刪除錨點工具**點一下路徑上的錨點, 則可刪除該錨點

路徑除了協助我們繪圖（如筆畫、填色路徑）之外，還能與**選取範圍**互為轉換，或是轉換成**遮色片**來應用，這一節我們就來看如何將路徑與選取範圍互換，以及轉換成**遮色片**的用法。

將選取範圍轉換成路徑

`09-11A.psd`

請開啟範例檔案 09-08.psd，影像中分別有**冰淇淋**與**背景**兩個圖層。在此我們要利用選取範圍與路徑的轉換技巧，再加上後續的美化處理，製作新品上市的傳單。(09-11A.psd)。

`09-08.psd`

事先設計好的**背景**圖層

冰淇淋圖層

STEP 01 首先選取**冰淇淋**圖層，利用**魔術棒工具** 點選色彩單純的灰色部份，在此將**選項列**的**容許度**設為 "10"，並按下 鈕把點選到的範圍做聯集運算，冰淇淋底部的紙張部份，由於顏色與背景接近，使用**魔術棒工具**不易精確地選取起來，請搭配**多邊形套索工具**，以拉曳線條的方式來選取。

取消此項, 表示只在目前的圖層偵測相近色彩, 並建立選取範圍

魔術棒工具的**選項列**設定

搭配使用**增加至選取範圍**及
從選取範圍中減去這兩個
鈕, 選取冰淇淋紙張的部份

多邊形套索工具的**選項列**設定

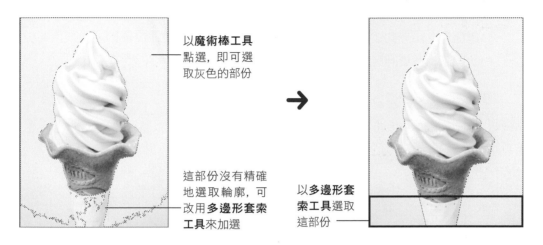

以**魔術棒工具**
點選, 即可選
取灰色的部份

→

這部份沒有精確
地選取輪廓, 可
改用**多邊形套索
工具**來加選

以**多邊形套
索工具**選取
這部份

STEP 02 接著執行『**選取/反轉**』命令, 反轉選取範圍, 改選冰淇淋的部份。選取冰淇淋
後請開啟**路徑**面板, 按下**從選取範圍建立工作路徑**鈕 ◇, 即可將選取範圍轉
換成工作路徑。

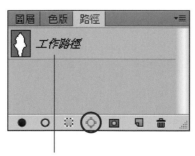

路徑面板會增加一個工作路徑

反轉選取範圍

選取範圍已轉成路徑

如果你對選取範圍的操作還不是很熟練，可執行『選取/載入選取範圍』命令，載入我們已經事先選取好的冰淇淋選取範圍。

STEP 03 執行『圖層/向量圖遮色片/目前路徑』命令，或是選取**筆型工具**，然後在**選項列**按下**遮色片**鈕，即可將路徑轉換成遮色片 (路徑轉換的遮色片稱為**向量圖遮色片**)。由於此遮色片位於**冰淇淋**圖層，便可遮蔽住冰淇淋四周的灰色部位，而顯露出**背景**圖層的內容了。

切換到**圖層**面板，即可看到**冰淇淋**圖層增加了**向量圖遮色片**，由此可以得知，路徑也是替產品照去背的好幫手哦

冰淇淋以外的部位顯露出底層的漸層背景

STEP 04 最後，請在**路徑**面板的空白處按一下左鈕，取消路徑的選取，然後確定目前選取**冰淇淋**圖層，再執行『**編輯/變形/縮放**』命令，將冰淇淋調小一點，並移動到畫面中間偏下方的位置，調整完成請按下 Enter (Win) / return (Mac) 鍵。

按住 Shift 鍵
再拉曳角落控
點，可等比例
縮放影像

在影像上按住
左鈕拉曳，可調
整影像的位置

✒ 把路徑存成自訂形狀

我們可以將建好的路徑存成**自訂形狀**保存下來，以便日後隨時載入影像中使用。
此例我們想保存冰淇淋的路徑，以便稍後做圖形的裝飾。

STEP 01 在**路徑**面板中選取冰淇淋的**工作路徑**，然後執行『**編輯/定義自訂形狀**』命令，在**形狀名稱**交談窗為自訂的路徑形狀命名。

選取此路徑 ——

設定形狀名稱

STEP 02 回到**圖層**面板，按下 ◻ 鈕新增一個空白圖層，再到**路徑**面板按下**建立新增路徑鈕** ◻ 新增一空白路徑。

分別到**圖層**面板及**路徑**面板新增
一空白圖層及路徑

STEP 03 到**工具面板**中選取**自訂形狀工具** 🔳，然後到**選項列**的**形狀**列示窗選取剛剛
儲存的**冰淇淋**自訂形狀，再到**圖層 1** 拉曳出該形狀的路徑：

此項請設為**路徑**

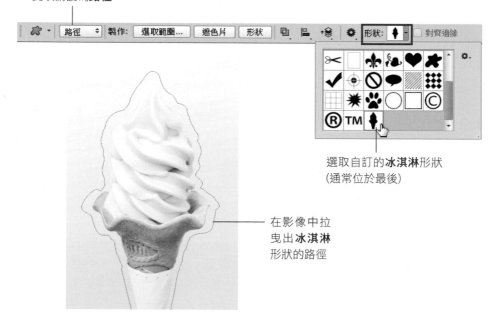

選取自訂的**冰淇淋**形狀
(通常位於最後)

在影像中拉
曳出**冰淇淋**
形狀的路徑

拉曳出自訂路徑之後，可執行『**編輯/變形路徑**』功能表中的命令來縮放、旋轉、傾斜、彎曲
路徑。

STEP 04 接著我們要調整路徑的位置並替路徑填色。請用**路徑選取工具** 把剛剛建立好的冰淇淋路徑搬移到影像的中央位置, 將前景色設為白色, 並按下**路徑**面板的**以前景色填滿路徑鈕** 填入白色。再來將**圖層 1** 移至**冰淇淋**圖層的下方, 讓原先的冰淇淋影像顯現出來。

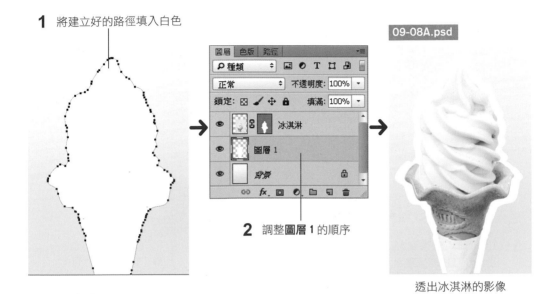

1 將建立好的路徑填入白色

`09-08A.psd`

2 調整**圖層 1** 的順序

透出冰淇淋的影像

利用自訂筆刷來點綴背景

擺放好冰淇淋的位置後, 接著我們要利用哈密瓜圖案來點綴背景。請開啟範例檔案 09-09.psd, 我們已經繪製好哈密瓜圖案, 請如下操作將哈密瓜圖案製作成筆刷。

STEP 01 請點選**工具面板**的**矩形選取畫面工具**, 接著選取 09-09.psd 的哈密瓜。執行『**編輯/定義筆刷預設集**』命令, 將剛才選取的哈密瓜定義成筆刷。

`09-09.psd`

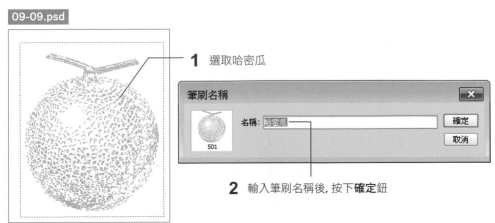

1 選取哈密瓜

筆刷名稱

名稱：哈密瓜

501

確定
取消

2 輸入筆刷名稱後, 按下**確定**鈕請點選工具面板的**筆刷工具**, 並執行『**視窗/筆刷**命令, 開啟**筆刷**面板, 在**筆刷**面板中如下調整筆刷的大小、變化程度、間距…等設定。

1 點選**筆尖形狀**頁次

4 勾選**翻轉 X** 及
翻轉 Y 項目

5 切換到**筆刷動態**頁次,
如圖輸入數值, 此頁次
在設定筆刷圖案間的
角度變化及大小變化

2 點選剛才定
義的筆刷

3 在此輸入尺
寸及間距

6 切換到**散佈**頁次, 如
圖輸入數值, 此頁次
主要是設定筆刷圖案
的隨機分散以及數量

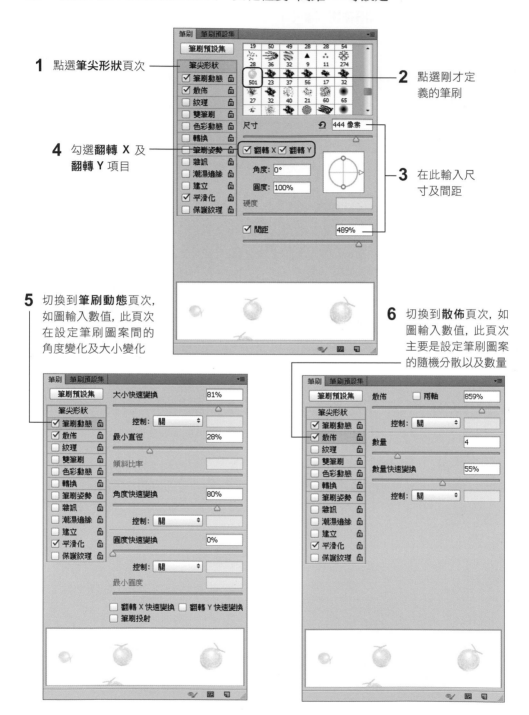

STEP 03 開啟範例檔案 09-10.psd，在**冰淇淋**圖層上新增一個空白圖層，並命名為**哈密瓜**，將前景色設為：R35、G198、B39，接著利用**筆刷工具**在畫面中點按或拉曳，即可產生大小不同的哈密瓜圖案。

建立一個空白圖層

利用**筆刷工具**在畫面中點按，以產生哈密瓜圖案

若想刪除多餘，或是位置不佳的哈密瓜圖案，可使用**橡皮擦工具**來擦除

輸入海報標題文字

　　裝飾好背景後，接著我們要輸入海報的標題文字，請點選**工具面板**的**水平文字工具**，分別輸入 "～期間限定～"、"夕張哈密瓜"、"特價 28 元" 等文字。

若您的電腦中沒有安裝這些字體，也可以選擇電腦中現有的字體來做練習

① 字體：金梅新海報書法 Regular
文字大小：45pt
顏色：R：19、G：169、B：11

② 字體：金梅新海報書法 Regular
文字大小：75pt
顏色：R：182、G：78、B：9

③ 字體：標楷體 Regular
文字大小：25pt
顏色：R：0、G：0、B：0

④ 字體：Bookman Old Style Bold
文字大小：55pt
顏色：R：255、G：4、B：4

光是輸入文字，看起來有點平淡，我們也替文字加上一點白邊，讓文字看起來比較立體。請選取**夕張哈密瓜**圖層，再按下**圖層**面板的**增加圖層樣式**鈕 _fx.._，如下調整**筆畫**的設定值。

1 選取此圖層

2 按下此鈕

3 切換到**筆畫**頁次　　**4** 設定 20 像素的尺寸　　**5** 選擇**外部**　　**7** 按下**確定**鈕

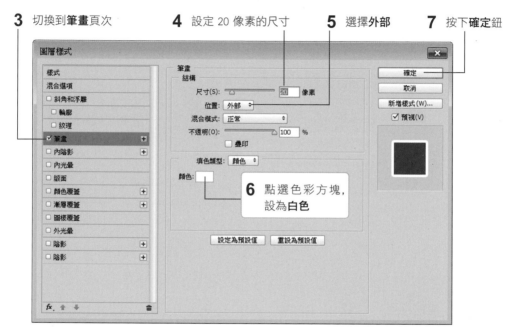

6 點選色彩方塊，設為**白色**

利用同樣的方法，也替此文字加上白邊

09-10A.PSD

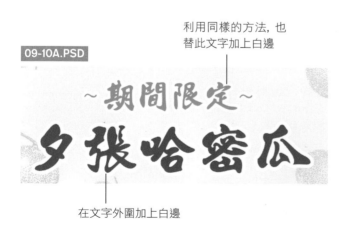

在文字外圍加上白邊

📌 加上裝飾邊框

　　到目前為止，海報已經大致完成了，不過四周的留白有點太多，我們要替海報加上裝飾邊框。請開啟範例檔案 09-11.psd，選取**邊框**圖層，執行『**濾鏡／演算上色／圖片框**』命令。

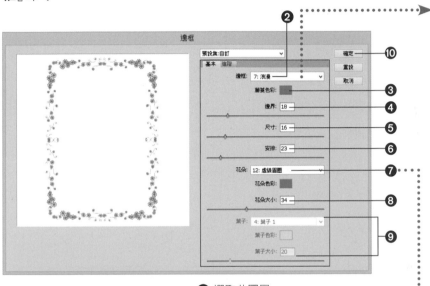

進行至此，我們的範例就完成了，你可以開啟範例檔案 09-11A.PSD 來觀看結果。

❶ 選取此圖層

❷ 拉下列示窗選擇喜歡的邊框樣式

❸ 點選色彩方塊，可變換藤蔓及花朵的色彩，此例我們設定為 R：255、G：128、B：0

❹ 可調整邊框與影像的邊界

❺ 縮放邊框花紋的大小

❻ 拉曳此滑桿可變化邊框的樣式

❼ 拉下此列示窗，可變更花朵的造形，如風車、星狀、雪花、心形、…等

❽ 調整花朵的大小

❾ 若選擇的邊框樣式包含有「葉子」，可在此區選擇葉子形狀、調整色彩及大小

❿ 調出滿意的效果後，請按下**確定**鈕

重點整理

1. 點陣圖以像素來記錄影像，縮放圖形後細緻度會變差；向量圖利用數學公式運算來描繪圖形，無論如何縮放圖形都不會影響其細緻度。

2. 使用**筆型工具**繪製路徑時，按住 Shift 鍵不放再設置錨點，可繪製出 45 度及其倍數的線段夾角。

3. 使用**筆型工具**繪製曲線路徑時，按住 Alt (Win) / option (Mac) 鍵再點選錨點，可將錨點兩側連接的線段「由曲線轉成直線」；若要將錨點兩側的線段「由直線轉成曲線」，可按住 Alt (Win) / option (Mac) 鍵再從錨點拉曳，即可拉出方向線。

4. **路徑**除了用來繪圖 (用顏色塗刷或填滿**路徑**)、定義向量圖的**形狀**之外，還可轉換成**選取範圍、向量圖遮色片**來應用。

5. 選取已建立的路徑後，可執行『**編輯/變形路徑**』或『**編輯/任意變形路徑**』命令，將路徑做縮放、旋轉、扭曲等變形處理。

6. 繪製及調整路徑時常用的工具：

工具名稱	功能說明
筆型工具	以點按、拉曳的方式來繪製直線與曲線
創意筆工具	用拉曳的方式來繪製路徑
增加錨點工具	在路徑上增加錨點
刪除錨點工具	刪除路徑上的錨點
轉換錨點工具	可轉換錨點的屬性，例如按下曲線屬性的錨點可轉換為直線屬性、拉曳直線屬性的錨點可轉換為曲線屬性
向量形狀工具組	可快速拉曳各種幾何形狀路徑，其中**自訂形狀工具**可繪製非幾何形狀的內建或自訂圖形
路徑選取工具	可選取整個路徑，進行移動、刪除等動作
直接選取工具	可選取單一錨點、線段或部份路徑，進行移動、刪除等動作

7. 想要快速製作邊框，可執行『**濾鏡/演算上色/圖片框**』命令。

實用的知識

1. 將選取範圍轉成路徑有何好處？

將選取範圍轉成路徑, 也就是向量化之後, 即使放大、變形路徑, 仍可保留平滑的向量形狀, 而不用擔心會有點陣圖放大、變形失真的問題。例如底下這張賀卡的圖騰, 其實就是取自於一張影像, 我們先將影像中的圖案建立成路徑, 然後將路徑拉到另一張空白影像並調整路徑的位置與尺寸, 再重新上色而成。

替路徑上色並調整位置與大小, 就具有賀卡的雛形了

09-12.jpg

利用**魔術棒工具**選取圖案再轉成路徑

10

LESSON

繪製向量形狀與應用

生肖年曆

課前導讀

本堂課我們要使用**向量形狀工具**來完成一張生肖年曆。您不需要自行繪製複雜的圖形，也不需要花時間去找尋影像檔來當成背景，只要利用 Photoshop 所提供的向量形狀繪製圖樣，並進行適當的編修處理，加上符合設計風格的配色，即可製作出別具特色的年曆底圖。最後再搭配上合宜的字體及文字排版，便可以營造出一幅極有巧思的年曆作品。

本章學習提要

- 使用**向量形狀工具**繪製形狀的技巧
- 認識**形狀圖層**以及形狀與路徑的關係
- 設定形狀的填色與邊框筆觸
- 定義自訂**圖樣**並用**圖樣**填滿文件版面
- 使用**指令碼圖樣填滿**功能依特定規律拼貼圖樣
- 為形狀邊框套用虛線筆觸與自訂虛線樣式的技巧
- 編輯形狀路徑改變形狀的外觀

預估學習時間 | 60 分鐘

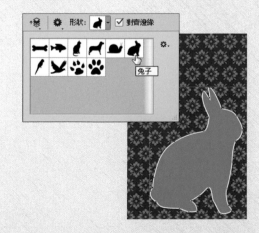

10-1　繪製「形狀」與用「圖樣」填滿背景

「**形狀**」是 Photoshop 對於 "向量圖形" 的稱呼，在上一堂課提過，**形狀是用路徑**來定義的，所以凡是可繪製路徑的工具皆可繪製形狀，包括**筆型工具、創意筆工具**以及**向量形狀工具組**！

這些工具的操作及所畫的形狀或有差異，不過在繪製形狀的程序以及**選項列**的設定是一樣的，上一堂課我們已介紹過**筆型工具**與**創意筆工具**的畫法，這一堂課我們改用**向量形狀工具組**的工具來說明繪製形狀的方法，以完成本堂課的範例 ─ **生肖年曆**。

建立有背景色彩的新檔案

本堂課要製作的是一張小開數，方便隨身攜帶的年曆印刷品，我們選擇喜氣的紅色做為底色，現在就從如何建立一張具有背景色彩的新檔案開始解說。

STEP 01 啟動 Photoshop 後，按下**工具面板**的**設定背景色**，在**檢色器 (背景色)** 交談窗中將背景色設為金紅色 (C0、M100、Y100、K0) 之後按下**確定鈕**。

在此設定設計上常用的金紅色的 CMYK 值

STEP 02 執行『**檔案/開新檔案**』命令，在**新增**交談窗中設定印刷品的大小，本例將**寬度**設為 9 公分、**高度**設為 14 公分、**背景內容**設為**背景色**。由於是印刷品，所以將**解析度**設為 300 像素/英吋、**色彩模式**則設為 **CMYK 色彩**、**8 位元**。

雖然我們可以先使用 RGB 色彩模式來做設計，待要輸出時再轉換成 CMYK 模式，但為避免轉換後顏色改變的情況 (通常是顏色會較原來的 RGB 模式更暗一些)，因此此例直接將色彩模式設定為 CMYK。

STEP 03 按下**確定**鈕後，便會開啟一張背景色為金紅色的文件。

背景圖層會填滿紅色
(C0、M100、Y100、K0)

✒ 繪製形狀

向量形狀工具組共提供了 6 種工具, 其中除了**自訂形狀工具**外, 都有固定的圖案, 例如**矩形工具**可直接畫出直角的長方形或正方形, **多邊形工具**可畫出各種等邊多邊形或星形;**自訂形狀工具**則提供了多種自訂形狀, 如各式各樣的符號、物件 ... 等, 讓我們只要簡單的拉曳動作就可畫出各種形狀。在本範例中, 佈滿整張年曆的花朵圖案就是用**自訂形狀工具**完成的, 請跟著下面的步驟來練習看看吧!

向量形狀工具組

STEP 01 首先請按 `Ctrl` + `R` (Win) / `⌘` + `R` (Mac) 鍵顯示**尺標**, 並在**尺標**上按右鈕將單位設成**公分**, 顯示**尺標**是為了方便安排形狀的位置。

在**尺標**上按右鈕可選擇尺標單位

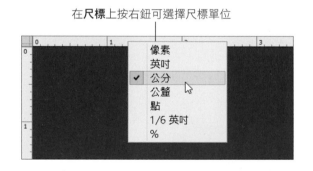

STEP 02 從**工具面板**中選取**自訂形狀工具** , 到**選項列**將工具模式設成**形狀**, 表示待會兒畫的圖形是**形狀** (而非**路徑**), 此時**選項列**即會顯示**形狀**的選項設定。

選擇繪製**形狀**可直接設定填色及外框的筆觸

此例我們希望畫出 "橘色" 的花朵, 請依下列步驟設定形狀的填色:

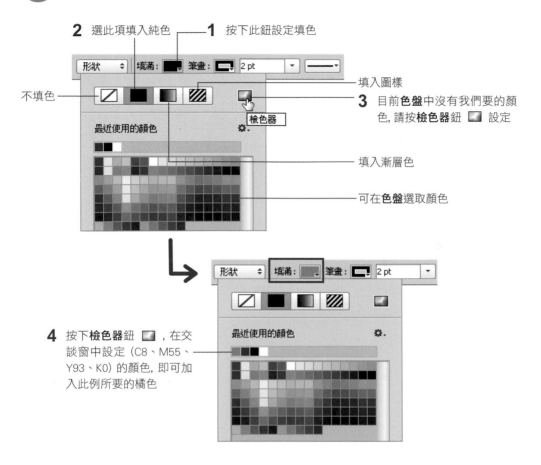

2 選此項填入純色　**1** 按下此鈕設定填色

填入圖樣

不填色

3 目前**色盤**中沒有我們要的顏色, 請按**檢色器**鈕 設定

檢色器

最近使用的顏色

填入漸層色

可在**色盤**選取顏色

4 按下**檢色器**鈕 , 在交談窗中設定 (C8、M55、Y93、K0) 的顏色, 即可加入此例所要的橘色

最近使用的顏色

若要顯示形狀的邊框, 請按**筆畫**鈕來設定顏色或圖樣, 方法和設定**填滿**鈕一樣, 不過此處我們不顯示花朵的邊框, 因此請將筆畫設成**無色彩**:

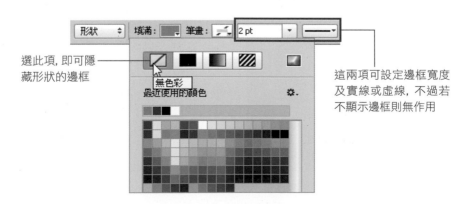

選此項, 即可隱藏形狀的邊框

無色彩

最近使用的顏色

這兩項可設定邊框寬度及實線或虛線, 不過若不顯示邊框則無作用

STEP 05 接著到**選項列**的**形狀列示窗**中設定**自訂形狀工具**所要繪製的形狀:

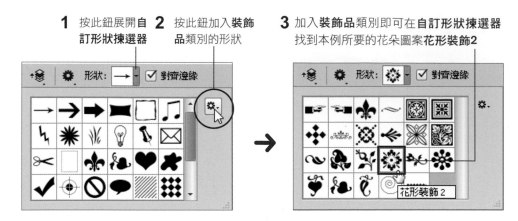

1 按此鈕展開**自 訂形狀揀選器** **2** 按此鈕加入**裝飾 品**類別的形狀 **3** 加入**裝飾品**類別即可在**自訂形狀揀選器** 找到本例所要的花朵圖案**花形裝飾2**

STEP 06 此例我們希望能夠直接畫出 1.2cm×1.2cm 的花朵, 因此請按下**選項列**的 鈕 (位於**形狀列示窗**左側) 來設定尺寸:

若要自由拉曳形狀的 大小, 請選取**未強制**

選取**固定尺寸**, 然後在 **W** 和 **H** 欄位中輸入所要的尺寸, 請連 "單位" 一併輸入

STEP 07 設好上述的選項後, 就可將滑鼠移到文件視窗中**拉曳**出所要的形狀:

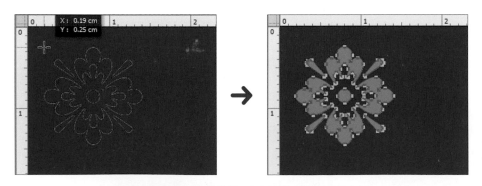

拉曳時可調整形狀的位置, 確定後就可放開滑鼠左鈕

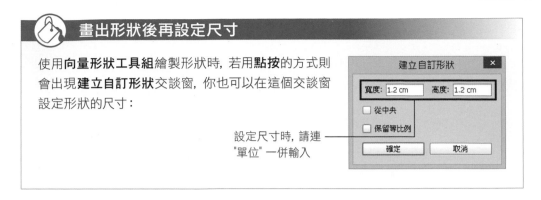

畫出形狀後再設定尺寸

使用**向量形狀工具組**繪製形狀時, 若用**點按**的方式則會出現**建立自訂形狀**交談窗, 你也可以在這個交談窗設定形狀的尺寸:

設定尺寸時, 請連 "單位" 一併輸入

形狀圖層

　　繪製形狀最特別的一點是, Photoshop 並不將形狀存在一般的圖層當中, 而是另外建立**形狀圖層**來存放, 目的是為了保存形狀的 "向量圖" 特性。當在**圖層**面板中選取**形狀圖層**時, 切換到**路徑**面板則可看到構成該形狀的路徑, 換言之, 編輯這個路徑即可改變形狀的外形:

此圖示即代　　繪製的形狀會存　　　　切換到**路徑**面板可查看構成形狀的路徑
表**形狀圖層**　　在**形狀圖層**中

定義圖樣並填滿文件:使用「指令碼圖樣填滿」功能

　　我們希望**花形裝飾 2** 形狀佈滿整張年曆, 以做為背景圖樣。土法煉鋼的方法就是一朵一朵慢慢畫 (或是用複製圖層的方式), 直到填滿整張年曆版面, 不過這麼做太慢了, 這裡我們要教您建立自訂圖樣, 然後運用**填滿**功能快速讓圖樣填滿整個文件版面。

定義圖樣

　　首先我們要將剛才畫好的**花形裝飾 2** 形狀定義成**圖樣**, 然後才能運用**填滿**功能讓這個**圖樣**填滿整個版面。

STEP 01　請用**移動工具** 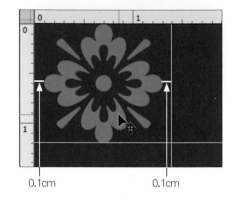 將**花形裝飾 2** 形狀移到右圖所示的位置, 左右兩側請留 0.1 cm 的空隙, 然後在形狀的右側和下側各設置一條參考線:

STEP 02　使用**矩形選取畫面工具** 框選要定義成圖樣的範圍 (如右圖所示), 並到**圖層**面板中隱藏**背景**圖層的顯示, 以免將背景的顏色也加入圖樣中:

STEP 03　執行『**編輯/定義圖樣**』命令, 在**圖樣名稱**交談窗中輸入圖樣的名稱 (**花形裝飾**), 再按下**確定**鈕。

圖樣填滿

　　定義好本範例所要的圖樣之後, 接下來我們就來進行填滿圖樣的工作。這裡我們要運用的是**指令碼圖樣填滿**, 這個功能的特色是可以依照特別的規律, 如**磚紋填色**、**交叉織物**、**螺旋形**來拼貼圖樣, 讓填滿結果多了不同的變化:

STEP
01
請取消文件上的選取範圍（可按 Ctrl + D 鍵），並執行『**檢視/清除參考線**』命令將參考線都移除，然後恢復**背景**圖層的顯示，改將**形狀 1** 圖層隱藏起來；之後再新增一個空白圖層，命名為**花形填滿**，我們要將圖樣填滿此圖層：

STEP
02
執行『**編輯/填滿**』命令，在交談窗中設定要使用的圖樣，以及要以何種**圖樣**來進行填滿：

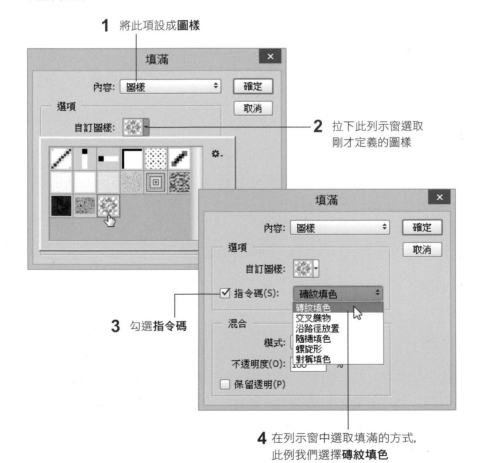

1 將此項設成**圖樣**

2 拉下此列示窗選取
剛才定義的圖樣

3 勾選**指令碼**

4 在列示窗中選取填滿的方式，
此例我們選擇**磚紋填色**

STEP 03 按下**確定**鈕後，會開啟**磚紋填色**交談窗，你可以進一步設定圖樣的間距、縮放大小、亮度及色彩的隨機變化，以及圖樣的旋轉角度。以本範例而言，我們希望圖樣不要做太多變化以免干擾視覺，請如下修改各項目的數值。

2 按下**確定**鈕

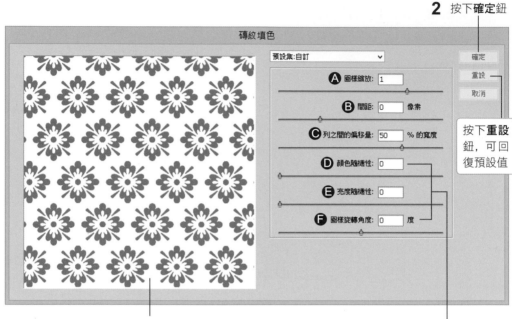

在右側所做的設定，可立即從此預覽窗格看到調整後的結果

按下**重設**鈕，可回復預設值

1 請將這三項設定都設成0，以免顏色不同亮度、色彩及角度的變化

Ⓐ **圖樣縮放**：可放大、縮小圖樣。往左拉曳滑桿縮小圖樣，往右拉曳放大圖樣。

圖樣縮放：0.3

圖樣縮放：1.2

B **間距**：調整圖樣與圖樣
之間的距離。數值愈大
間距愈大，反之，數值
愈小，圖樣愈緊密。

間距：-73 像素　　　　　　　　間距：250 像素

C **列之間的偏移量**：調整
圖樣與圖樣之間的排
列方式。

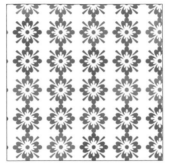

列之間的偏移量：-100% 寬度　　列之間的偏移量：50 % 寬度

D **顏色隨機性**：隨機替圖
樣變化不同顏色。數值
愈大顏色的變化效果
愈明顯。

顏色隨機性：0.05　　　　　　　顏色隨機性：0.75

E **亮度隨機性**：隨機替圖
樣變化不同亮度。數值
愈大亮度的變化效果
愈明顯。

亮度隨機性：0.1　　　　　　　　亮度隨機性：0.68

F 圖樣旋轉角度：可自訂
圖樣的旋轉角度。

圖樣旋轉角度：0 度　　　　　　圖樣旋轉角度：35 度

STEP 04 按下**確定**鈕後，便可以看到**花形裝飾**圖樣填滿整個版面了。

　　到此為止，我們已經將年曆的背景圖樣設計並製作好了，接下來我們要製作的是
年曆上的生肖圖形：兔子。

10-2　編修形狀的技巧

本範例中的兔子也是使用**自訂形狀工具** 內建的形狀所繪製的, 不過本節中, 我們除了要畫出加了**填色**及**邊框筆觸**的形狀之外, 還將進一步說明如何編修自訂形狀, 以符合範例的版面設計。

✒ 繪製形狀

請沿用上一節的檔案, 或者開啟已經製作好背景圖樣的範例檔案 10-01.psd 來接續以下的操作:

STEP 01 在**工具面板**中選取**自訂形狀工具** , 接著到**選項列**設定形狀的填色及筆觸類型:

2 設定形狀的填色類型, 此處我們仍沿用之前的橘色 (C8、M55、Y93、K0)

3 **筆畫**在設定形狀 "邊框" 的填色, 方法和**填滿**相同, 此處我們將**筆畫**填色設定為白色

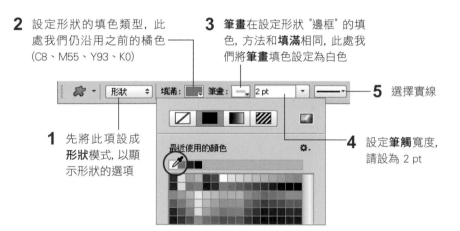

5 選擇實線

1 先將此項設成**形狀**模式, 以顯示形狀的選項

4 設定**筆觸**寬度, 請設為 2 pt

STEP 02 再來到**形狀**列示窗選擇要繪製的自訂形狀**兔子**:

3 按下此鈕選擇**未強制**, 解除尺寸的限制

1 先按此鈕加入**動物**類別的形狀

2 在**自訂形狀揀選器**中選取**兔子**形狀

STEP 03 在**選項列**設好上述的設定後，就可到文件視窗中拉曳出大約佔滿 2/3 版面的兔子形狀：

大約從此處往右下拉曳出兔子形狀

請自行將此形狀圖層更名為**兔子**

若無法自由拉曳兔子形狀的大小，請到選項列按下 ⚙ 鈕，檢查是否已選取未強制選項。

✎ 修改形狀的填色與筆觸

畫出形狀之後，如果覺得當初設定的填色、筆觸不好，隨時可以修改！假設我們想將兔子形狀的填色換成較亮的黃色，而邊框筆觸則改成黃色、3 pt、虛線，請如下操作：

STEP 01 在**圖層**面板中選取**兔子**形狀圖層，然後在**工具面板**中任選一種向量形狀繪圖工具，如**筆型工具**、**矩形工具**皆可，並不一定要選當初使用的**自訂形狀工具**，然後到**選項列**將工具模式切換成**形狀**模式，就可修改形狀的填色、筆觸了：

1 在**圖層**面板中選取
要修改的形狀圖層

2 任選一種向量形狀繪圖工具, 再將工具模式設成**形狀**, 即可修改形狀的設定

STEP
02
請按下**填滿**鈕, 再按下**檢色器**鈕, 將
形狀的填色改成亮黃色 (C6、M23、
Y89、K0), 接著再按下**筆畫**鈕, 將顏
色改成較淡的黃色 (C7、M3、Y86、
K0), 同時將筆觸寬度改成 3 pt:

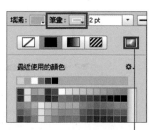

按下此鈕, 變更形狀的填色　　按下此鈕, 變更筆畫的填色

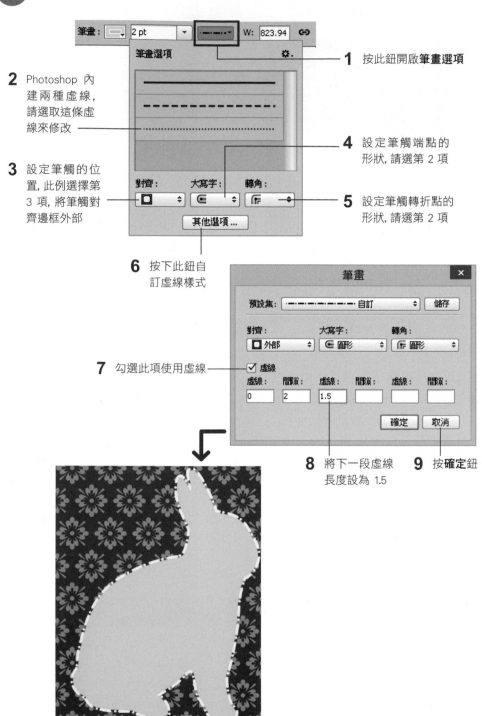

STEP 03 再來說明如何設定虛線的筆觸, 請按下**筆畫選項**鈕來設定:

1 按此鈕開啟**筆畫選項**

2 Photoshop 內建兩種虛線, 請選取這條虛線來修改

3 設定筆觸的位置, 此例選擇第 3 項, 將筆觸對齊邊框外部

4 設定筆觸端點的形狀, 請選第 2 項

5 設定筆觸轉折點的形狀, 請選第 2 項

6 按下此鈕自訂虛線樣式

7 勾選此項使用虛線

8 將下一段虛線長度設為 1.5

9 按**確定**鈕

STEP 04 最後請將**兔子**形狀圖層的混合模式設定為**實光**，讓兔子整體變亮，且底下的花形圖樣也能夠顯露上來。

🖋 修飾形狀的外觀

我們希望能夠拉長兔子的耳朵，並且旋轉兔子的角度，放置於右下角的位置。因此接下來的工作是旋轉形狀，並調整形狀路徑的錨點，以符合本範例的設計需求。

 STEP 01 選取**兔子**形狀圖層，執行『**編輯/變形路徑/旋轉**』命令，將指標移到選取框的控點外，拉曳便可旋轉形狀。請如圖旋轉兔子形狀，或直接在**選項列**的 △ -10.00 度 欄位中輸入 "-10"，也就是逆時針旋轉 10 度。

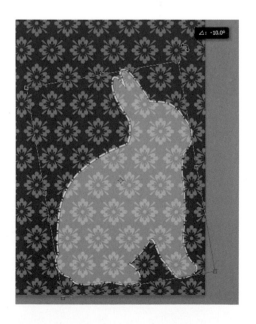

 若編輯功能表中未顯示變形路徑項目，請到路徑面板中選取兔子形狀路徑再回頭操作。

STEP 02 接著請執行『**編輯/變形路徑/縮放**』命令, 拉曳四周的控點來調整兔子形狀大小並搬移到適當位置, 如右圖所示。調好大小和位置後, 按 Enter (Win) / return (Mac) 鍵確認。

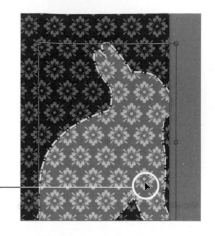

將指標移到變形框內, 即可移動形狀的位置, 或按 ↑、↓、←、→ 方向鍵來移動亦可

STEP 03 選取**工具面板**中的**直接選取工具** (此工具在**路徑選取工具**底下), 然後點選兔子形狀的邊緣, 顯示錨點以便稍後進行形狀外緣的編修。

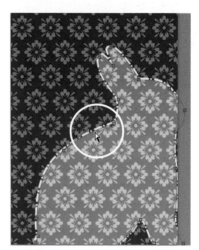

STEP 04 直接拉曳錨點調整路徑, 便可以修改形狀的外觀, 在此我們拉長了兔子的耳朵, 讓兔子的下巴內縮一些, 調整成如右圖示範的樣子。

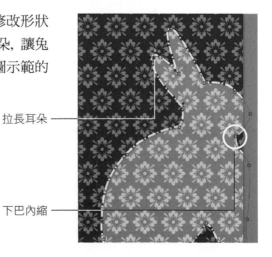

拉長耳朵

下巴內縮

10-3　加入文字標題與美化背景色彩層次

現在這份年曆作品只剩下輸入文字，便可以完成整份年曆的設計。請利用第 8 堂課已經介紹過的方法，在版面上加入文字，你可以開啟範例檔案 10-02.psd 來接續操作。

🖊 輸入文字

輸入文字沒什麼特別的技巧，但套用合適的字體，可達到畫龍點睛的效果。本例我們以**華康新篆體**、字體大小為 320 pt、**黑色**來示範，你可以看到只是輸入一個 "兔" 字，並將該字往左移動，便可以讓整張年曆的風格為之一變。若電腦中沒有安裝**華康新篆體**，請選用其他中文字型來做練習。

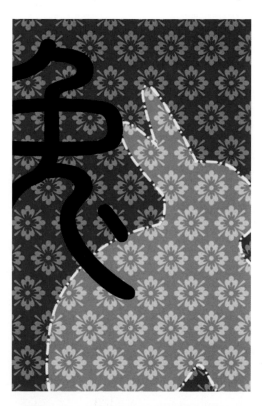

水平文字工具的**選項列**設定

您可以繼續輸入其他年曆上的文字, 並搭配合適的字體與排列。整幅作品的感覺, 結合了背景圖樣設計、形狀色彩搭配與合宜的文字, 顯得十分出色!

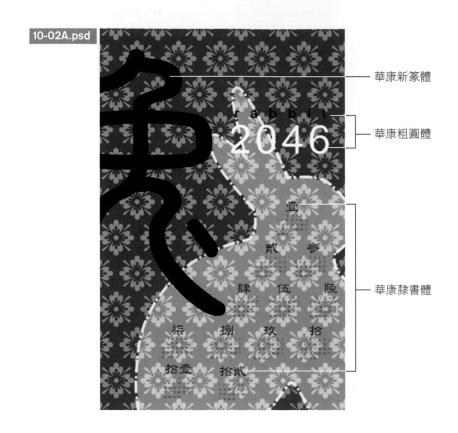

10-02A.psd

華康新篆體

華康粗圓體

華康隸書體

作品的最後修飾

最後的要點是突顯作品中的年曆文字部份, 在此我們利用加強背景色的層次, 來進行最後的修飾。

STEP 01

請開啟範例檔案 10-03.psd, 切換至**背景**圖層, 按**圖層**面板的 鈕新增一個空白圖層。

STEP 02 選取空白圖層,將前景色設為暗紅色 (C45、M100、Y100、K15),然後利用**筆刷工具** 塗抹兔子形狀的邊緣,以及版面右下角的部位。

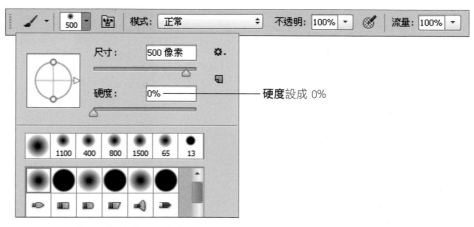

硬度設成 0%

筆刷工具的**選項列**設定

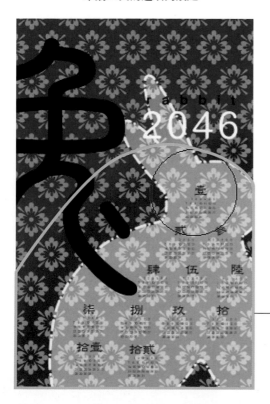

塗抹這一塊面積,讓背景的下半部
比上半部更暗,產生層次感

 你可以自行調整筆刷的大小及硬度,讓塗抹的效果更自然。

也可使用「漸層工具」來加深下半部的色彩

如果對**筆刷工具**的操作不是很熟練，你也可以按下**工具面板**的**漸層工具**，同樣先將**前景色**設為暗紅色（C45、M100、Y100、K15），再到**選項列**，選擇**前景到透明**的漸層樣式，最後在影像中拉曳出漸層即可。

2 由下往上拉曳，即可替下半部填上暗紅色

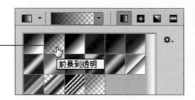

1 按下此鈕，選擇**前景到透明**

前景到透明

STEP 03 塗抹之後，下半部變得有些過暗，因此最後請將此圖層的**不透明度**調整為 60%，降低背景過暗的情況，本例便全部製作完畢。你可以開啟範例檔案 10-03A.psd 來瀏覽完成結果。

10-03A.psd

重點整理

1. 凡是可繪製路徑的工具皆可繪製形狀, 包括**筆型工具**、**創意筆工具**以及**向量形狀工具組**!

2. 在**工具面板**中選取**筆型**或**向量形狀**工具, 然後到**選項列**將工具模式設成**形狀**模式, 即可直接繪製形狀。

3. Photoshop 內建許多向量形狀, 我們可透過**自訂形狀工具** [圖] 來取用。

開啟**自訂形狀揀選器**, 按此鈕加入**全部**類別, 即可
列出 Photoshop 內建的所有向量形狀

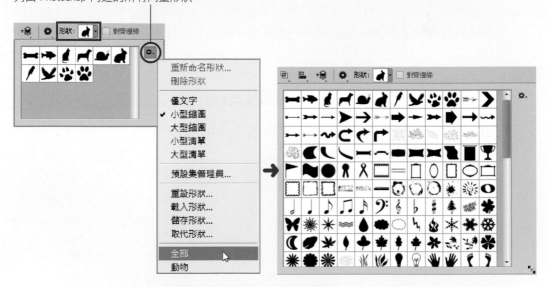

4. Photoshop 並不將**形狀**存在一般的圖層當中, 而是另外建立**形狀圖層**來存放, 目的是為了保存形狀的 "向量圖" 特性。繪製形狀後, 除了會自動建立**形狀圖層**外, 切換到**路徑**面板則可查看構成該形狀的路徑。

5. 使用**矩形選取畫面工具** [□] 在文件中框選要定義成圖樣的範圍, 然後執行『**編輯/定義圖樣**』命令, 在**圖樣名稱**交談窗中輸入圖樣的名稱, 即可建立自訂圖樣。

實用的知識

1. 如何組合多個形狀完成我們所要的圖形？

繪製**形狀**時，如果沒有設定組合方式，每次繪製
都會新增一個**形狀圖層**。若要讓繪製的形狀置於
同一個**形狀圖層**當中，在繪製形狀之前，請先到
選項列中按下**路徑操作**鈕設定組合方式。

路徑操作鈕

以下我們先畫左手再畫右手來比較結果差異。至於手的形狀，你可以點選**工具面
板**的**自訂形狀工具** 📷，由**選項列**的**形狀**列示窗載入**物件**類別來取得。

組合形狀 🔲

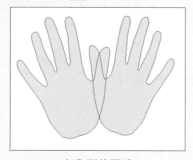

加入形狀區域

去除前面形狀 🔲

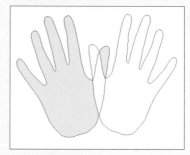

減去與第 2 個形狀交疊的部分

形狀區域相交 🔲

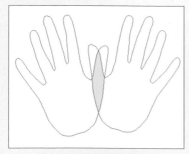

保留 2 個形狀的重疊區域

排除重疊形狀 🔲

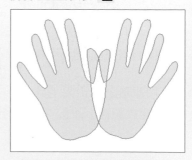

保留 2 個形狀重疊以外的區域

我們再以繪製出一個數字 8 的形狀為例, 演練一下形狀組合方式的用法:

STEP 01　利用**橢圓工具** 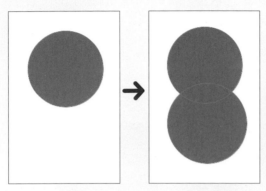 繪出一個圓。接著到**選項列**按下**路徑操作**鈕選擇**組合形狀** 方式, 表示要加入下一個形狀, 之後繪出另一個相連的圓形形狀。

從**圖層**面板中可以看到 2 個形狀會在同一**形狀圖層**中

STEP 02　再次按下**路徑操作**鈕選擇**去除前面形狀** 方式,表示要**從形狀區域中減去**, 然後在上面的圓形內繪製一個同心圓, 即可挖空所繪製的圓形部份。接著再繪製下面的圓形所要挖空的圓形部份便完成了。

從**圖層**面板中可以看到 4 個形狀都在同一層**形狀圖層**中

11

LESSON

圖層進階
應用技法

數位商品廣告

課前導讀

本堂課我們將利用圖層的**混合模式**和**不透明度**來加強背景影像的效果, 並搭配**圖層樣式**和**圖層剪裁遮色片**, 製作出具有質感的材質紋理。此外, 我們也會使用**圖層群組**來管理大量的圖層, 讓**圖層**面板中的圖層能夠井然有序的排列。透過本堂課範例的練習, 對於圖層的應用技巧你將更加得心應手, 最後可完成一幅數位商品廣告。

本章學習提要

- 利用圖層的**混合模式**來強化影像效果

- 了解上下圖層之間的透明度關係與運用技巧

- 更換圖層混合效果的技巧

- 使用**調整圖層**來變換影像色調

- 利用**剪裁遮色片**製作裁切的效果

- 使用**群組圖層**的方式來管理圖層

- 使用**圖層過濾器**快速尋找圖層

預估學習時間	120分鐘

圖層的**混合模式**會決定圖層中的像素如何與下面一層影像中的像素進行色彩混合，是影像處理常用的一項技巧。善用混合模式可以讓影像變化出更多的花樣，甚至產生完全不同的合成效果。

本堂課的範例是要製作一張 A4 大小的數位產品廣告，尺寸預計是 2480 × 3508 像素、解析度 300 像素/英寸。不過為了考量電腦的處理速度，我們提供的 DM 範例底圖 11-01.jpg 僅有 1200 × 1876 像素，方便你練習使用。底下就要開始處理這張底圖，為你示範如何運用圖層混合模式來調整影像色彩。

✒ 套用圖層混合模式讓色彩更濃郁

請開啟範例檔案 11-01.jpg 並顯示出**圖層**面板。你會發現目前只有**背景**圖層，而且**背景**圖層也無法套用混合模式，因此我們必須複製一份背景影像，再利用相同內容的圖層來套用混合模式。

11-01.jpg

目前圖層分佈情況

要做為 DM 的底圖

STEP 01
拉曳**背景**圖層至**圖層**面板下方的**建立新圖層鈕** 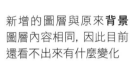，再放開滑鼠，便可以複製出一個內容和**背景**圖層相同的圖層。

新增的圖層與原來**背景**圖層內容相同，因此目前還看不出來有什麼變化

STEP 02
要使上下兩個圖層的影像進行色彩混合，必須選取上層影像來套用混合模式，在此我們選取**背景 拷貝**圖層，然後拉下**混合模式**列示窗選取**色彩增值**，讓呈現出來的影像色彩變得更濃郁。

拉下列示窗選擇混合模式

整體的色彩明顯變濃

每一種圖層混合模式都有各自的運算方式，在實務應用時心中會有個希望的結果，經驗不足的人可能要多嘗試幾種混合模式，才能找到符合所要的效果。等到經驗累積足夠之後，就比較能夠掌握住每種混合模式的特性，才會感到駕輕就熟。如果你有興趣深入研究的話，可以執行『說明/ Photoshop 線上說明』命令，然後以 "混合模式" 做為搜尋關鍵字，就可查閱各種混合模式的介紹。

STEP 03
雙按**背景 拷貝**圖層的圖層名稱，將名稱改為 "背景 覆蓋處理" 以便識別。

用「筆刷工具」修飾底圖

設好圖層混合模式之後，接著我們還要做局部的效果編修，以符合所要的氣氛。就拿本例來說，我們希望營造出較為專業的感覺，而現在背景底圖上半部有一大片搶眼的紅色，底部的光線又非常強烈，反而讓「相機」無法突顯出來。因此接下來將透過 2 個空白圖層，分別修飾版面上半部與下半部的色彩與光線。

STEP 01 請按下**圖層**面板中的**建立新圖層**鈕 ⬚，新增一個圖層，並更名為**背景 加強處理**。

塗刷結果

STEP 02 選取**背景 加強處理**圖層，將前景色設為黑色，並選擇具柔邊效果的**筆刷工具** ，在**選項列**中調整適當的筆刷大小，將**不透明**設為 75%、**流量**設為 68%，再塗刷版面的右上角部位。

筆刷工具的選項設定

STEP 03　若是覺得剛才加強的部份太沉重，可以從**圖層**面板調整**不透明度**欄位的值，降低圖層的覆蓋程度。本例將**背景 加強處理**圖層的**不透明度**降低為 70%。

讓影像的上半部有漸層的效果, 不再一片鮮紅

STEP 04　繼續新增一個**背景底部 加強處理**的空白圖層，運用相同的技巧，加深版面底部的色彩，讓整張 DM 的感覺變穩重，相機主角也能突顯出來。

降低底部的光線, 氣氛變穩重了

此部份的練習, 你可以開啟範例檔案 11-01A.psd 來瀏覽結果。

從事平面設計經常需要多嘗試幾種色調，找出最對味的效果，而變更色調最便捷的方式就是利用**色相/飽和度**調整圖層來製作。你可在不影響影像本身的前提下，建立多個不同色調的調整圖層，然後藉由圖層的顯示與隱藏，比對各種色調的感覺。

11-02.psd

目前的範例背景中有 3 部隱藏式鏡頭的相機，不過為了讓畫面中的相機看起來更顯眼，我們特地找來一個鏡頭與原底圖做合成，之後再利用調整圖層來變更整體色調，藉此營造較為穩重的感覺。

相機鏡頭影像

開啟鏡頭影像的範例檔案 11-02.psd 後，使用**移動工具** 將鏡頭影像拉曳到剛才調整過的 11-01.jpg 範例中 (或直接開啟範例檔案 11-01A.psd 來接續操作)，並將鏡頭搬移到最右邊那部相機的鏡頭位置。

鏡頭的比例過大，可執行『**編輯/變形/縮放**』命令來調整

將**鏡頭**圖層放置在最上層

若是直接從 Windows 檔案總管將影像檔拉曳到 Photoshop 中，那麼影像會直接置入目前作用中的文件視窗，變成智慧型物件圖層，且可讓你立即縮放影像的大小，簡化許多操作步驟。

接著請跟著底下步驟建立**色相/飽和度**調整圖層, 改變影像的整體色調。

STEP
01

請按下**圖層**面板下方的**建立新填色或調整圖層**鈕 ，在選單中選擇『**色相/飽和度**』命令, 在開啟的**內容**面板中, 拉曳**色相**滑桿至數值 "31"。

STEP
02

隨即就可以看到整體的色相已經改變了。

在此雙按圖層, 可重新開啟**內容**面板來修改**色相**或**飽和度**的值

 使用調整圖層的好處

如果關閉**色相/飽和度 1** 圖層的眼睛圖示隱藏該圖層, 便可以看到其下圖層的影像色彩並沒有改變。這也就是使用調整圖層的好處, 因為只要套用調整圖層, 其下方的所有圖層都會受到調整圖層的影響, 而不需要一一修改個別圖層中的影像。假使不再需要這個調整效果, 也只要刪除此調整圖層即可。

在範例作品的上方正中央, 有一塊顯眼的金色斜紋材質, 上面排列了中、英文字, 整個設計運用到**圖層樣式**與**剪裁遮色片**這兩大技巧。本節會教你如何運用這兩項技巧, 製作出相當有質感的材質紋理, 最後再輸入文字, 便可完成整張廣告 DM 的設計。

圖層樣式的應用

Photoshop 將一些常用的效果內建在圖層樣式中, 例如:浮雕、陰影、光暈、描邊…等, 只要能夠活用這些樣式, 就能輕鬆提升影像質感!首先我們要在版面上界定出材質色塊的位置, 然後運用**圖層樣式**來增加色塊的立體感。

STEP 01 請開啟範例檔案 11-02A.psd 來接續操作。請按下**建立新圖層鈕** 🔲, 新增一個空白圖層, 放置在最上層, 並選取為作用中圖層。

STEP 02 執行『**檢視/尺標**』命令顯示出尺標, 接著選取**矩形選取畫面工具** 🔲 在版面上拉曳出一矩形範圍。

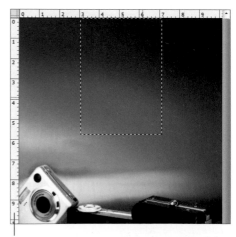

將尺標顯示出來, 可方便觀察矩形範圍是否位於版面的中央位置 (目前尺標的單位為**公分**)

STEP 03 將前景色設為白色 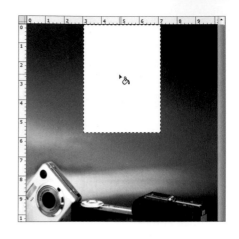，再使用**油漆桶工具** ，在矩形選取範圍中填入白色。

STEP 04 按下**圖層**面板下方的**增加圖層樣式鈕** 選擇**陰影**項目，在開啟的**圖層樣式**交談窗如下圖設定圖層的陰影效果，設定完成先不要按下**確定鈕**，我們還要進行其他設定。

此區會依左側不同的圖層樣式項目，顯示可供設定的選項

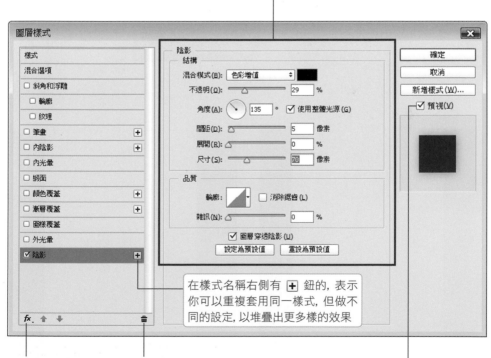

圖層樣式

樣式	陰影	確定
混合選項	結構	取消
□ 斜角和浮雕	混合模式(B): 色彩增值	新增樣式(W)...
□ 輪廓	不透明(O): 29 %	☑ 預視(V)
□ 紋理	角度(A): 135 ° ☑ 使用整體光源(G)	
□ 筆畫 +	間距(D): 5 像素	
□ 內陰影 +	展開(R): 0 %	
□ 內光暈	尺寸(S): 70 像素	
□ 緞面	品質	
□ 顏色覆蓋 +	輪廓: □ 消除鋸齒(L)	
□ 漸層覆蓋 +	雜訊(N): 0 %	
□ 圖樣覆蓋	☑ 圖層穿透陰影(U)	
□ 外光暈	設定為預設值 重設為預設值	
☑ 陰影 +		

在樣式名稱右側有 + 鈕的，表示你可以重複套用同一樣式，但做不同的設定，以堆疊出更多樣的效果

按此鈕選擇『**重設為預設清單**』命令，即可還原所有的樣式項目

按此鈕可刪除上面的樣式項目

勾選此項即可在文件視窗上預覽設定的效果

接著請切換至**筆畫**樣式,我們要繼續為這個白色矩形加上外框線,請如下設定完成後再按下**確定**鈕。

設定筆畫粗細

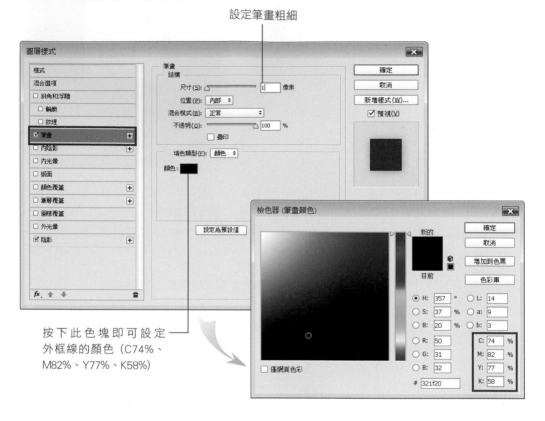

按下此色塊即可設定外框線的顏色(C74%、M82%、Y77%、K58%)

套用圖層樣式前

套用圖層樣式後,白色色塊多了細邊框及陰影

STEP 06 最後請將此圖層名稱變更為 "文字背景"。

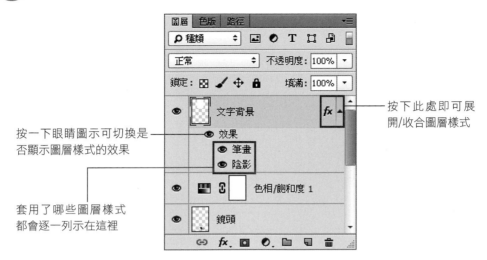

按下此處即可展開/收合圖層樣式

按一下眼睛圖示可切換是否顯示圖層樣式的效果

套用了哪些圖層樣式都會逐一列示在這裡

 雙按圖層樣式即可再次開啟圖層樣式交談窗來修改設定值。

 設定圖層樣式的注意事項

在**圖層**面板中有**混合模式**與**不透明度**列示窗可設定圖層混合模式與混合程度。而切換到**圖層樣式**交談窗的各種樣式頁次中，你會發現每個頁次裡面也都有**混合模式**與**不透明**可設定。兩者的差別在於，**圖層**面板所設定的是整個圖層與下層圖層的關係，但各種圖層樣式頁次中所設定的**混合模式**則是該圖層樣式（如：陰影、筆畫…）與下層圖層的關係。

要特別注意的是，**圖層**面板所設定的內容將會影響其他圖層樣式頁次所設定的結果。舉例來說，當我們在**圖層**面板設定**不透明度**為 50% 時，即使**陰影**圖層樣式的**不透明**設為 100%，呈現出來的結果亦只有 50% 的陰影效果。

✒ 利用「剪裁遮色片」製作圖層裁切效果

在上一個段落的練習中，我們已經在**文字背景**圖層中界定出要加上材質紋理的白色矩形，接著你可以直接在這塊白色矩形上面製作材質紋理。不過，在此我們的做法是把材質紋理製作在最上面的一個獨立圖層中，然後運用**剪裁遮色片**的技巧，讓材質紋理只顯現在白色矩形範圍內。

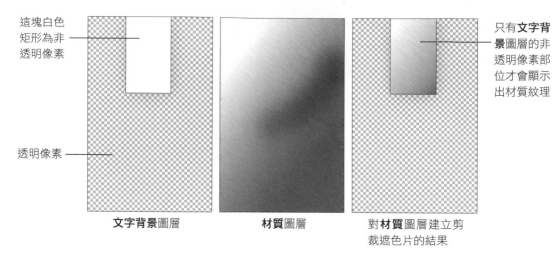

這塊白色矩形為非透明像素

透明像素

只有**文字背景**圖層的非透明像素部位才會顯示出材質紋理

文字背景圖層　　　　　材質圖層　　　　　對材質圖層建立剪裁遮色片的結果

這樣做的好處是，利用**文字背景**圖層幫你固定好材質的顯示範圍，你可以自由地更換**材質**圖層的內容，不需擔心影響到材質紋理的位置安排。現在就請跟著底下的步驟來完成材質紋理的製作吧，你可以接續剛才的檔案做練習，或是開啟範例檔案 11-03.psd 來進行：

STEP 01 請在所有圖層的最上面再建立一個名為 "材質" 的空白圖層，將前景色設為白色，背景色設為灰色 (C63、M57、Y53、K2)，然後選取**漸層工具** ，在**材質**圖層上面填入從白色到灰色的漸層色彩。

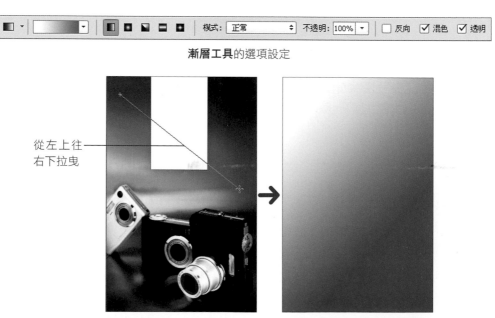

漸層工具的選項設定

從左上往右下拉曳

填入由白色到灰色的漸層

STEP 02 在**材質**圖層上面執行『**濾鏡／雜訊／增加雜訊**』命令，然後在**增加雜訊**交談窗中設定要加入 22% 的**高斯**、**單色的**雜訊。

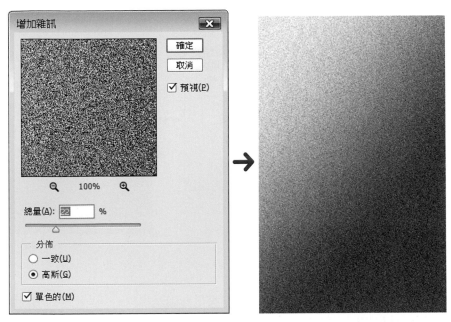

在漸層上面加入雜訊顆粒

STEP 03 接著再執行『**濾鏡／模糊／動態模糊**』命令，藉由**動態模糊**的功能，製作出同一方向的斜紋。

將雜訊顆粒拉曳成同一方向的斜紋效果

STEP 04 為了加強材質的質感, 我們繼續執行『**影像/ 調整/亮度/對比**』命令, 將亮度提高至 10、 對比提高至 19。

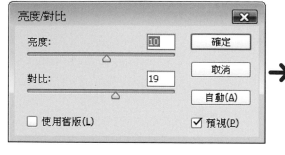

仿造出光線照射的層次感

STEP 05 目前的材質效果就是我們所要的, 不過色彩仍是黑白的, 因此再利用**色版混合 器**來為材質上色。請執行『**影像/調整/色版混合器**』命令, 拉下**輸出色版**列示 窗, 分別為**青色色版**加入 50% 的**青色**、為**黃色色版**加入 140% 的**黃色**。

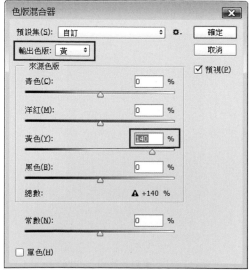

STEP 06 按下**色版混合器**交談窗的**確定**鈕，即可看見製作完成的金色斜紋材質。

STEP 07 現在金色斜紋材質與整個版面一樣大，而我們只希望在之前所製作的白色矩形範圍內套用斜紋材質。因此請在**材質**圖層上面按右鈕執行『**建立剪裁遮色片**』命令，即可讓上層**材質**圖層的內容只在下層**文字背景**圖層的非透明像素 (即白色矩形範圍) 部位上顯示出來。

材質圖層的內容會被**文字背景**圖層的透明部位遮掉

剪裁遮色片下層圖層的圖層名稱會出現底線

你也可以按住 Alt (Win) / option (Mac) 鍵不放，將指標移到材質圖層與文字背景圖層的分界處，當指標變成 ↓□ 時再按一下滑鼠左鈕，同樣可以建立剪裁遮色片。

解除剪裁遮色片的 2 種方法

若想解除剪裁遮色片, 有兩種方式可供選擇:

● 方法1: 將指標移到欲解除的剪裁遮色片圖層和下面圖層的分界處, 按住 Alt (Win)
/ option (Mac) 鍵不放, 點按滑鼠左鈕一下。

● 方法 2: 選取剪裁遮色片的圖層, 按右鈕執行『**解除剪裁遮色片**』命令。

STEP 08 最後我們再使用**工具面板**的**加深工具** ⊙ 塗抹**材質**圖層右下角的部位, 讓整塊斜紋材質的明暗更有變化。

加深工具的選項設定

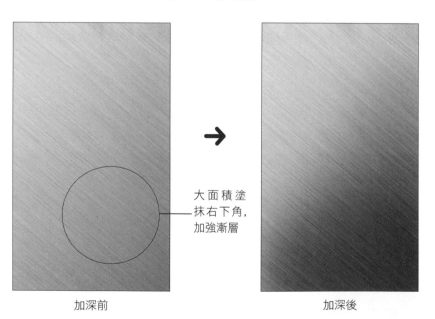

大面積塗
抹右下角,
加強漸層

加深前　　　　　　　　　　　　　加深後

　　金色斜紋材質製作完畢後, 我們使用**水平文字工具** T 在上面輸入 "數位經典"
與 "Digital Classic" 兩段文字, 接著再利用**直線工具** ⁄ 在兩個文字段落之間畫
上與文字相同色彩的一條橫線做為分隔, 整個材質與文字的搭配便完成了!

此處示範的字型為**華康中黑體**，文字與
橫線的色彩為 C42、M88、Y84、K66

在剪裁遮色片圖層上面套用圖層樣式

在剪裁遮色片圖層上面仍可
套用圖層樣式。例如我們想
變換其他材質效果，即可雙
按**材質**圖層，然後在開啟的
圖層樣式交談窗中勾選並
設定各種樣式效果。設定完
畢，只要顯示或關閉圖層樣
式前的眼睛圖示，即可切換
要套用的圖層樣式了。

11-4 使用「圖層群組」管理圖層

從事設計的過程中，往往不知不覺建立相當多的圖層，經常到最後都搞不清楚每個圖層的內容或作用。因此除了養成幫圖層命名的好習慣之外，我們還可以利用**圖層群組**的功能來進行管理，也就是依據圖層的屬性或用途，將相關的圖層歸類在一個圖層群組中，讓圖層能夠井然有序、易於查找。

🖊 建立圖層群組

以本範例來說，我們就可以試著建立 "文字"、"鏡頭"、"底圖" 這 3 個圖層群組，分別放入文字圖層、鏡頭影像、以及處理底圖的相關圖層。你可開啟範例檔案 11-04. psd 跟著底下的步驟進行演練：

STEP 01 請選取**背景**圖層，再按下**圖層**面板下方的**建立新群組**鈕 ▢，面板中便會自動建立一個名為**群組 1** 的圖層群組。請雙按圖層群組的名稱，將該圖層群組重新命名為 "底圖"。

新增的圖層群組會建立在作用圖層的上方

將圖層群組更名為 "底圖"

STEP 02　接著只要一次選取**背景 覆蓋處理**、**背景 加強處理**及**背景底部 加強處理**這 3 個圖層, 然後拉曳到**底圖**圖層群組上即可加入。

1 選取單一圖層後, 按住 Shift 鍵不放, 再點選其他圖層, 即可一次選取多個圖層

2 將選取的圖層拉曳至**底圖**圖層群組上

STEP 03　除了利用上述的方法來建立圖層群組外, 我們還可以如下操作：請選取**色相/飽和度 1** 及**鏡頭**圖層, 然後執行『**圖層/新增/從圖層建立群組**』命令, 在**從圖層新增群組**交談窗中輸入群組名稱, 再按下**確定**鈕, 即可將選取圖層直接加入新圖層群組內。

輸入圖層群組名稱

請自行按此三角形展開群組

這兩個圖層加入到**鏡頭**圖層群組中

STEP 04 最後利用上述任一種方法, 建立好**文字**圖層群組, 將與文字相關的圖層歸類到群組裡。

建立圖層群組

11-04A.psd

選取這幾個圖層

 每個圖層群組前面也都有眼睛圖示, 按下眼睛圖示可控制圖層群組中所有圖層的顯示或隱藏。

檢視圖層群組

你只要按下圖層群組前面的 ▶ 圖示, 便可以展開圖層群組, 此時群組圖示會變成 ▼ 的樣子, 再按一下就收合圖層群組。利用這個技巧, 你就可以將暫時不需編修的相關圖層一併收合起來。

🖋 刪除圖層群組

　　若要刪除某個圖層群組，可先選取要刪除的圖層群組 (本例選取的是**鏡頭**群組)，然後按下**圖層**面板下方的 🗑 鈕，此時會出現警告訊息，詢問您該如何處理圖層群組中的圖層：

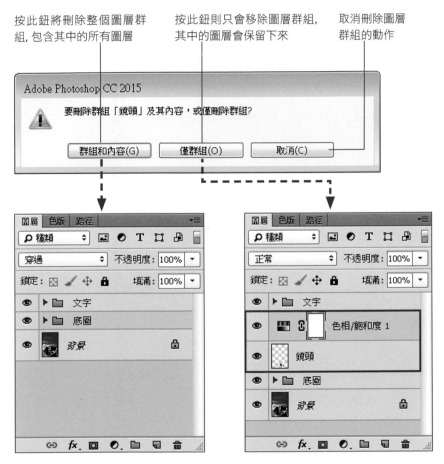

按此鈕將刪除整個圖層群組，包含其中的所有圖層

按此鈕則只會移除圖層群組，其中的圖層會保留下來

取消刪除圖層群組的動作

鏡頭圖層群組與其內的圖層會全部刪除　　　僅刪除**鏡頭**圖層群組，其內的圖層會保留

 若是直接把圖層群組拉曳到 🗑 鈕上面，就會直接刪除圖層群組和其中的圖層，不會詢問你處理方式。

在設計的階段中, 我們常會新增多個圖層以便試試不同的影像效果, 當你建立的圖層愈來愈多, 常常會弄不清楚哪個才是你現在要編輯的圖層, 只好不斷地點選圖層前的 👁 圖示, 藉由圖層的顯示 / 隱藏來查看。現在不需要這麼辛苦地切換, 你可以善用**圖層過濾器**功能, 依圖層的名稱、種類、效果、…等, 快速找到想要的圖層。

🖋 啟用與關閉「圖層過濾器」功能

圖層過濾器功能就位在**圖層**面板的最上面, 只要將最右邊的 🖿 鈕打開, 就可以啟用此功能, 請開啟 11-05.psd, 我們將以此範例來練習:

圖層過濾器的各項工具鈕　　當此鈕往上時, 表示啟用**圖層過濾器**　　　　　　　　當此鈕往下時, 表示關閉**圖層過濾器**

在此按一下, 可選擇篩選圖層的方法

🖋 篩選圖層的方法

圖層過濾器可讓你依圖層的**種類**、**名稱**、**效果**、**模式**、**屬性**以及**顏色**來篩選圖層, 即使先前建立了圖層群組也沒關係, 照樣能找得到。

● **種類**:選擇**種類**的篩選方式後, 再點選 🖾 ◐ T ⛶ 🖶 對應的按鈕, 即可找出檔案中的像素、調整、文字、形狀、智慧型物件等圖層。我們以找出 11-05.psd 中的所有文字及形狀圖層做示範:

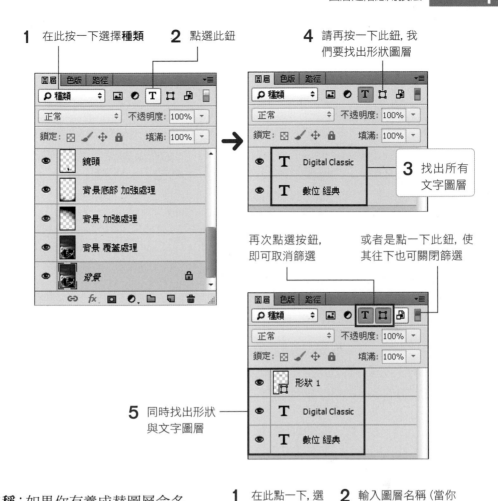

1 在此按一下選擇**種類**　2 點選此鈕

4 請再按一下此鈕, 我們要找出形狀圖層

3 找出所有文字圖層

再次點選按鈕, 即可取消篩選

或者是點一下此鈕, 使其往下也可關閉篩選

5 同時找出形狀與文字圖層

- **名稱**：如果你有養成替圖層命名的好習慣, 那麼用名稱來尋找圖層是最方便不過了。

1 在此點一下, 選擇**名稱**項目

2 輸入圖層名稱 (當你一邊輸入名稱時, 就會一邊開始尋找)

3 列出所有圖層名稱中含有 "背景" 的圖層

- **效果**：想要找出所有套用**圖層樣式**的圖層，只要點選此項，再從右側的列示窗中點選圖層樣式，就可找到指定的圖層了。

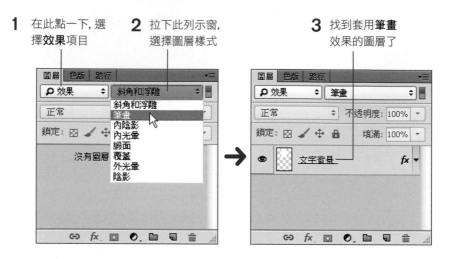

- **模式**：圖層的混合模式是影像合成時最常用的功能之一，如果想找出套用混合模式的圖層，可從右側的列示窗做選擇。

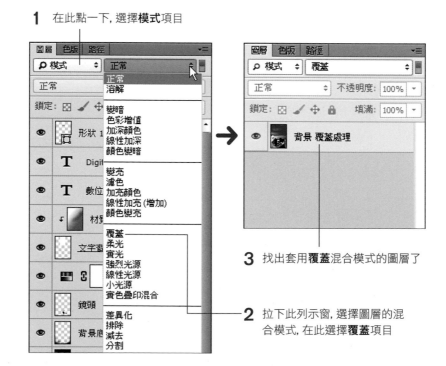

● **屬性**：選擇此項可依圖層的屬性來尋找，例如你可以快速找出所有建立圖層遮色片的圖層、找出已剪裁的圖層或是找出所有透明的圖層、…等。

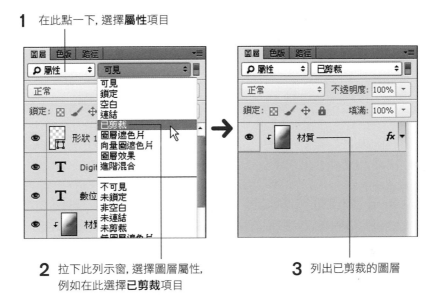

1 在此點一下, 選擇**屬性**項目

2 拉下此列示窗, 選擇圖層屬性, 例如在此選擇**已剪裁**項目

3 列出已剪裁的圖層

● **顏色**：有時為了方便識別圖層，我們會替圖層加上色彩 (只要在圖層上按右鈕，就可選擇圖層顏色)，若想篩選出標示同一種顏色的圖層，你就可以使用此項功能來篩選。

1 在此點一下, 選擇**顏色**項目

2 拉下此列示窗, 選擇圖層的顏色

3 找出所有標示綠色的圖層了

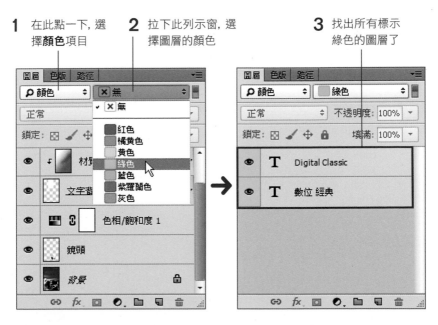

重點整理

1. 使用圖層混合模式的注意事項：

   ● **背景**圖層無法直接套用混合模式。

   ● 要使上下兩個圖層影像進行色彩混合，必須選取上層影像來套用混合模式。

   ● 如果套用混合模式後的效果太強烈，可以使用**不透明度**選項來做調整。

2. 使用調整圖層的好處是，其下方的所有圖層都會受到調整圖層的影響，但不會更動圖層中的像素資料。

3. Photoshop 將一些常用的效果內建在圖層樣式中，例如：浮雕、陰影、光暈、筆畫…等，活用這些樣式就能提升影像的質感，或是創作出更多變的影像。

4. 建立**剪裁遮色片**後，該圖層只會顯現出**剪裁遮色片**覆蓋區域上的影像內容。

5. 當我們在圖層中套用圖層樣式後，可在**圖層**面板中按 fx. 來展開樣式清單，並利用眼睛圖示 👁 來切換是否要套用圖層樣式。

6. 圖層群組可分門別類地收納影像裡的圖層，讓**圖層**面板井然有序地列出所有圖層。建立的方法有 2 種：

   ● 在**圖層**面板中按下**建立新群組**鈕 📁 。

   ● 選取多個圖層後，執行『**圖層/新增/從圖層建立群組**』命令。

7. 當建立了許多圖層，只要善用**圖層過濾器**功能，就可依圖層的名稱、種類、效果、…等，快速找到指定的圖層。

實用的知識

1. 據說利用圖層的混合模式也能做去背，其做法為何？

   若要去背的圖層背景是黑色的，套用**變亮**或**濾色**混合模式無疑是最快速的方式；
   若要去背的圖層背景是白色，那麼套用**色彩增值**或**變暗**混合模式效果最好。

風景照　　　　　　　　　　　　　　　　　此背景是純白的天空

11-06.psd

飛機圖層去背後的結果

選擇**色彩增值**混合模式，
白色背景立即被去掉，顯
露出下層圖層的內容了

2. 有哪些圖層樣式可拿來製造物件的立體感？

圖層樣式中的**陰影**、**內陰影**、**斜角和浮雕**效果經常拿來仿製出物件的立體感，尤其是在製作網頁按鈕或者立體文字時，可多加善用此一技巧。

原平面按鈕

套用**內陰影**圖層樣式

套用**斜角和浮雕**圖層樣式

套用**筆畫+陰影**圖層樣式

3. Photoshop 混合模式的應用範疇包含哪些地方？

在 Photoshop 中，除了**圖層**面板中提供混合模式來混合上下圖層的色彩，其實還有幾個地方也同樣提供混合模式的選項，茲列舉如下：

● 使用填色、繪圖或編輯工具時，可以在**選項列**的**模式**列示窗中選擇混合模式。

漸層工具的選項列

鉛筆工具的選項列

● 使用**填滿**或**筆畫**功能時，在交談窗中提供混合模式的選項。

 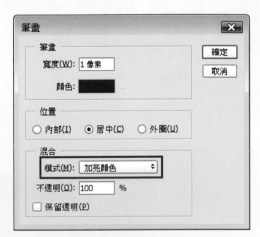

　　　執行『**編輯/填滿**』命令　　　　　　　　　　　　執行『**編輯/筆畫**』命令

● 在**圖層**面板雙按圖層，開啟的**圖層樣式**交談窗中亦提供混合模式選項。

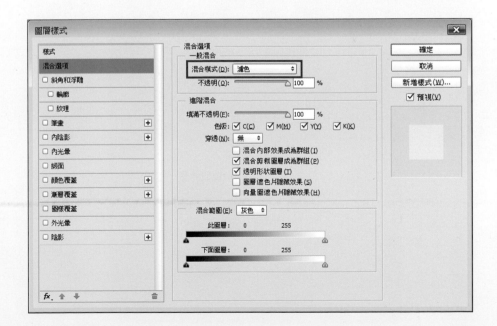

12

商業設計
實務應用

東方禪風 數位藝術展
Digital Arts Exhibition
in Oriental Zen Style
旗標

藝術展覽海報

課前導讀

在前面的章節，我們已經透過許多範例來學習 Photoshop 的各項功能，而本堂課要製作一張富有東方禪味的展覽海報。我們希望能藉由這個實務案例，帶你探究 Photoshop 在業界中的應用範疇，激發更多的創意思考。

本章學習提要

- 使用**快速選取工具**取出所需的影像部位
- 使用**高斯模糊濾鏡**製造朦朧效果
- 使用**調色刀、污點和刮痕濾鏡**模擬圖畫效果
- 將背景處理成典雅古樸的紙張紋理
- 使用**紋理化濾鏡**模擬凹凸的紙質紋理
- 文字的排列原則與圖章的製作方式

預估學習時間 **120**分鐘

12-1 選取與排列影像素材

在做商業設計時，理應先有一個明確的主題，例如展覽海報、雜誌封面、廣告立牌…等，除此之外，還要清楚了解所要面對的顧客族群，以及要表達的訴求，再決定要以什麼樣的手法呈現這樣的訴求。凡此種種，都必須事先和行銷單位溝通確認，然後才能進行設計。

以本堂課的商業設計範例來說，我們和行銷單位討論後，決定要製作一張呈現東方古樸風格的海報，並且認為荷花是具有東方禪味的素材，據此我們挑選出荷花花苞與蓮蓬的影像，以做為海報的視覺重點。然後要分別將花苞與蓮蓬部份摘取出來，排列在影像上面，最後再搭配文字標題，海報就完成了。現在，就請跟著底下的步驟開始我們的設計之旅吧！

海報作品

素材影像 1

素材影像 2

使用「快速選取工具」取出所需的部位

　　首先, 我們要使用**快速選取工具** 從兩張素材影像中取出所需的部位, 再放到空白海報中進行排列, 請跟著底下的步驟練習。

STEP 01 請執行『**檔案/開新檔案**』命令, 開啟一張**寬度** 486 像素、**高度** 800 像素的白色背景文件 (在此我們是為了操作過程的流暢性, 不要造成電腦太大的負擔, 因此僅開啟一般尺寸的空白檔案)。

真正要做商業用途時, 建議將解析度設定為 300 像素/英吋 (如果是大型海報則設為 160~200 像素/英吋), 然後再設定所需的寬、高尺寸 (例如製作如同本書的封面, 就可設定為寬度 17 公分、高度 23 公分), 以符合實際上的輸出需求。

STEP 02 請開啟範例檔案 12-02.jpg, 並選取**快速選取工具** , 在**選項列**中設定適當的**筆刷**大小、勾選**自動增強**項目, 接著按住滑鼠左鈕在影像中順著荷花的範圍塗抹以選取整個花苞。

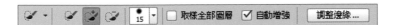

STEP 03 剛才選取的荷花, 有些細微的部份沒有選取得很完整, 現在我們要改用**多邊形套索工具** 來修飾。在**工具面板**中選取**多邊形套索工具**後, 按下**選項列**中的**從選取範圍中減去**鈕 , 然後在荷花的轉折處拉曳滑鼠左鈕, 將多選的範圍減去。

這個部份也請選取起來

這兩個部份有些區域多選了

利用**多邊形套索工具**在影像中拉曳, 減去多選的部份

請將影像的顯示比例放大, 以方便選取

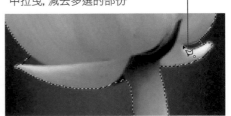

另一邊也請自行減去多選的部份

STEP 04 選好荷花花苞後, 請使用**移動工具** 將花苞搬移到剛才建立的空白文件中。不過搬移過來的花苞邊緣有些雜色, 請執行『**圖層/修邊/修飾外緣**』命令, 在開啟的交談窗中, 將**寬度**設為 "3" 像素, 就可以讓邊緣雜色去除。

搬移過來的
花苞有明顯
的邊緣

修飾外緣後的結果

使用「調整邊緣」功能替選取影像修邊

若覺得用**修飾外緣**功能修邊, 影像邊緣較不工整, 還有一個方法, 就是在建好選取範圍 (也就是步驟 3 完成後), 在**選項列**按下**調整邊緣**鈕, 或執行『**選取/調整邊緣**』命令來修邊, 由於**調整邊緣**功能提供較多的選項, 可進行更細膩的調整, 保存邊緣更多的細節。

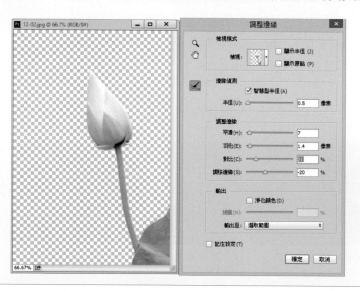

STEP **05** 請依照步驟 2～4 的做法，將範例檔案 12-03.jpg 的蓮蓬選取起來，並移到目前已有花苞的文件中，完成如圖的結果。

🖋 圖形的排列與變形

　　本範例預計將圖形擺放在畫面右下角的位置，然後將文字擺放在左側中央位置，使整體海報看起來平衡穩重、並做適度留白。因此接著我們要調整花苞與蓮蓬的排列位置與大小比例。請選取**圖層 2**，依序執行『**編輯／變形／縮放**』與『**編輯／變形／旋轉**』命令，來縮小與旋轉蓮蓬影像。

　　雖然花苞與蓮蓬原本是兩張不同的圖片，不過我們要讓蓮蓬看起來像是依附在花苞的旁邊，就好像是同一張圖片，因此請按下**工具面板**中的**移動工具**，將**圖層 2** 的蓮蓬往下搬移到花苞的左下角位置，如圖所示。

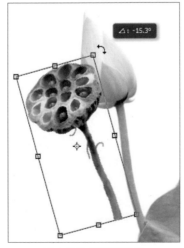

縮小並旋轉蓮蓬影像

調整荷花與蓮蓬的位置

12-2　使用濾鏡來處理氣氛，並製作紙張紋理

　　海報中的圖形構圖已經完成了，接下來就要處理整體的氣氛。一般會使用**濾鏡**將作品改造成不同的風格，但在商業設計的實務應用上，**濾鏡**只能算是一個過渡性質的輔助工具，鮮少拿來當做最終的處理成果，因為**濾鏡**是根據你所設定的選項與數值，"平均" 作用到整張影像上面，看起來往往不夠自然。

　　舉個例子來說，當你套用**素描**類的**畫筆效果**濾鏡時，整張影像會依照筆觸長度、方向的設定來模擬出繪圖筆觸；但是實際上我們在繪圖時，筆觸一定會有輕重、長短、深淺的變化，不可能整張一樣規律均勻！不過，你也不必從此捨棄**濾鏡**，而是要搭配一些技巧，便可以將套用的濾鏡效果處理得更為自然。現在，請開啟範例檔案 12-04.psd，我們要在影像上套用數種濾鏡，慢慢將影像處理成古樸自然的風格。

✒ 以「高斯模糊」濾鏡製造朦朧效果

　　目前的花苞與蓮蓬影像只是一般的照片，缺少圖畫中淡雅朦朧的感覺，因此我們首先使用**高斯模糊**濾鏡來模糊整體影像，然後搭配**圖層遮色片**的潤飾技巧，製造出圖畫般柔美的感覺。

 STEP 01　選取**圖層 1**、**圖層 2**，拉曳到**建立新圖層**鈕上，各自再複製出一個新圖層。

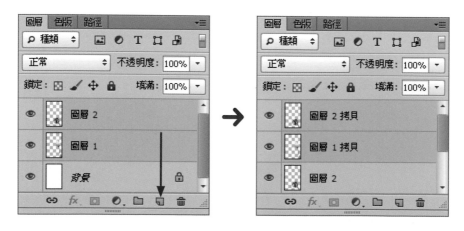

STEP 02 分別在**圖層 1 拷貝**、**圖層 2 拷貝**圖層上執行『**濾鏡/模糊/高斯模糊**』命令, 將**強度**設為 "5" 再按下**確定**鈕。

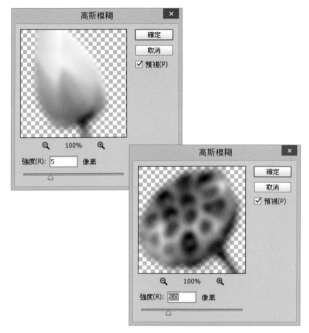

高斯模糊後的結果

STEP 03 目前**圖層 1**、**圖層 2** 的花苞與蓮蓬完全被高斯模糊效果遮蔽了, 因此我們分別選取**圖層 1 拷貝**、**圖層 2 拷貝**圖層, 按下**圖層**面板底下的**增加圖層遮色片**鈕 ⬜, 建立全白的圖層遮色片, 稍後要利用圖層遮色片來調整模糊的程度。

STEP 04 將前景色設定為黑色，選取**筆刷工具**，從**選項列**中設定適當大小的柔邊筆刷，確認按下**圖層 1 拷貝**圖層的圖層遮色片縮圖，然後直接在影像上塗刷，刷過的部位便會被遮蔽而露出底下清晰的圖層內容，沒有塗刷到的部位則會繼續保持朦朧。

筆刷大小　　　　　　塗刷過程可隨時變更**不透明**度, 讓塗刷的效果有深淺不一的變化

按下圖層遮色片縮圖再開始塗刷

塗刷後的結果

STEP 05 **圖層 2 拷貝**的蓮蓬圖層也請使用相同的方法, 製造出有點朦朧的效果。

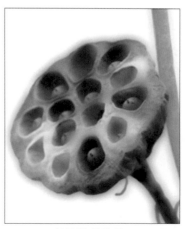

塗刷後的結果

以「調色刀」、「污點和刮痕」濾鏡模擬圖畫效果

接著我們還要連續使用**調色刀**以及**污點和刮痕**這 2 種濾鏡, 將影像處理成手繪風格的作品。

STEP 01 選取**圖層 2** 圖層, 執行『**濾鏡/濾鏡收藏館**』命令開啟**濾鏡收藏館**, 然後展開**藝術風**類別選取**調色刀**濾鏡來設定。

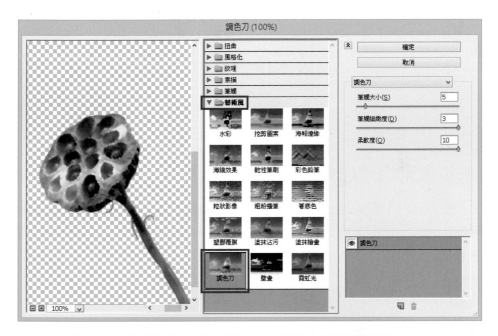

調整前

調整後

STEP 02 選取**圖層 1** 圖層, 同樣使用**調色刀**濾鏡將花苞影像模擬成色塊。

STEP 03 分別在**圖層 1、圖層 2** 上執行『**濾鏡/雜訊/污點和刮痕**』命令，藉由**污點和刮痕**濾鏡來調和剛才**調色刀**濾鏡過於明顯的色塊效果。設定值如右圖所示。

原本的兩張數位相片，經過以上的處理之後，已經轉變成商業海報中富有藝術感的視覺焦點了。

將背景處理成典雅古樸的紙張紋理

　　海報中的主要圖像已經製作完畢，接著要設計的是背景的部份，首先從背景填色開始做起，再慢慢仿製出典雅古樸的紙張紋理。我們已經事先將圖層做合併，請開啟範例檔案 12-05.psd 來練習：

STEP 01 按下**工具面板**中的前景色色塊，開啟**檢色器**交談窗選取海報底色。

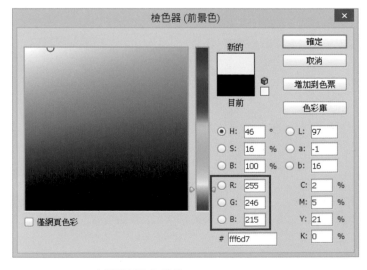

本例選擇的色彩是 R255、G246、B215

STEP 02 切換至**背景**圖層，使用**油漆桶工具** ，(在**漸層工具**底下) 在影像上點一下，填入上一步驟所選取的前景色。

STEP 03 到**圖層**面板中選取最上層的**蓮蓬**圖層，然後按下下方的**建立新填色或調整圖層鈕** ，新增**亮度/對比**調整圖層。

調整圖層的
效果會作用
到之下的所
有圖層

STEP 04 接著到**亮度/對比**的**內容**面板中調整影像的亮度、對比。

調整後, 整體的影像更有畫作的感覺

接著我們要利用**雜訊**濾鏡搭配**圖層混合模式**模擬出復古風格的紙張紋理, 請跟著以下步驟進行:

STEP 01 首先在所有圖層上方新增一個空白圖層, 使用**油漆桶工具**  填入 R192、G192、B192 的灰色。

填入灰色

STEP 02　請在新增的圖層上執行『**濾鏡/雜訊/增加雜訊**』命令，在**增加雜訊**交談窗中，設定要加入**單色的**雜訊。

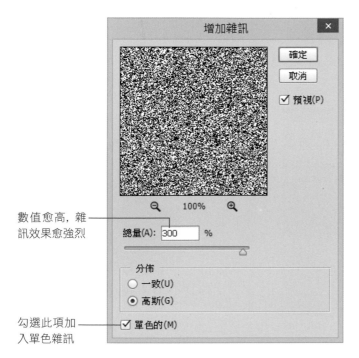

數值愈高，雜訊效果愈強烈

勾選此項加入單色雜訊

STEP 03　目前所加入的雜訊顆粒太過明顯，因此繼續執行『**濾鏡/模糊/高斯模糊**』命令，藉由**高斯模糊**濾鏡來柔化雜訊的顆粒。

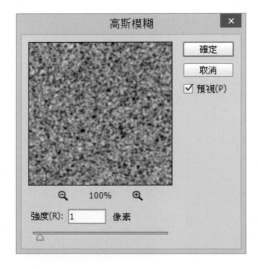

STEP 04 到**圖層**面板將此圖層的**圖層混合模式**設定為**覆蓋**，**不透明度**設定為 10%，即可讓整體影像加上均勻的柔和雜點，製造出在紙張上渲染的效果。

STEP 05 接著在**背景**圖層上方新增一個空白圖層，填入深綠色 (R58、G105、B3)，然後按下**增加圖層遮色片**鈕 ，建立全白的圖層遮色片。我們將利用此圖層製作漸層的背景效果。

STEP 06 在**圖層**面版選取**圖層2** 的圖層遮色片縮圖, 然後使用黑色的大型柔邊筆刷, 以水平方向在影像上塗抹, 就能製造出深淺不同的漸層效果。

選取**筆刷工具**　　　設定大型的柔邊筆刷大小　　　可不時調整**不透明度**製造深淺

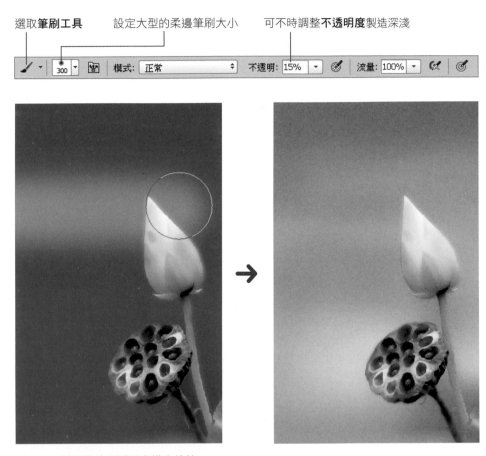

以不同的不透明度橫向塗抹

運用「紋理濾鏡」突顯紙張紋理

海報的影像部份已處理得差不多了, 這裡我們再運用**紋理化**濾鏡來加強紙張的質感, 模擬凹凸的紋理。**紋理化**濾鏡可將影像模擬成畫布紋路材質效果。

STEP 01 請開啟範例檔案 12-06.psd，首先執行『**圖層/影像平面化**』將所有圖層合併到**背景圖層**，然後再拷貝一層**背景圖層**。

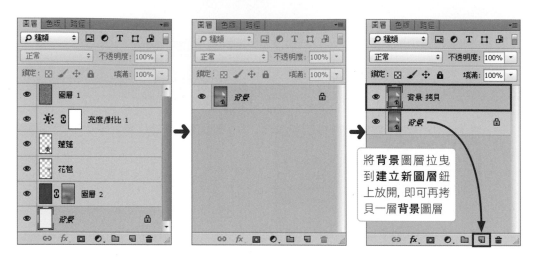

將**背景**圖層拉曳到**建立新圖層**鈕上放開，即可再拷貝一層**背景**圖層

STEP 02 執行『**濾鏡/濾鏡收藏館**』命令，點選**紋理**類別下的**紋理化**濾鏡進行設定：

套用**紋理化**濾鏡的結果

❶ 在此選擇紋理，有**磚紋、粗麻布、畫布、砂岩**可選擇

❷ 可放大或縮小紋理

❸ 調整紋理表面的浮雕深、淺度

❹ 選擇光源的方向

12-3　文字的排列與圖章效果製作

最後就是文字的部份。在做商業設計時，從選擇字型，到行距、間距的安排都內藏著學問。即使是相同的文字內容，只要使用不同的字型和排列方式，就會帶給觀賞者完全不一樣的感受。而文字排列最基本的原則就是，不論橫排或直排的文字段落，其行距一定要大於字距，以引導觀賞者一行一行閱讀文字內容。現在請開啟範例檔案 12-07.jpg，跟著以下的步驟來安排海報中的文字！

STEP 01　按下**工具面板**中的**水平文字工具** T ，在畫面左側中央位置輸入海報標題 "東方禪風數位藝術展"。

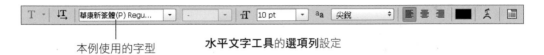

↑
本例使用的字型　　　**水平文字工具**的**選項列**設定

你可以在文字之間按 空白鍵 來增加字距。

STEP 02　緊接著在標題下方，繼續使用**水平文字工具**輸入海報的副標題 "Digital Arts Exhibition in Oriental Zen Style"。在此我們還要開啟**字元**面板 (執行『**視窗 /字元**』命令) 調整字距和行距。

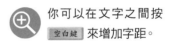

水平文字工具的**選項列**設定

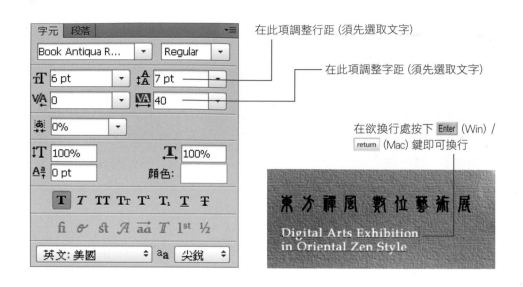

在此項調整行距 (須先選取文字)

在此項調整字距 (須先選取文字)

在欲換行處按下 Enter (Win) / return (Mac) 鍵即可換行

STEP 03　為了使文字段落更為清晰易讀，請你逐一選取副標題每個單字的字首，將文字色彩設定為黃色 R237、G228、B9。

STEP 04　接著我們還要在海報上仿製一個圖章落款。請在**背景**圖層上方新增一個空白圖層，選取**工具面板**中的**筆刷**工具，將筆刷色彩設定為類似印泥的顏色，如 R179、G39、B35，然後在影像上塗抹出一個色塊。

筆刷工具的**選項列**設定

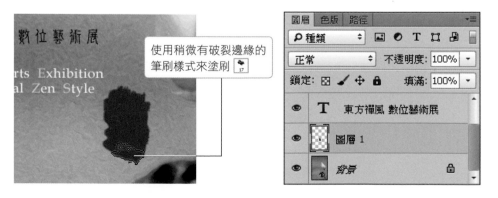

使用稍微有破裂邊緣的筆刷樣式來塗刷

STEP 05 選取**工具面板**中的**垂直文字遮色片工具** ，在剛剛塗抹的印泥色塊處輸入印章文字。

垂直文字遮色片工具的**選項列**設定

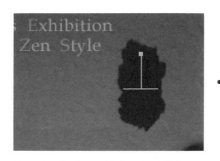

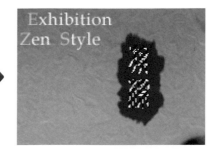

輸入時影像會呈現快速遮色片模式

輸入完成後，文字會變成選取範圍，此時若要調整選取範圍位置，可切換成**矩形選取畫面工具**，到**選項列**確認為**新增選取範圍**模式，就可按方向鍵調整位置

 隸書體、印篆體、古印體、行書體 ... 等模擬毛筆字的字型，都很適合拿來當做圖章上的字體。

STEP 06 先按下 Delete 鍵，刪除文字選取範圍的內容，再按下 Ctrl + D (Win) / ⌘ + D (Mac) 鍵取消選取範圍，就可產生圖章 (文字部位挖空) 的效果了。

STEP 07 最後還可雙按此一印章圖層，開啟**圖層樣式**交談窗，勾選左側的**顏色覆蓋**項目來微調圖章的色彩、明暗度，使效果更為逼真自然。

R127、G7、B7

加上**顏色覆蓋**效果, 可模擬深沉的印泥色彩

　　本展覽海報已全部製作完畢, 你可以開啟範例檔案 12-07A.psd 來看完成的結果。在設計的過程中可以了解到, 商業設計其實不一定得使用一大堆功能, 重點在於挑選的素材是否恰當、圖文的搭配是否協調、作品的整體氣氛是否切合訴求, 只要充分掌握住這 3 個重點, 就能設計出一幅成功的作品喔!

重點整理

1. 要製作商業設計海報時, 可以參考下列步驟:

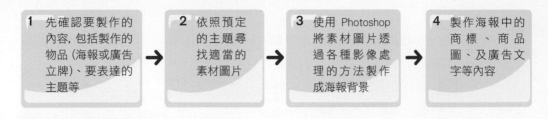

| 1 | 先確認要製作的內容, 包括製作的物品 (海報或廣告立牌)、要表達的主題等 | 2 | 依照預定的主題尋找適當的素材圖片 | 3 | 使用 Photoshop 將素材圖片透過各種影像處理的方法製作成海報背景 | 4 | 製作海報中的商標、商品圖、及廣告文字等內容 |

2. 以下整理本堂課中使用的各種影像處理技巧:

處理目的	作法
製造朦朧的效果	執行『**濾鏡/模糊/高斯模糊**』命令
製作漸層的水墨效果背景圖	(1) 新增一個空白圖層並填滿深色 (2) 在此圖層上建立全白的圖層遮色片 (3) 使用邊緣柔化的半透明黑色筆刷在遮色片上塗抹
製作類似印章的效果	(1) 以邊緣稍微有點破裂的筆刷塗抹出色塊 (2) 以**文字遮色片工具**在色塊上輸入文字, 輸入的文字會自動轉為選取範圍 (3) 刪除選取範圍處的顏色, 就可產生刻印文字 (文字部位挖空) 的印章效果
模擬凹凸的紙質紋理	(1) 再複製一層相同影像的圖層 (2) 在複製的圖層上執行『**濾鏡/濾鏡收藏館**』命令套用**紋理化**濾鏡 (3) 設定適當的**圖層混合模式**與**不透明度**, 讓紋理變得自然

3. 使用**調整圖層**來調整影像, 可在不更改影像像素的情況下, 替影像加上色彩、亮度、漸層等調整效果, 而且此效果可隨時隱藏、刪除或複製到別的影像上。

1. 本堂課的範例很適合替海報加上有質感的邊框，就像展覽館展示的畫作一樣。Photoshop 內建多種邊框，我們來試試看如何套用。

 STEP 01 執行『**視窗/動作**』命令，顯示**動作**面板，接著按面板右上角的 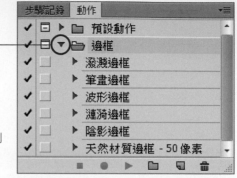 鈕從選單中點選**邊框**項目，即會載入**邊框**類別的**動作**：

按此鈕可展開類別

 STEP 02 開啟欲加框的相片 (如 12-08.jpg)，然後到**動作**面板的**邊框**類別中選取你想要的邊框動作：

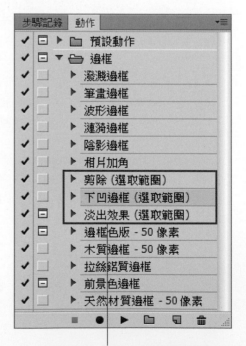

此例我們想示範**下凹邊框**的效果，所以用**矩形選取畫面工具**先在影像中框選好範圍

動作名稱的後面，如果有加上 (選取範圍)，表示在執行動作前要先在影像中建立選取範圍

STEP 03 在**動作**面板中選取動作 (**下凹邊框**) 後, 按下下方的 ▶ 鈕即會執行動作, 為影像加上邊框。

STEP 04 若是想改套其他的邊框效果, 只要切換到**步驟記錄**面板, 點選最上面的檔案名稱快照, 就可立即回復到剛開啟檔案的樣子。

1 切換到**步驟記錄**面板 ──

2 點選檔案名稱快照

STEP 05 接著再切回**動作**面板, 我們想改套用**木質邊框 - 50 像素**。

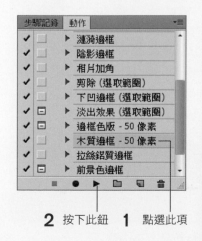

2 按下此鈕　**1** 點選此項

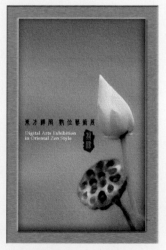

套用木質的邊框效果了

13 製作與編輯 3D 模型

飲料新品上市海報

課前導讀

本堂課將以製作一幅飲料新品上市的海報, 帶您學習如何在 Photoshop 中建立 3D 模型, 並調整 3D 模型的視角、遠近、材質紋理、光源 … 等屬性, 以及如何與平面影像結合, 最後還要教您製作 3D 文字。

本章學習提要

- 建立 3D 模型

- 認識 3D 模型的各項成份

- 調整 3D 模型的方位、角度、大小、位置

- 編輯 3D 模型的材質紋理與光源

- 將 3D 圖層轉存為 3D 模型檔案

- 載入 3D 模型檔案與平面影像結合

- 製作 3D 立體文字

預估學習時間 **120**分鐘

13-1　建立 3D 模型

　　Photoshop 的 3D 處理功能，除了可直接開啟多種 3D 模型檔案 (如 Collada 的 .dae、3ds Max 的 .3ds、Wavefront 的 .obj 和 Google Earth 的 .kmz 等) 與平面影像做結合之外，其本身也具備製作 3D 模型的能力，所以首先我們就來介紹如何利用 Photoshop 建立 3D 模型。

從圖層網紋建立 3D 模型

　　Photoshop 提供多種製作 3D 模型的方法，例如直接將圖層影像、選取範圍、選取路徑、文字轉換成 3D 模型；另外，還可用圖層影像對應網紋模型來建立 3D 模型，Photoshop 已內建多種網紋模型，包括**圓錐體**、**球體**、**金字塔**、**甜甜圈**、**汽水罐**、**酒瓶** ... 等等，底下我們就用這個方法來建立本堂範例所需要的 3D 酒瓶模型。

STEP 01　請先開啟一份新文件，此例我們開啟寬高 800×1200 像素、解析度 72 像素/英吋、背景為白色的空白文件。

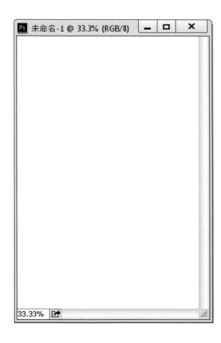

要建立 3D 模型需先開啟文件，你也可以開啟既有的影像檔案來建立 3D 模型

STEP **02** 我們就以這份空白文件的**背景圖層**來建立 3D 模型, 請執行『**3D/新增來自圖層的網紋/網紋預設集**』命令:

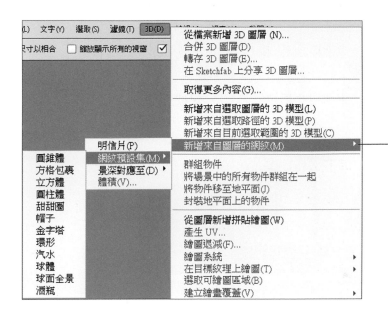

『**網紋預設集**』功能表中提供了許多現成的 3D 網紋模型

若你的 Photoshop 無法執行 3D 功能, 請到『**編輯/偏好設定/效能**』頁次中確認已勾選使用圖形處理器選項, 然後重新啟動 Photoshop。

STEP **03** 在『**網紋預設集**』功能表中選取本例所要的模型**酒瓶**, 接著 Photoshop 會詢問是否切換成 **3D** 工作區配置, 建議按**是**鈕切換, 不一會兒便會建立**酒瓶**模型, 並切換成 **3D** 工作區配置。

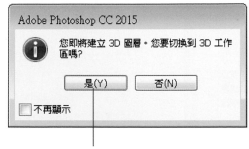

若出現此訊息, 建議按下**是**鈕切換成 **3D** 工作區配置

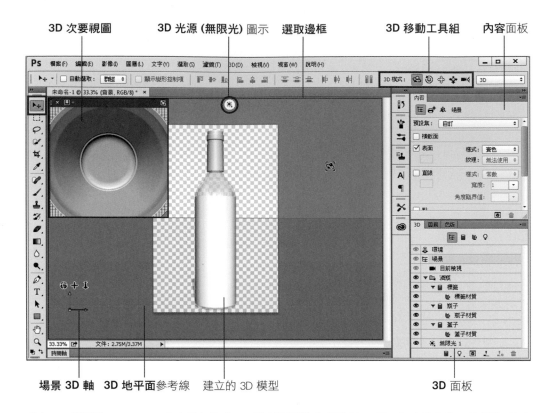

3D 次要視圖　　3D 光源 (無限光) 圖示　　選取邊框　　　　3D 移動工具組　　內容面板

場景 3D 軸　　3D 地平面參考線　　建立的 3D 模型　　　　　　3D 面板

建立 3D 模型後, Photoshop 會主動切換成 3D 模型編輯模式 (即選取**工具面板**中的**移動工具**),此時文件視窗中會出現多項 3D 輔助工具 (稍後會說明);另外, 若套用 **3D** 工作區配置, 還會主動展開**內容**面板和 **3D** 面板拼貼在 Photoshop 視窗的右側

此圖示即代表 3D 圖層　　切換到**圖層**面板, 則可看到剛剛的**背景**圖層已轉換成 3D 圖層

3D 功能的系統需求

需提醒的是, 要讓 Photoshop 的 3D 功能能夠順利運作, 建議你的電腦要有 4GB 以上的記憶體, 1GB VRAM 且支援 OpenGL 2.0 的獨立顯示卡。若電腦的記憶體不足或是顯示卡效能不夠好, 在操作 3D 模型的過程中, 可能會遇到 3D 模型突然不見、變黑或記憶體不足的情況, Photoshop 也可能常常當機, 而影響到你的工作效率。

3D 輔助工具

建立 3D 模型後，在**圖層**面板中選取 3D 圖層，再到**工具面板**選取**移動工具** ，即會切換成 3D 模型編輯模式，此時文件視窗會主動顯示多項 3D 輔助工具來協助我們調整 3D 模型，這些工具說明如下：

- **3D 移動工具組**：指**移動工具選項列**末端的 5 個工具鈕，利用這 5 個工具鈕可改變 3D 模型的方位、角度、位置、大小，我們將在下一節介紹。

3D 移動工具組

- **3D 次要視圖**：文件視窗中的 3D 模型為**主要視圖**，**3D 次要視圖**則是讓我們得以另一個不同於**主要視圖**的視角來檢視 3D 模型，必要時還可將兩個視圖畫面交換：

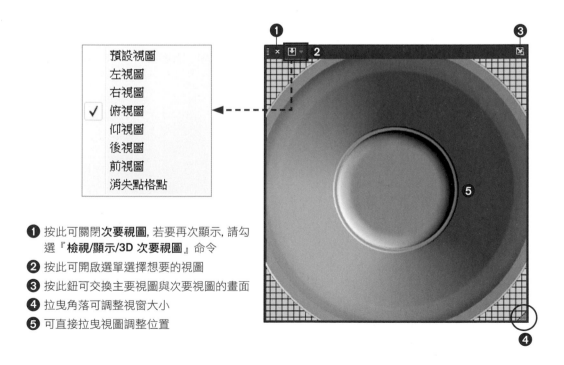

- ❶ 按此可關閉**次要視圖**，若要再次顯示，請勾選『**檢視/顯示/3D 次要視圖**』命令
- ❷ 按此可開啟選單選擇想要的視圖
- ❸ 按此鈕可交換主要視圖與次要視圖的畫面
- ❹ 拉曳角落可調整視窗大小
- ❺ 可直接拉曳視圖調整位置

● **場景 3D 軸**：在**選項列**選取一種 3D 移動工具，然後到文件視窗左下角拉曳**場景 3D 軸**，可藉由改變場景中的**相機**位置來調整 3D 模型。

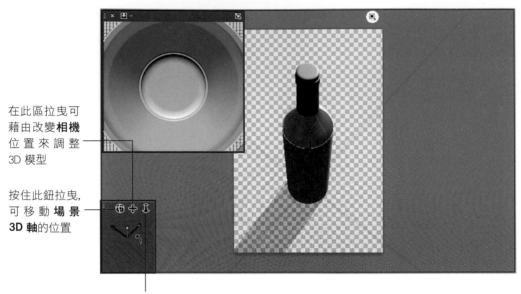

在此區拉曳可藉由改變**相機**位置來調整 3D 模型

按住此鈕拉曳，可移動**場景 3D 軸**的位置

可在此按住任一個 3D 移動工具拉曳，來改變**相機**位置

至於 **3D 地平面**、**3D 光源圖示**、**選取邊框**皆是協助我們調整 3D 模型的參考標示，你可在『**檢視/顯示**』功能表中決定是否要顯示這些參考標示：

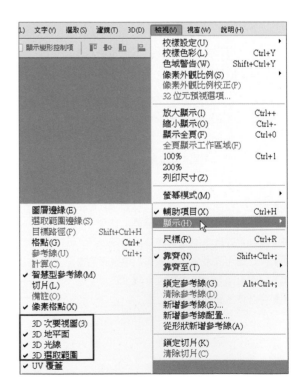

✏ 認識 3D 模型的成份與「3D」、「內容」面板

接著，我們來介紹 3D 模型包含的各項成份，這樣後面調整這些成份的屬性會比較有概念。要了解 3D 模型包含哪些成份，只要開啟 **3D** 面板切換到**整個場景**頁次 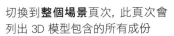 就可一目了然；至於若要調整某成份的屬性，就在 **3D** 面板中選取該成份 (如**無限光 1**)，然後**內容**面板就會顯示該成份的屬性項目讓你設定：

切換到**整個場景**頁次，此頁次會列出 3D 模型包含的所有成份

3D 面板中選取**無限光 1** 成份，所以**內容**面板便顯示**光源**的屬性設定

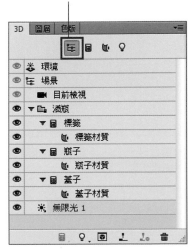

3D 模型的各項成份說明如下：

- **環境**：控制整體環境的光源與陰影。

- **場景**：調整 3D 模型的演算設定，例如是否顯示剖面圖、以何種樣式顯示模型的表面、直線、點。

- **(相機) 目前檢視**：設定**相機**檢視 3D 模型的視角、景深。

- **(資料夾) 3D 模型**：此例的 3D 模型 (酒瓶) 是由 3 組網紋構成，因此設此資料夾將它們群組起來，此項可設定整個 3D 模型 (酒瓶) 的座標位置。

- **(網紋) 3D 模型**：**網紋**是指 3D 模型的線框結構，此項可設定是否在 3D 模型上捕捉與投射場景中的陰影，有些網紋還可以調整變形。

- **材質**：指 3D 模型表面的質料特性，可透過光線色彩、紋理、粗糙度、不透明度...等設定，改變 3D 模型的外觀。

- **光源**：光源會在 3D 模型上形成光面與陰影，有 3 種類型：**點光、聚光和無限光**，**點光**就像燈泡一樣，**聚光**是圓錐狀的光束，**無限光**則是類似陽光照射的光源。此項可調整光源的顏色、強度、是否投射陰影。

　　3D 面板另外還有 3 個頁次，可讓我們單獨檢視各類的成份：

此頁次可單獨檢視**網紋**成份　　　　此頁次可單獨檢視**材質**成份　　　　此頁次可檢視**環境**和**光源**成份

套用 3D 模型的材質預設集

　　前面我們是以空白圖層來建立 3D 模型，所以現在這個**酒瓶**模型看起來很單調，這裡我們先帶您套用 Photoshop 內建的**材質預設集**替它美化一番：

 請在 **3D** 面板中選取**標籤材質**，**內容**面板便會顯示**材質**的屬性項目。

STEP
02
為了預防萬一, 這裡我們先將目前**標籤材質**的原始設定存成**材質預設集**, 這樣萬一效果不好便可以快速恢復原狀, 請如下操作:

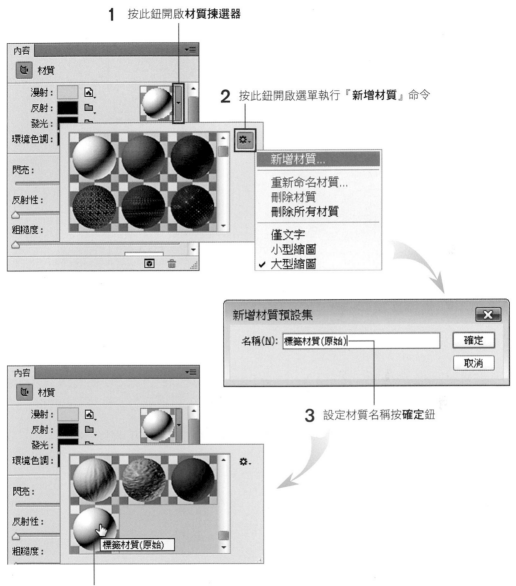

1 按此鈕開啟**材質揀選器**

2 按此鈕開啟選單執行『**新增材質**』命令

3 設定材質名稱按**確定**鈕

4 建立自訂的材質預設集

現在我們就來變換**標籤材質**的外觀：

1 按下此鈕開啟**材質揀選器**

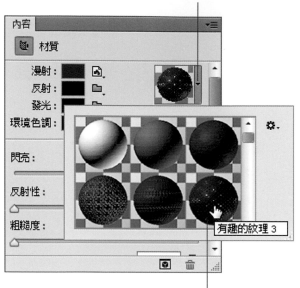

2 點選**有趣的紋理 3**, 瓶身上的標籤即會套用此材質

若要將酒瓶還原為原來的外觀, 就替它套用剛才『步驟 2』建立的自訂材質預設集標籤材質(原始)。

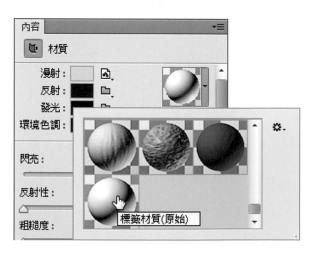

13-2　調整 3D 模型的位置、大小

　　建立 3D 模型後, 接著我們來說明如何調整 3D 模型的方位、角度、大小、遠近, 這樣才能彈性調整 3D 模型擺放的位置, 以符合作品的需求。

🖊 移動「相機」位置調整 3D 模型

　　要調整 3D 模型的視角、方位、大小、… , 我們可以選擇「移動 3D 模型本身」, 或是「移動場景中的相機」。移動 3D 模型本身來改變視角、位置比較容易理解, 至於移動相機是模擬在一個空間中用相機來拍攝 3D 模型, 所以移動相機會使 "整個環境" 產生變化, 包括 3D 模型、3D 地平面。

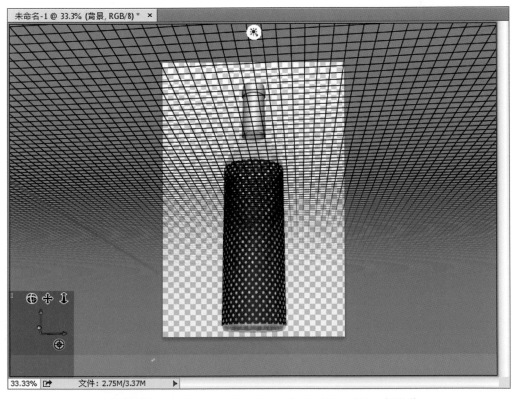

移動相機會影響整個 3D 環境, 意思是連 3D 地平面也會一起變動

這裡我們先介紹移動相機的方法，稍後再介紹直接調整 3D 模型的技巧。請開啟範例檔案 13-01.psd，我們就以這個檔案的 3D 模型來做練習。開啟檔案後，請到**圖層**面板中選取**背景** 3D 圖層，然後到**工具面板**中選取**移動工具** ⊕，切換到 3D 模型編輯模式，接著就可以開始來移動相機：

 要藉由移動相機來改變 3D 模型視圖，請在 **3D** 面板中選取**環境場景 (相機)**，或者，你也可以直接在文件視窗中點選畫布或是 3D 模型以外的地方來選取：

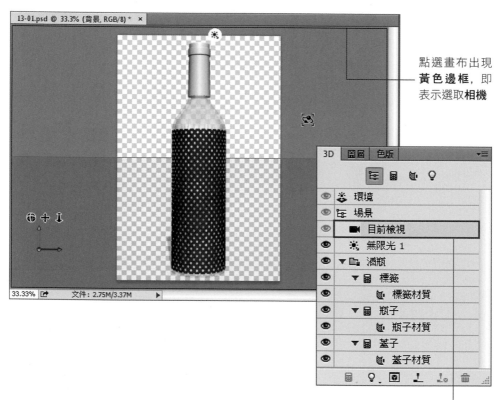

點選畫布出現**黃色邊框**，即表示選取**相機**

當點選 3D 模型以外的畫布時，會自動選取此項

 接著選取**移動工具選項列**中的 **3D 移動**工具，然後在「邊框範圍」內或是左下角的**場景 3D 軸**上拉曳，就可以移動「相機」改變 3D 模型的視圖：

3D 模式： **①** **②** **③** **④** **⑤**

注意！當選取**相機**以外的成份, 此鈕
會變成 📷, 表示移動的是 3D 模型

① **旋轉**：在 3 度空間中任意旋轉相機

② **轉動**：在平面旋轉相機, 3D 模型只能像時鐘指針一樣在 360 度內旋轉

③ **拖移**：在 XY 平面上下左右移動相機

④ **滑動**：在 XZ 平面前後左右平移相機, 前後移動時, 3D 模型會因視覺上的變動而放大縮小

⑤ **縮放**：在 Z 軸前後移動相機, 3D 模型亦會因視覺上的變動而放大縮小

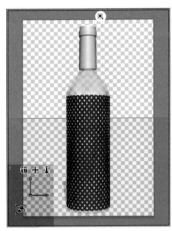

初始視圖

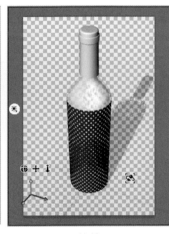

旋轉

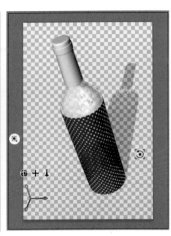

轉動

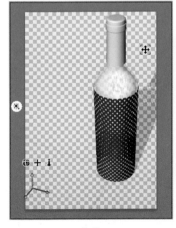

拖移

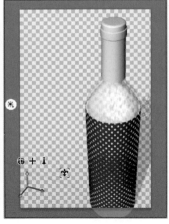

滑動

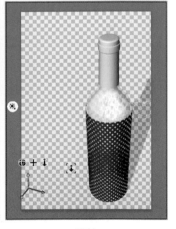

縮放

 亦可直接在場景 3D 軸中按住想要的移動工具拉曳, 來改變相機位置。

儲存相機視圖與將 3D 模型恢復預設視圖

若你要將剛才調好的**相機視圖**保存起來, 以便以後可以直接套用, 請在 **3D** 面板中選取 **(相機) 目前檢視**, 然後到**內容**面板中設定:

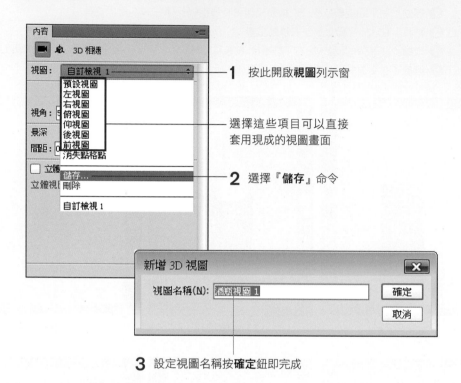

若要將相機移回原位, 讓 3D 模型還原為原始的視圖畫面, 則在**視圖**列示窗中選擇『**預設視圖**』項目即可。

📌 移動 3D 模型

假若希望 3D 地平面保持不動, 只改變 3D 模型的方位、角度、大小, 則可直接移動 3D 模型, 我們仍以範例檔案 13-01.psd 的酒瓶模型來練習, 請各位先將酒瓶模型還原為**預設視圖**, 然後如下操作:

 要直接移動 3D 模型, 請在 **3D** 面板中選取 3D 模型項目, 或是在文件視窗中點選 3D 模型, 此時 3D 模型上會出現**物件 3D 軸**及**物件邊框**:

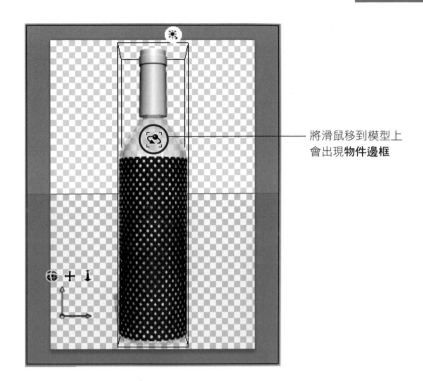

將滑鼠移到模型上
會出現**物件邊框**

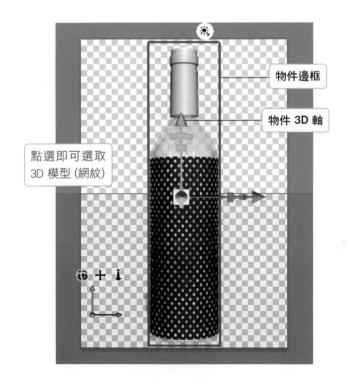

物件邊框

物件 **3D** 軸

點選即可選取
3D 模型 (網紋)

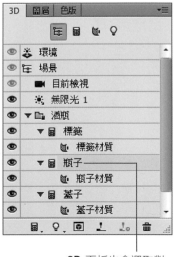

3D 面板也會選取對
應的 3D 模型項目

STEP 02 此例我們要移動整個酒瓶, 而非只有**瓶子** (不包涵**蓋子**和**標籤**部份), 所以請在 **3D** 面板中選取 **(資料夾) 酒瓶**項目。接著同樣到**移動工具選項列**中選取欲使用的 **3D 移動工具**, 然後在畫布上拉曳就可調整 3D 模型:

❶ 旋轉　❸ 拖移　❺ 縮放
❷ 轉動　❹ 滑動

移動 3D 模型工具鈕

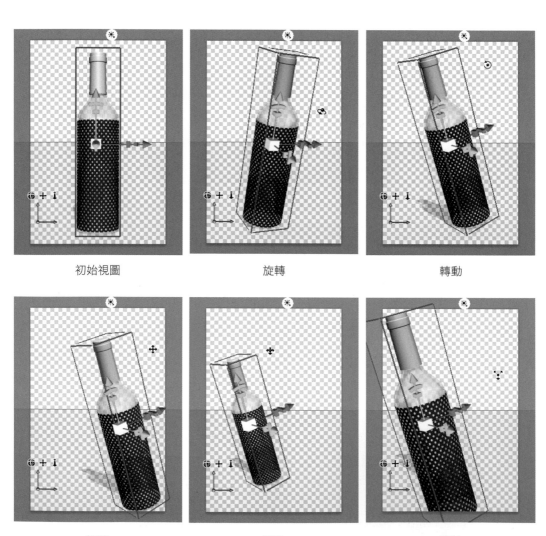

初始視圖　　　　　　旋轉　　　　　　轉動

拖移　　　　　　滑動　　　　　　縮放

設定 3D 模型座標與歸回原位

假如你覺得用拉曳的方式來移動 3D 模型太慢, 可直接輸入**座標值**來設定。只要在 **3D** 面板中選取 **3D 模型**項目, 例如**(資料夾) 酒瓶**、**(網紋) 標籤**等項目, 然後將**內容**面板切換到**座標**頁次, 再輸入 X、Y、Z 軸的座標值即可:

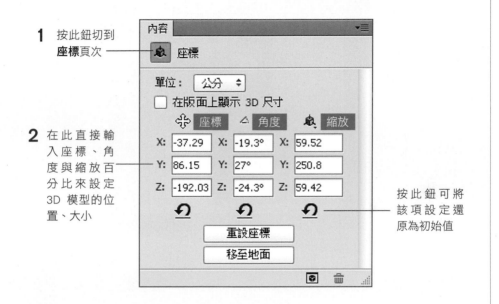

1 按此鈕切到**座標**頁次

2 在此直接輸入座標、角度與縮放百分比來設定 3D 模型的位置、大小

按此鈕可將該項設定還原為初始值

若要將 3D 模型恢復原位與選取大小, 則請在**座標**頁次中按下**重設座標**鈕, 再按**移至地面**鈕。

使用「影像上控制項」調整 3D 模型: 「物件 3D 軸」及「物件邊框」

　　Photoshop 還為 3D 模型設置了許多「**影像上控制項**」, 包括**物件 3D 軸**及**物件邊框**, 在文件視窗中直接拉曳這些**控制項**就可調整 3D 模型, 操作上更為直覺。底下我們就來介紹如何使用**物件 3D 軸**及**物件邊框**調整 3D 模型:

 STEP 01 請在 **3D 面板**中選取欲調整的 3D 模型項目, 例如 **(資料夾) 酒瓶**, 顯示**物件 3D 軸**和**物件邊框**。若選取後沒有出現**物件 3D 軸**及**物件邊框**, 請到『**檢視/顯示**』功能表中勾選『**3D 選取範圍**』項目。

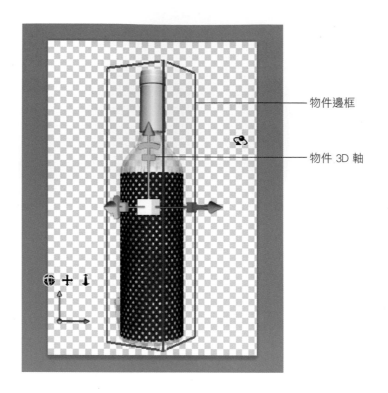

物件邊框

物件 3D 軸

放大「物件 3D 軸」

若覺得**物件 3D 軸**太小, 可按住 Shift 鍵, 然後將滑鼠放在 3 軸交接的**方塊**上往上拉曳, 就可以將**物件 3D 軸**拉大;反之, 往下拉曳, 則會縮小**物件 3D 軸**。

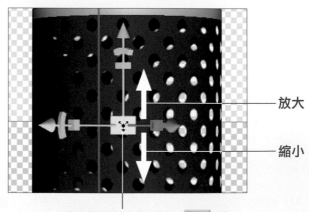

放大

縮小

將滑鼠放在此處, 按住 Shift 鍵
往上拉曳即可放大**物件 3D 軸**

STEP 02 使用**物件 3D 軸**可個別沿著 X 軸、Y 軸或 Z 軸來旋轉、移動、縮放 3D 模型，只要將滑鼠指在**物件 3D 軸**的**控制項**上，然後依照出現的**提示**拉曳即可：

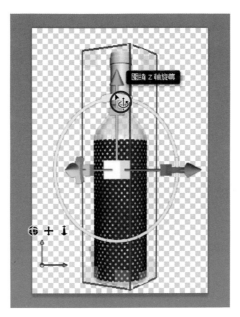

拉曳此控制項會繞著 Z 軸旋轉模型

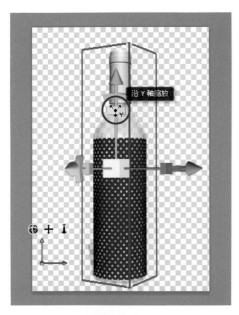

拉曳此控制項會沿著 Y 軸縮放模型

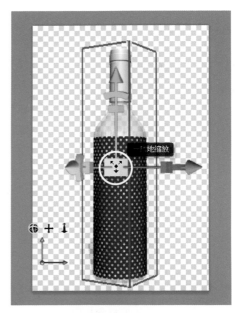

拉曳 3 軸交接的方塊可縮放整個 3D 模型大小

STEP 03 使用**物件邊框**調整 3D 模型的方法和**物件 3D 軸**類似, 同樣將滑鼠移到**物件邊框**的**控制項**上, 周圍就會出現**提示**來引導我們操作:

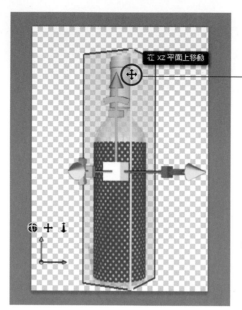

拉曳此框線可在 YZ 平面移動模型

調整後, 若要將 3D 模型歸回原位, 請參考 13-17 頁「設定 3D 模型座標與歸回原位」框的說明。

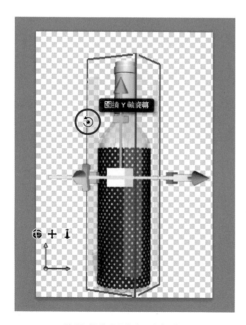

將滑鼠靠近此框線拉曳,
可繞著 Y 軸旋轉模型

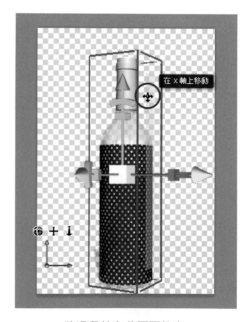

將滑鼠放在此平面拉曳,
可沿著 X 軸移動模型

13-3　修改 3D 模型的材質紋理與光源

　　Photoshop 除了可以建立 3D 模型、調整 3D 模型的方位、角度, 它還可以修改 3D 模型的材質、紋理、光源等屬性, 以模擬出真實物件的質感, 這一節我們就慢慢為您細說分明。

🖋 編輯 3D 模型的材質紋理

　　材質是指覆蓋在 3D 模型表面的質料, **紋理**則是指顯現在材質表面的圖案。從 **3D** 面板可以看到, 本例的**酒瓶**模型包含 3 項材質：**標籤材質**、**瓶子材質**、**蓋子材質**, 現在我們就透過編修材質模擬出酒瓶的真實質感：

本階段要完成的酒瓶外觀

套用材質預設集

請重新開啟範例檔案 13-01.psd。接著我們先來設定**蓋子材質**，此處我們要直接將**蓋子材質**套用 Photoshop 內建的**材質預設集**：

STEP 01 在 **3D** 面板中選取**蓋子材質**，**內容**面板便會顯示**材質**的屬性設定：

此處我們將 **3D 次要視圖**及 **3D 地平面**暫時隱藏，以簡化畫面

STEP 02 接著到**內容**面板中選取所要的**材質預設集**即可套用。

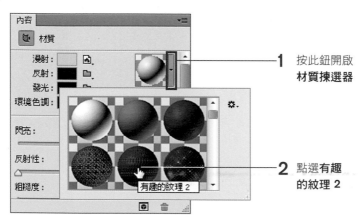

1 按此鈕開啟**材質揀選器**

2 點選有趣的紋理 **2**

調整材質屬性模擬玻璃質感

再來，我們要直接調整材質的屬性設定，讓**瓶子材質**的部份呈現出玻璃般的質感：

STEP 01 在 **3D** 面板中選取**瓶子材質**：

選取**瓶子材質** ──

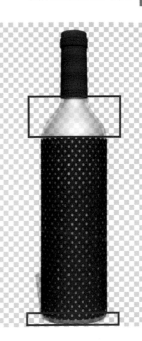

STEP 02 到**內容**面板中如下設定，即可調出玻璃般的質感 (關於**材質**各屬性項目的說明，請參閱稍後的說明框)：

按下色塊即可設定顏色

R126、G0、B0

R255、G255、B255

R126、G0、B0

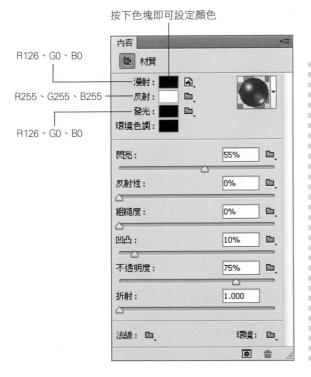

STEP 03 當初建立本例的**酒瓶**模型時, Photoshop 主動為**瓶子材質**的**漫射**屬性連結了一個**紋理檔案**, 不過此例並不需要, 所以我們要將這個**紋理檔案**移除:

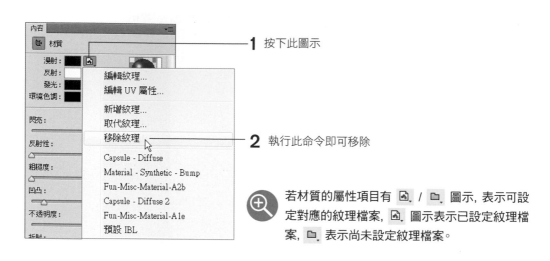

1 按下此圖示

2 執行此命令即可移除

若材質的屬性項目有 / 🗀 圖示, 表示可設定對應的紋理檔案, 🗀 圖示表示已設定紋理檔案, 🗀 表示尚未設定紋理檔案。

材質的屬性項目

有關**材質**的各項屬性說明如下:

● **漫射**:設定材質表面的顏色。

● **反射**:設定材質反光區域的顏色。

● **發光**:設定材質自體發光的顏色。

● **環境色調**:設定環境光源的顏色。

● **閃亮**:設定反光點的亮度, 值愈亮, 反光點愈亮, 但反光範圍愈小。

● **反射性**:設定材質表面反射環境影像的程度, 環境影像請在**環境**項目中設定。

● **粗糙度**:設定材質亮部與反射影像的模糊程度。

● **凹凸**:設定材質表面的凹凸程度, 需設定**紋理檔案**才有效果, 其紋理檔案為單一色版的灰階影像。

● **不透明度**:設定材質的不透明度。

● **折射**:設定照射到材質光線的折射率。

● **法線**:可設定多重色版 (RGB) 的影像為對應的**紋理檔案**。

● **環境**:可設定 3D 模型周圍的影像, 該影像可投射於材質的反射區域。

替材質加上紋理

最後, 在**標籤材質**的部份貼上我們準備的標籤圖案, **酒瓶**的材質部份就處理完畢。要讓材質顯現出圖案, 只要為材質屬性設定對應的**紋理檔案**即可:

 請在 **3D** 面板中選取**標籤材質**:

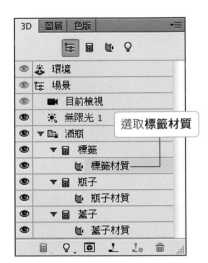

選取**標籤材質**

 由於之前曾替**標籤材質**套用**有趣的紋理 3** 材質預設集, 所以現在我們要先將部份屬性還原:

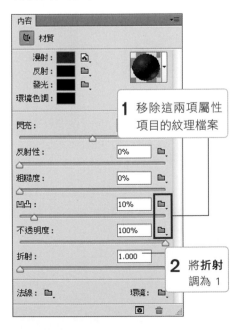

1 移除這兩項屬性項目的紋理檔案

2 將**折射**調為 1

STEP 03 再來將本例的標籤圖案 (**標籤.jpg**) 設成**漫射**項目對應的紋理檔案, 請如下操作:

1 按下此鈕選擇『**取代紋理**』命令

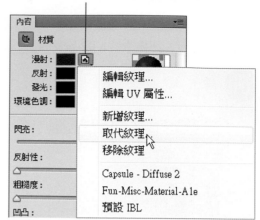

2 從書附光碟的「範例檔案 \ Ch13」資料夾中選取**標籤.jpg**

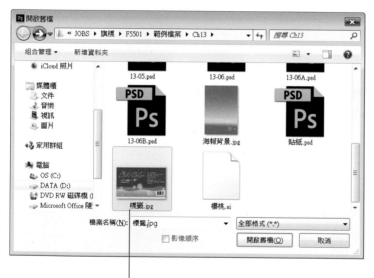

 本例因為我們已經事先準備好紋理檔案, 所以選擇『**取代紋理**』命令(若之前已將紋理檔案移除, 則選擇『**載入紋理**』命令); 若未事先準備紋理檔案, 可選擇『**新增紋理**』命令建立空白文件, 然後再執行『**編輯紋理**』命令去建立影像內容。

✒ 調整光源

　　剛才已經完成 3D 模型所謂的 "貼皮" 工作, 接下來我們要來調整**光源**, 讓酒瓶看起來更有光澤及立體感, 請開啟範例檔案 13-02.psd 來接續操作。

調整光源位置

　　開啟檔案後, 從 **3D** 面板可以看到 Photoshop 已為此模型設了一盞**無限光**光源 (**無限光 1**), 切換光源項目前方的**眼睛**圖示即可開啟/關閉光源:

━ 無限光 1 標記

切換**眼睛**圖示可開/關光源

> 🔍 若場景中沒有出現光源標記, 請檢查是否已切換至 3D 模型編輯模式 (選取工具面板的移動工具 ⊹), 並勾選『檢視/顯示』功能表的『3D 光源』及『3D 選取範圍』項目。

　　若要調整場景中光源的位置, 請在 **3D** 面板中選取光源項目, 或是在文件視窗中點選**光源標記**, 此時 3D 模型上會顯示**光源控制項**; 接著在**選項列**選取 **3D 旋轉工具** 🔄, 然後在畫布上或直接拉曳**光源控制項**, 即可改變光源位置:

在畫布上拉曳即可改變光源位置

光源控制項

注意, 選取光源時文件四周不會出現選取邊框

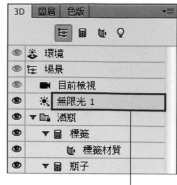

選取光源項目

若要讓光源直接照射 3D 模型的正面, 只要到內容面板中按下移動至視圖鈕 ⬚ 。另外, 你也可以將內容面板切換到座標頁次, 直接輸入光源的座標值。

各類型的光源控制項

前面提過, 3D 光源有 3 種類型: **無限光**、**點光**和**聚光**, 各類型光源的控制項不盡相同, 底下我們補充**點光**和**聚光**的調整方法 (新增光源的方法稍後會說明):

要移動**點光**的位置, 請將滑鼠指在光源控制項上, 依提示拉曳即可

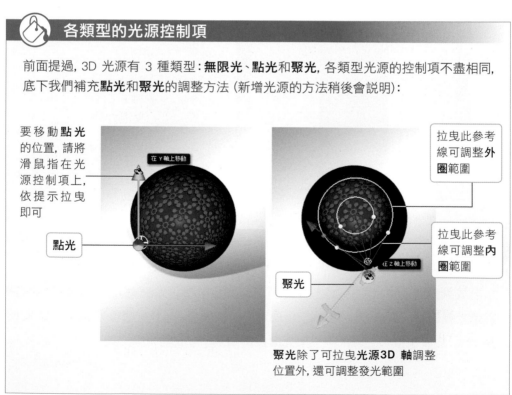

拉曳此參考線可調整**外圈**範圍

拉曳此參考線可調整**內圈**範圍

聚光除了可拉曳**光源3D 軸**調整位置外, 還可調整發光範圍

調整光源強度、陰影

　　若要調整光源的**顏色**、**強度**或是**陰影**等設定，同樣在 **3D** 面板中選取光源項目，然後到**內容**面板中設定：

① 直接套用光源預設集

② 改變光源類型

③ 設定光源顏色

④ 調整光源強度

⑤ 是否顯示陰影，若要隱藏此光源的陰影，則取消此項

⑥ 提高**柔軟度**可淡化陰影

⑦ 啟動此項，可設定光源強度隨物件距離增加而快速或慢速減弱

⑧ 設定聚光內圈範圍

⑨ 設定聚光外圈範圍

新增 / 移除光源

若要新增光源, 請在 **3D** 面板的**整個場景**或**光源**頁次中按下下方的**新增光源至場景** [💡] 鈕, 在選單中選擇所要的光源類型, 即可新增一盞光源:

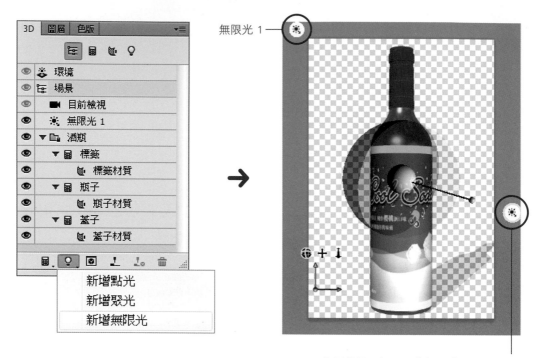

無限光 1

此例我們又加了一盞無限光 (**無限光 2**), 強度設成 75%, 並隱藏陰影

若要移除場景中的光源, 則在 3D 面板中選取該光源項目, 然後按下方的 [🗑] 鈕即可。

13-4　將 3D 模型與平面海報結合

　　到此我們已經完成本堂課的範例主角 － 3D 酒瓶, 接下來便要將做好的**酒瓶**模型與平面海報做結合;不過在這之前, 我們要先進行**演算**, 以將做好的 3D 模型轉成高品質版本;另外, 還要告訴您如何將 Photoshop 做好的 3D 模型轉存成 3D 軟體可處理的 3D 模型檔案。

進行高品質的 3D 模型演算

　　前面在編輯 3D 模型時, 不知您是否發現 3D 模型有很明顯的鋸齒現象?這是 Photoshop 為了讓電腦能夠順暢處理 3D 模型, 所以每次修改只做簡略的運算, 以節省時間。不過當 3D 模型已處理完畢, 準備輸出時, 就可以進行高品質的圖形演算, 讓 3D 模型變得更細緻、逼真。

　　請開啟範例檔案 13-03.psd, 這裡已經有我們事先做好的**酒瓶**模型, 請在**圖層**面板中選取 3D 模型所在圖層, 然後執行『**3D/演算**』命令, 或是到 **3D** 面板或**內容**面板中按下下方的 ▣ 鈕, Photoshop 即會開始進行演算, 演算過程你可明顯看出 3D 模型的畫質變好了!

　　運算通常需要一段很長的時間, 若你無法等待, 可在 3D 模型品質已大幅改善的情況下, 按一下 Esc 鍵就可中止**演算**。

運算時, 影像中會出現一個藍色方塊, 沿著畫面移動進行運算

按此選擇**效率**就可得知演算的進度及剩餘時間

將 3D 圖層轉存成 3D 模型檔案

假如你需要將 Photoshop 做好的 3D 模型拿到一般的 3D 編輯軟體中處理,
Photoshop 可幫我們將 3D 模型存成 3D 軟體支援的檔案格式 (如 Collada 的
.dae、Flash 3D 的 .fl3 ... 等), 我們就以剛才演算好的**酒瓶**模型來說明:

STEP 01 在**圖層**面板中選取 3D 模型所在的 3D 圖層, 然後執行『**3D / 轉存 3D 圖層**』命令, 接著會出現**轉存屬性**交談窗, 讓我們設定 3D 的檔案格式、尺寸、欲保存的屬性、以及紋理檔案的格式:

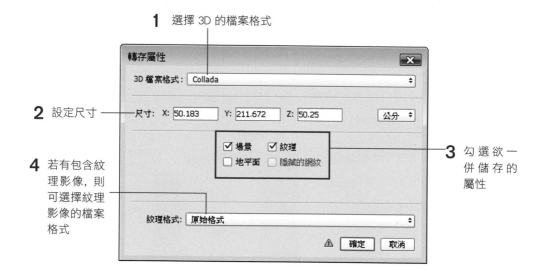

1 選擇 3D 的檔案格式

2 設定尺寸

3 勾選欲一併儲存的屬性

4 若有包含紋理影像, 則可選擇紋理影像的檔案格式

STEP 02 設好**轉存屬性**交談窗後按**確定**鈕, 接著會開啟**另存新檔**交談窗:

因為**轉存 3D 圖層**不只是轉存 3D 模型而已, 還包含 3D 模型對應的紋理檔案, 所以建議您先建立一個新資料夾來存放

STEP 03 切換到新建的資料夾, 然後設定**檔案名稱**, 就可按**存檔**鈕存檔。

STEP 04 儲存完畢, 開啟剛才存放的資料夾, 就可以看到轉存的 3D 模型檔案及紋理檔案:

在平面影像上載入 3D 模型檔案

如果已有現成的 3D 模型檔案, 要如何放到一般的平面影像中呢?底下我們就以剛才轉存的 3D 模型檔 Bottle.dae 來做說明:

 STEP 01 開啟範例檔案 **海報背景.jpg**, 這是我們事先為本堂課範例所準備的背景影像。

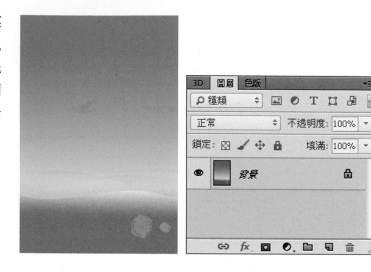

STEP 02 執行『**3D / 從檔案新增 3D 圖層**』命令, 在交談窗中選取之前轉存的 Bottle. dae 檔:

你也可以從書附光碟的「範例檔案\Ch13\Bottle」
資料夾中取得 Bottle.dae 檔

STEP 03 按下**開啟舊檔**鈕後, 接著會出現**新增**交談窗設定 3D 場景的尺寸:

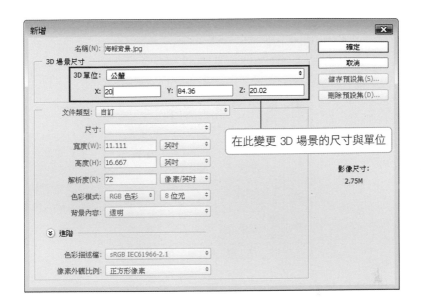

STEP 04 設好後按**確定**鈕, Bottle.dae 就載入到背景影像中了:

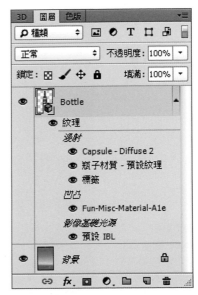

Photoshop 的轉存 3D 圖層功能似乎還不夠完善, 之前已將酒瓶模型的無限光 2的陰影取消, 但轉存後的 3D 檔卻仍然保留;不過沒關係, 我們仍可以到 3D 面板將此光源的陰影取消。

STEP 05 為了營造海報的空間感, 我們要再複製出 2 個酒瓶模型。將 **Bottle** 圖層拉曳 2 次到**建立新圖層鈕** 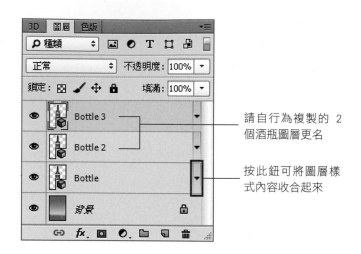 上, 即可再複製出 2 個酒瓶模型圖層:

請自行為複製的 2 個酒瓶圖層更名

按此鈕可將圖層樣式內容收合起來

STEP 06 接著分別選取 3 個 **Bottle** 圖層的 3D 模型, 然後運用之前介紹的移動 3D 模型的方法, 將 3 個酒瓶縮小並排列成下圖的樣子。

Bottle 2 和 **Bottle 3** 圖層的模型則以「移動 3D 模型」的方式調整, 並取消所有光源的陰影

請以「移動相機」的方式調整 **Bottle** 圖層模型的位置 (也就是連地平面一起移動), 並順便調整**無限光 1** 的位置及取消**無限光 2** 的陰影

STEP 07 最後，使用**水平文字工具** ⌜T⌟ 在海報上加入廣告文字，並增添一些自訂形狀做裝飾，本堂的範例就接近完成了。

你可開啟範例檔案 13-04.psd
來觀看此階段完成的結果

❶ 本例的中文字使用**華康超明體**字型，英數字使用 **Vani** 字型

❷ 櫻桃圖案是執行『**檔案/置入**』命令，將**櫻桃.ai** 置入影像中，再加上**筆畫**圖層樣式

❸ 五彩碎紙形狀可透過**自訂形狀工具**鈕 ⬚，在**物件**類別的自訂形狀中取得

13-5　製作 3D 立體文字

進行到此**新產品上市海報**已接近完成, 最後在海報的左上方再加上一個 "3D 立體" 的響亮口號, 本範例就大功告成了。

🖋 建立 3D 文字

用 Photoshop 建立 3D 文字非常簡單, 只要比照平常輸入文字後按下 **3D** 鈕, 馬上轉成 3D 立體文字了, 我們現在就來試試看吧!

STEP 01 請開啟範例檔案 13-04.psd, 選取最上層的**櫻桃圖層**, 然後將**背景**以外的圖層都先隱藏以簡化畫面。為了減輕電腦的負擔, 你也可以開啟空白新文件來製作, 等製作完成後再將該 3D 文字圖層複製到上一節做好的海報當中。

STEP 02 選取**水平文字工具** **T**, 在**選取列**做如下設定, 然後到文件中輸入 "超清涼" 3 個字。

文字顏色請設為白色 ———

要轉成 3D 文字, 選擇較粗的字型效果會比較好, 本例我們選擇**華康新特圓體**, 大小設為 120 pt

STEP 03 接著選取 "超清涼" 3 個字, 在**選項列**按 ▤ 鈕開啟**字元**面板, 將字體稍微加高加寬:

記得先選取 "超清涼" 3 個字再設定　加高　加寬

STEP 04 按 ✓ 鈕確認輸入後, 按下**選取列**的 ⏚ 鈕, 或是執行『**文字/建立 3D 文字**』命令、『**3D/新增來自選取圖層的 3D 模型**』命令, 皆可將文字轉換成 3D 立體文字:

文字圖層轉變成 3D 圖層了

修改 3D 文字圖層的內容

將文字轉換成 3D 圖層後, 若又想修改文字內容, 例如把 "超清涼" 改成 "酷清涼", 怎麼辦呢? 此時你可到 **3D** 面板中選取「(網紋) 3D 模型」項目 (此例就是**超清涼**項目), 然後到**內容**面板的**網紋**頁次中按下**編輯來源**鈕, 即可開啟該文字檔案來修改:

1 在 **3D** 面板中選取文字的 3D 模型

可直接在**網紋**頁次中修改文字顏色或開啟**字元**面板修改設定

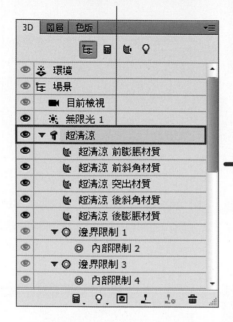

2 到**內容**面板的**網紋**頁次按下此鈕

3 開啟檔案讓我們修改文字了

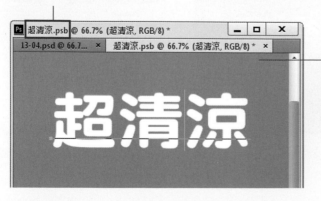

底色是我們為了方便讀者辨識另外加上去的, 實際上文件的背景應該是透明的

改好後, 記得要執行存檔, 3D 文字圖層的內容才會更新。

📍 移動 3D 文字的位置

　　轉換後的 3D 文字圖層, 我們可以比照 13-2 節介紹的方法, 也就是使用 **3D 移動工具組**來調整文字的位置:

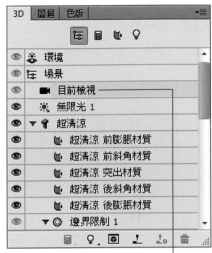

若要連地平面也隨著 3D 模型一起移動, 請在 **3D** 面板中選取**目前檢視**項目來調整

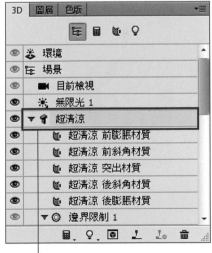

若只要移動 3D 模型本身, 請在 **3D** 面板中選取**(網紋) 3D模型** (也就是**超清涼**) 這個項目來調整

🖊 變形 3D 文字的 3D 突出

接著，我們要來變形 3D 立體文字，讓它的「3D 突出」部份扭曲、延伸、彎曲、並讓表面稍微鼓起，請開啟範例檔案 13-05.psd 來接續操作：

STEP 01 在**圖層**面板中選取**超清涼**圖層，再切換到 **3D** 面板選取 **(網紋) 3D 模型** (即**超清涼**項目)，就可在**內容**面板中設定變形：

可在此列示窗中選取現成的**形狀預設集**套用，不過此例我們想自訂設定

STEP 02 將**內容**面板切換到**變形**頁次，然後如右圖設定，這個頁次在設定 3D 突出部份的變形：

 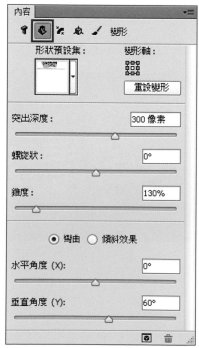

STEP **03** 再來切換到**蓋子**頁次, 然後如右圖設定, 此頁次在設定邊界的斜角及膨脹角度:

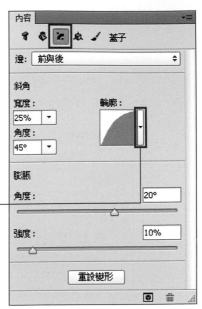

請按下此鈕開啟**輪廓編輯器**後, 在**預設集**列示窗中選取**半圓**, 再按**確定**鈕關閉

 若要將 3D 文字恢復成 "變形前" 的模樣, 請在內容面板的網紋頁次中按重設變形鈕。

使用「3D 突出控制項」調整變形

在設定 3D 文字的突出變形時, 若你已切換到 3D 模型編輯模式 (即選取**工具面板**的**移動工具**), 則當**內容**面板切換到**變形**和**蓋子**頁次時, 3D 模型上會出現**3D 突出控制項**, 你可以直接在模型上拉曳這些**控制項**來調整突出部份的變形設定:

將滑鼠指在控制項上會出現提示, 依照提示拉曳即可

變形頁次的控制項

蓋子頁次的控制項

🖋 修改 3D 文字材質

最後我們想在 3D 文字的材質上再加點變化, 請開啟範例檔案 13-06.psd:

STEP 01 在 **3D** 面板中選取**超清涼 前膨脹材質**項目, 接著到**內容**面板先為**漫射**項目新增一個空白紋理檔案:

按此鈕執行『**新增紋理**』命令, 新增空白的紋理檔案, 文件大小設定 800 × 600 像素即可

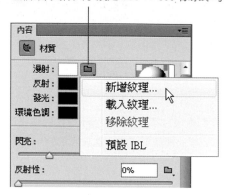

STEP 02 接著即會開啟一個空白的紋理檔案讓你編輯, 如果沒有, 請按下**漫射**項目的 🖻 鈕執行『**編輯紋理**』命令, 然後執行『**3D/建立繪畫覆蓋/著色**』命令, 在紋理檔案中畫出可繪圖範圍:

STEP 03 使用**矩形選取畫面工具** [□] 將可繪圖範圍框選起來, 再將前景色設成淺藍 (R109、G163、B207), 背景色設成白色, 然後選取**漸層工具** [■], 在**選項列**設定**前景到背景**的**線性漸層**, 然後在影像中拉曳出如下的漸層:

前景到背景　　線性漸層　　拉曳出漸層

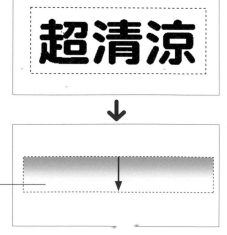

STEP 04 儲存紋理檔案後, 就可看到 "超清涼" 變得更清涼了:

另外, 我想將 "超清涼" 的其它材質也套用相同的紋理檔案, 可以使用 **3D 材質拖移工具** （與漸層工具一組） 來複製:

STEP 01 在**工具面板**中選取 **3D 材質拖移工具** , 接著在 **3D** 面板中選取要複製的材質**超清涼 前膨脹材質**項目, 然後到**選項列**按下**載入選取項目**鈕, 即可取得該材質的設定:

按下此鈕複製選取項目的材質

STEP 02 再來用滑鼠在 3D 模型上 "點選" 欲使用相同紋理的材質, 就可將紋理與材質設定複製過去了:

到此, 本堂課的範例就大功告成了, 你可開啟範例檔案 13-06A.psd 來觀看最後的完成結果。

重點整理

1. Photoshop 提供多種製作 3D 模型的方法, 除了可直接將圖層影像、選取範圍、選取路徑、文字轉換成突出的 3D 模型; 還可用圖層影像對應網紋模型來建立 3D 模型。

2. 3D 模型包含的成份有: 環境、場景、相機、網紋、材質、光源。

3. 要調整 3D 模型的位置, 可選擇「移動 3D 模型本身」或是「移動場景中的相機」, 後者會使 "整個環境" 產生變化, 包括 **3D 地平面**也會一起改變。

4. 調整場景中的相機之後, 若要將相機移回原位, 請在 **3D** 面板中選取 **(相機) 目前檢視**項目, 然後在**內容**面板的**視圖**列示窗中選擇**預設視圖** (或**預設相機**) 項目。

5. **材質**是覆蓋在 3D 模型表面的質料, **紋理**則是顯現在材質表面的圖案, 編輯材質及紋理, 可使 3D 模型具有真實物件的外觀質感。

6. 若材質的屬性項目有 ⬚ / ⬚ 圖示, 表示可設定對應的紋理檔案, ⬚ 圖示表示已設定紋理檔案, ⬚ 則表示尚未設定。

7. 3D 模型有 3 種光源類型: **點光**就像燈泡一樣, **聚光**是圓錐狀的光束, **無限光**則是類似陽光照射的光源。光源的顏色、強度、是否投射陰影皆可調整。

8. 編輯 3D 模型時, 為了減輕電腦負擔並節省時間, Photoshop 只做簡略的運算; 因此 3D 模型完成後, 需選取該 3D 圖層執行『**3D/演算**』命令, 重新演算出高品質的版本。

9. 在 Photoshop 中若要直接開啟 3D 模型檔案, 比照一般開啟舊檔的方式即可; 若要將 3D 模型檔案載入平面影像中, 請執行『**3D/從檔案新增 3D 圖層**』命令來開啟。

10. 使用**文字工具**輸入文字後, 按下**選取列**的 **3D** 鈕, 或是執行『**文字/建立 3D 文字**』命令、『**3D/新增來自選取圖層的 3D 模型**』命令, 即可轉換成 3D 文字。

實用的知識

1. 直接移動 3D 模型本身來調整位置, 往往會使 3D 模型遠離地平面, 變成懸空
或下陷的情況, 有什麼方法可快速將 3D 模型移回地平面上呢?

只要執行『**3D/將物件靠齊地平面**』命令, 即可將騰空或下陷的 3D 模型移回地
平面。

2. 我們可以利用**筆刷**、**仿製印章**等工具直接在 3D 模型的材質上繪圖, 例如我們想
在本堂課的**酒瓶**標籤材質上再加一個標語圖案, 可以這麼做:

> **STEP 01** 請開啟範例檔案 13-06A.psd 及**貼紙.psd**, 並將兩圖並排以方便操作。

> **STEP 02** 選取 13-06A.psd 的 **Bottle** 圖層, 接著執行『**3D/繪圖系統/投射**』命
令, 表示要在檔案中繪圖。

> **STEP 03** 選取**仿製印章工具** ⬚, 然後按住
> `Alt` (Win) / `option` (Mac) 鍵,
> 並在**貼紙.psd** 中按一下滑鼠左鈕,
> 設定取樣點。

設定取樣點

> **STEP 04** 到**仿製來源**面板將貼紙大小放大為 120%, 然後到 **Bottle** 模型的瓶身
上塗繪, 即可將貼紙仿製過來。

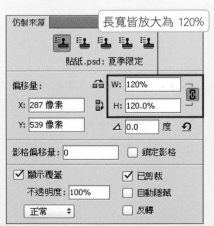

長寬皆放大為 120%

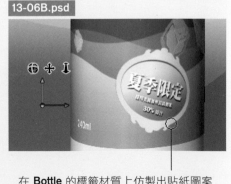

13-06B.psd

在 **Bottle** 的標籤材質上仿製出貼紙圖案

14

視訊、動畫與「縮時攝影」影片製作

宜蘭生態之美
鸚飛雁舞

宜蘭生態之美 鸚飛雁舞

課前導讀

似乎許多人都忽略了, 其實 Photoshop 也可以編輯、製作視訊影片, 而且經過幾個版本的努力, 不僅功能愈來愈精進, 操作也愈來愈直覺, 幾可媲美專業的視訊剪輯軟體了！這一堂課我們就帶各位利用 Photoshop 的**時間軸面板**, 將一組在宜蘭拍攝的視訊影片與相片組合成一部趣味小短片。

本章學習提要

- 將視訊與影像檔案載入時間軸

- 調整視訊剪輯的順序

- 剪接與分割視訊剪輯

- 在時間軸中加上文字素材

- 使用**調整圖層**調整視訊剪輯的亮度與色彩

- 為視訊剪輯套用**濾鏡特效**

- 為視訊剪輯加上**動態效果**

- 轉存成視訊格式檔案

- 製作「縮時攝影」影片

預估學習時間　**120**分鐘

要在 Photoshop 中製作視訊影片，首先要將 "素材"，包括視訊檔、相片檔載入到**時間軸**，然後再開始編輯。這一節我們就先來介紹，如何將製作影片所需的素材載入到同一份文件的**時間軸**當中。

🖌 開啟視訊檔案

Photoshop 本身即可支援大部份的視訊檔案格式，包括 AVI、MOV、WMV、MP4、MTS … 等等，所以若要編輯視訊檔案，只要比照一般的影像檔案執行『**檔案/開啟舊檔**』命令來開啟即可：

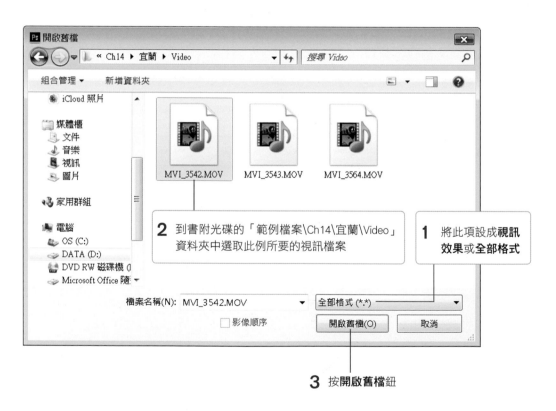

2 到書附光碟的「範例檔案\Ch14\宜蘭\Video」資料夾中選取此例所要的視訊檔案

1 將此項設成**視訊效果**或**全部格式**

3 按開啟舊檔鈕

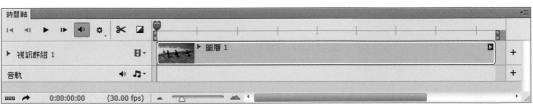

展開**時間軸**面板可發現該視訊已自動載入**時間軸**面板中

從靜態影像建立視訊

如果你開啟的是一張靜態影像, 那麼要製作視訊時, 請先在**時間軸**面板中按下**建立視訊時間軸**鈕, 將影像載入**時間軸**中, 然後就可以開始製作影片了:

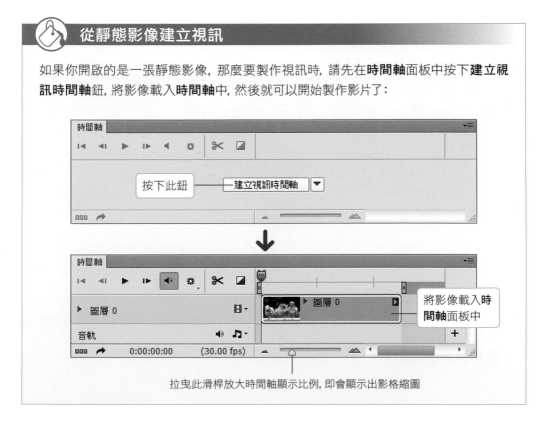

拉曳此滑桿放大時間軸顯示比例, 即會顯示出影格縮圖

認識時間軸面板

接下來要藉由**時間軸**面板來製作本堂課的視訊範例，所以在這之前，我們先帶各位認識**時間軸**面板中的工具以及操作。

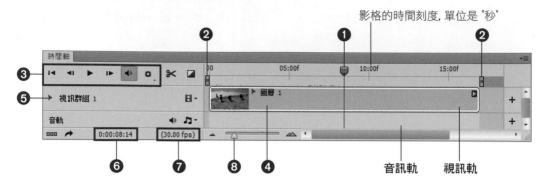

影格的時間刻度，單位是 "秒"

- ❶ 播放頭
- ❷ 工作區域起點
- ❷ 工作區域終點
- ❸ 播放控制按鈕
- ❹ 剪輯
- ❺ 視訊群組
- ❻ 時間尺標
- ❼ 影格速率
- ❽ 顯示比例滑桿

❶ 拉曳**播放頭**可播放視訊影格，文件視窗亦會同步切換到該影格畫面。

❷ **工作區域起點**和**工作區域終點**決定整部視訊影片的時間長度。

❸ 這一組按鈕在控制視訊影片的播放：

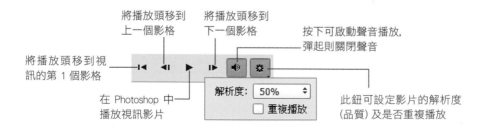

❹ **視訊軌**和**音訊軌**中的一個 "片段" 稱為一個**剪輯**，可分為**視訊剪輯**和**音訊剪輯**。

❺ **視訊群組**的**視訊軌**可結合視訊、影像、文字、形狀 ... 等多種素材於單一軌道中。

❻ **播放頭**所在影格的持續時間刻度，將滑鼠指在**時間尺標**上拉曳亦可移動**播放頭**。

❼ 每一秒播放的影格數 (frames per second, fps)，通常由視訊輸出的類型而定，例如 NTSC 是 29.97 fps、PAL 是 25 fps，一般製作影片的設定為每秒播放 30 個影格。

❽ 拉曳此滑桿可調整**時間軸**的顯示比例。若**時間軸**中的**剪輯**延伸得太長，可縮小顯示比例，以便觀看**時間軸**的全貌。

✒ 新增媒體：開啟多個視訊與影像到同一份文件中

接著我們來看如何將其它的素材加入到目前這份文件當中。假如新加入的素材要 "接在" 之前那部視訊後播放，那就將素材加在同一列**視訊軌**中；若希望不同的素材 "同時" 在螢幕上播放，那就要再新增**視訊軌**，才可以將不同的**剪輯**放在同一時間點上。

STEP 01 要將素材加到現有的**視訊軌**，請在該視訊軌按 　 鈕執行『**新增媒體**』命令，或按**視訊軌**尾端的 ＋ 鈕：

按此鈕執行『**新增媒體**』命令　　　　　　　　　　　　　按此鈕亦可新增

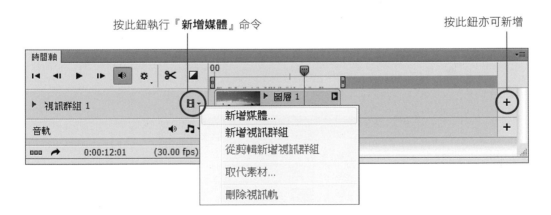

STEP 02 接著在交談窗中指定要加入的素材 (可同時選取多個素材一次加入)，然後按**開啟舊檔**鈕即可。

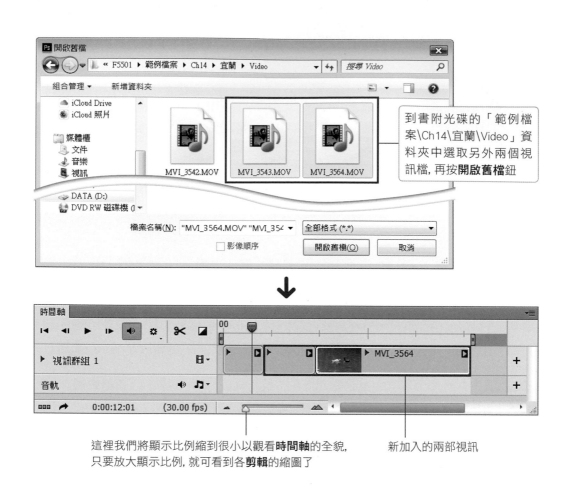

到書附光碟的「範例檔案\Ch14\宜蘭\Video」資料夾中選取另外兩個視訊檔, 再按開啟舊檔鈕

這裡我們將顯示比例縮到很小以觀看時間軸的全貌, 只要放大顯示比例, 就可看到各剪輯的縮圖了

新加入的兩部視訊

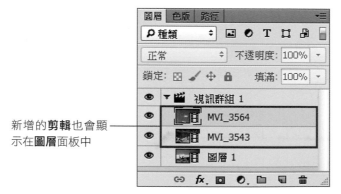

新增的剪輯也會顯示在圖層面板中

STEP 03 再來我們要新增一個視訊群組, 也就是再新增一列視訊軌, 以便將影像素材加入到這一列。

按此鈕執行『**新增視訊群組**』命令

新增一列空的**視訊軌**

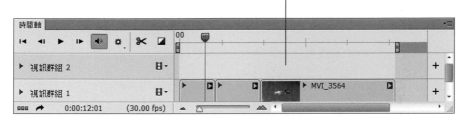

STEP 04　比照步驟 1 的方法，按下**視訊群組 2** 的
⊞▾ 鈕或 ✛ 鈕開啟**開啟舊檔**交談窗，然後
到書附光碟的「範例檔案\Ch14\宜蘭\Photo」
資料夾中加入所有的影像檔。

靜態影像的**剪輯**　影像檔加入到
預設片長為 5 秒　　**視訊群組 2**

圖層面板也會以 "圖層" 的
方式顯示**時間軸**上的**剪輯**

移除時間軸的視訊剪輯、視訊軌

已加入**時間軸**的**視訊剪輯**若不需要了, 只要選取該**視訊剪輯** (假設是**視訊群組 1** 的第 2 個**剪輯**), 然後按 Delete 鍵, 該**剪輯**就會被移除了:

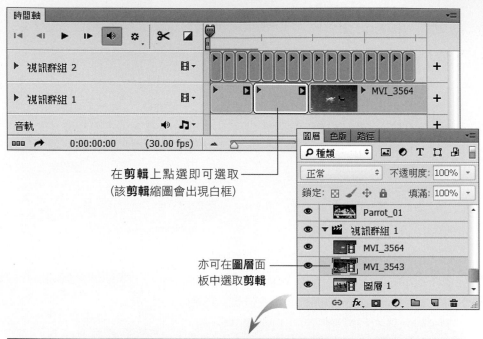

在**剪輯**上點選即可選取 — (該**剪輯**縮圖會出現白框)

亦可在**圖層**面 — 板中選取**剪輯**

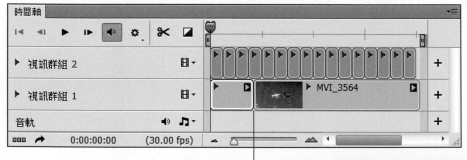

按 Delete 鍵即可移除選取的**剪輯**

若要刪除整列的**視訊軌**, 則按下該**視訊軌**的 鈕執行『**刪除視訊軌**』命令即可, 同時該**視訊軌**中的**剪輯**也會一併移除。要注意的是, 若**時間軸**中只剩下一列**視訊軌**, 則此**視訊軌**無法刪除。

14-2 編排與剪接視訊剪輯

　　將製作視訊影片的素材載入**時間軸**之後, 接下來我們來學習編排以及剪接**視訊剪輯**的技巧, 以便把整部影片所要表達的 "故事" 串連起來。請開啟範例檔案 14-01. psd 來接續本節的操作。

🖋 編排視訊剪輯的播放順序

　　要調整**視訊軌**中視訊剪輯的順序, 只要直接拉曳**剪輯**到想要的位置即可, 若要拉曳到另一條**視訊軌**也可以：

直接拉曳**剪輯**到想要的位置即可調整順序

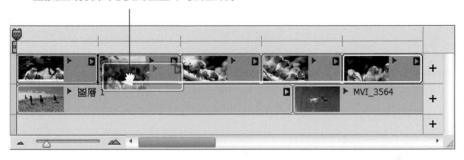

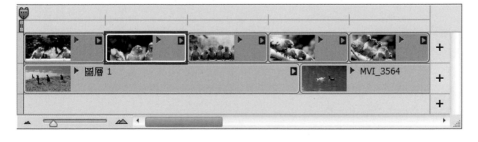

　　你也可以在圖層面板中拉曳剪輯所在圖層來調整順序。在同一視訊群組中, 愈下面的圖層, 播放順序愈前面；愈上面的圖層, 播放順序愈後面。

假如你想將一部份的**剪輯**移到新的**視訊軌**上，可以這麼做：

2 按下該軌道的 ⊞▾ 鈕執行　　　　　**1** 選取欲搬移的**剪輯**
『**從剪輯新增視訊群組**』命令　　　　　(Parrot_08~Parrot_16)

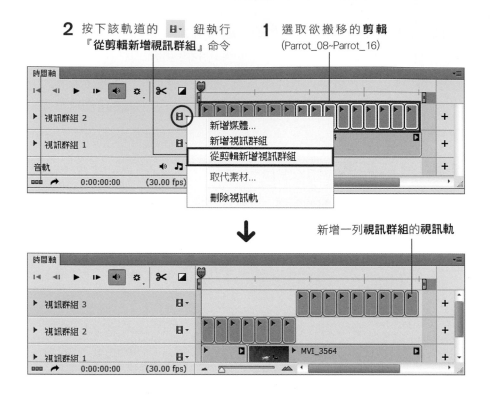

新增一列**視訊群組**的視訊軌

接著我們來調整播放**剪輯**的時間間隔。假設我們希望整部影片的播放順序是，播完**視訊群組 1** 的第 1 個**剪輯**後，接著播**視訊群組 2** 的所有**剪輯**，然後再一起播放**視訊群組 1** 第 2 個**剪輯**和**視訊群組 3** 的所有**剪輯**，請如下調整：

STEP 01 選取**視訊群組 2** 的所有**剪輯**，然後拉曳到**視訊群組 1** 第 1 個**剪輯**結束的時間點：

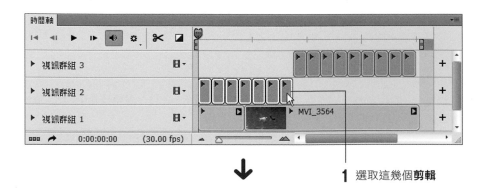

1 選取這幾個**剪輯**

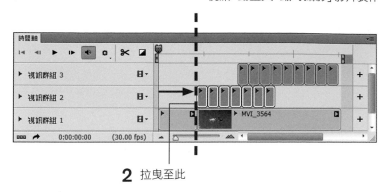

2 拉曳至此

STEP 02 請用相同的方法將**視訊群組 3** 的**剪輯**和**視訊群組 1** 第 2 個**剪輯**移到所要的時間點上：

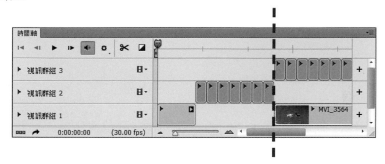

調好**剪輯**的播放順序後，可以按 ▶ 鈕播放一下，看看順序上有什麼問題，再做調整。

編排視訊剪輯的播放畫面

假如剛才有播放影片應會發現，靜態影像都超出本例影片所設定的文件尺寸，以致只有部份影像顯示在畫面上，現在我們就來調整一下：

STEP 01 請將**播放頭**移到**視訊群組 2** 第 1 個**剪輯**的影格上，讓文件視窗顯示該影格畫面。

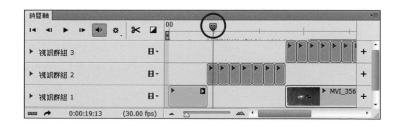

STEP 02 由於 Parrot_01 ～ Parrot_07 這幾個**剪輯**的影像尺寸大致相同，所以我們一起調整。請在**時間軸**（或**圖層**面板）選取這幾個**剪輯**，然後執行『**編輯/變形/縮放**』命令顯示變形框，再按住 Shift 鍵拉曳角落控點將影像縮小：

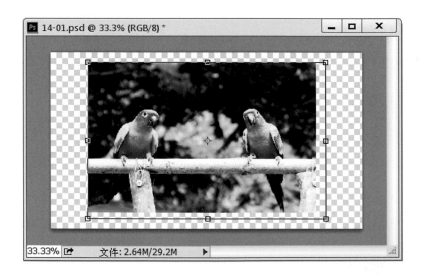

STEP 03 調好大小後按 Enter (Win) / return (Mac) 鍵確認，然後拉曳**播放頭**播放**視訊群組 2** 的影格，就可發現 Parrot_01 ～ Parrot_07 的影像大小都調好了。

STEP 04　再來將**播放頭**移到約 54 秒的地方, 此時文件視窗會同時播放 Parrot_08 和 MVI_3564 兩個**剪輯**, 但版面顯然有待調整:

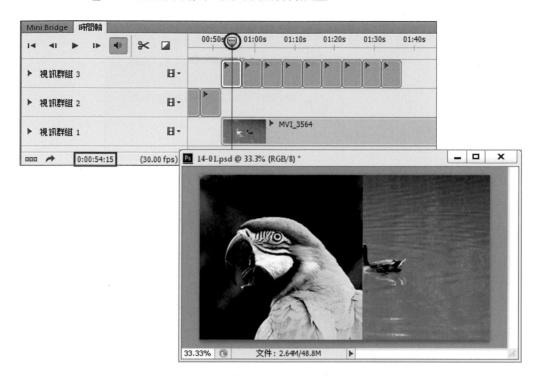

STEP 05　首先調整 Parrot_08 ～ Parrot_16 的影像位置與大小。請在**時間軸** (或**圖層面板**) 選取這幾個**剪輯**, 然後執行『**編輯/變形/縮放**』命令顯示變形框, 再按住 Shift 鍵拉曳角落控點將影像縮小:

調好大小後, 再拉曳到右側放置, 然後就可按 Enter (Win) / return (Mac) 鍵確認

再來選取**視訊群組 1** 的 MVI_3564 **剪輯**, 然後執行『**編輯/變形/縮放**』命令來縮小尺寸, 不過**視訊圖層**必須轉換成**智慧型物件**才能夠變形, 所以若看到下面的訊息請按**確定**鈕關閉訊息, 再執行『**圖層/智慧型物件/轉換為智慧型物件**』命令, 然後就會出現變形框讓你調整大小了:

調好大小與位置後, 請按 Enter (Win) / return (Mac) 鍵確認

🖉 修剪視訊剪輯

Photoshop 還具有 "修剪" **視訊剪輯**的能力! 覺得**視訊剪輯**的片長太長, 例如靜態影像的**視訊剪輯**預設長度是 5 秒, 似乎稍長了一點; 或是**視訊剪輯**的片頭片尾太無趣, 都可以替它修剪一番。

修剪**視訊剪輯**的操作很直覺, 只要將滑鼠指在**剪輯**的**片頭邊界**或**片尾邊界**, 然後往**剪輯**中央拉曳即可。底下我們來將各靜態影像的**視訊剪輯**由 5 秒縮減成 3 秒, 各位可開啟範例檔案 14-02.psd 來操作:

🔍 開啟範例檔案 14-02.psd 若出現遺失連結檔案 (MVI_3564.MOV) 的訊息, 請按選擇鈕重新為它指定「範例檔案\Ch14\宜蘭\Video\MVI_3564.MOV」的連結。之後的範例檔案請自行比照處理。

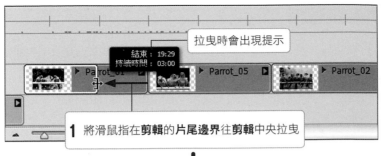

1 將滑鼠指在**剪輯**的**片尾邊界**往**剪輯**中央拉曳

2 當**持續時間**減為 3 秒後放開滑鼠左鈕即可完成

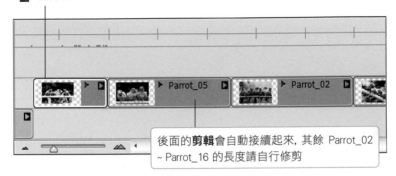

修剪影片的**視訊剪輯**也是使用相同的方法，不過，拉曳時是顯示影格畫面讓我們參考。由於**雁鴨影片 2** 在中段之後就沒什麼變化，我們來剪掉一些片尾，讓影片看起來更緊湊：

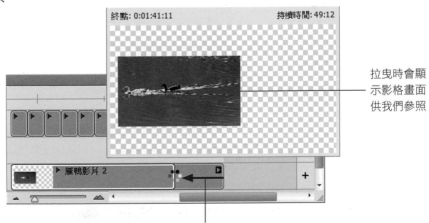

同樣將滑鼠指在**剪輯**的**片尾邊界**往**剪輯**中央拉曳，到達欲修剪的影格放開滑鼠左鈕即可

 為了便於辨識，我們已事先將範例檔案 14-02.psd 視訊群組 1 中的兩個影片剪輯更名為雁鴨影片 1 和雁鴨影片 2 。

🖋 分割視訊剪輯

前面的方法只能剪掉**剪輯** "頭尾" 的部份, 若想剪掉的是影片中間的一段, 怎麼辦呢?我們可以以那個片段的開頭為 "分界點" 分割**剪輯**, 再來就可以用前面的方法剪掉後段**剪輯**的片頭, 而把那一段剪掉了。**雁鴨影片 1** 中間有一段鏡頭移位了, 我們就用剛才說明的方法把這一段剪掉吧:

STEP 01 請在**時間軸**中選取**雁鴨影片 1** 剪輯, 再將**播放頭**移到要做為分割點的影格, 約位於 0:00:04:20 的地方。

STEP 02 在**時間軸**面板中按下**於播放頭分割鈕** ✂, 即會分割成兩個**剪輯**:

你可在**圖層**面板中看到分割出來的**剪輯**命名為**雁鴨影片 1 拷貝**

STEP 03 再來將滑鼠指在**雁鴨影片 1 拷貝**剪輯的**片頭邊界**，然後往**剪輯**中央拉曳，到達欲修剪的影格後放開滑鼠左鈕即可。

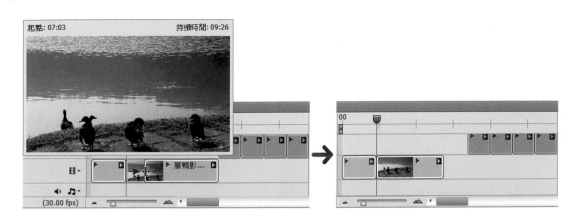

　　另外，假設某個**視訊剪輯**很長，可是我們想在它的播放過程中加上**切換效果**（請參考本章最後**實用的知識**的說明）以增添一點變化，就可以使用剛才的技巧將它分割成兩三個**剪輯**，即可在**剪輯**之間加上**切換效果**。

分割修剪後，請再檢查時間軸

分割修剪**視訊剪輯**後，請再檢查**時間軸**各**剪輯**的狀況，若出現空隙，請自行移動**視訊剪輯**把空隙填補起來。

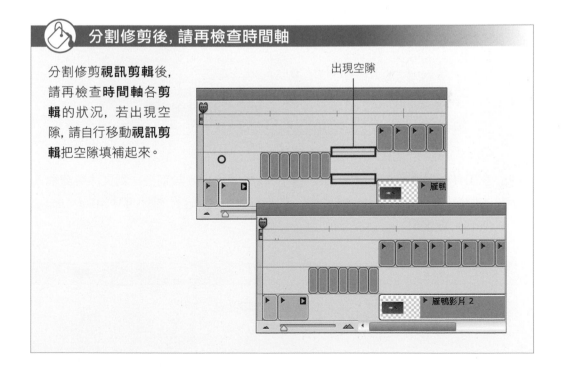

14-3 加上文字與其它素材

前面我們已經知道，如何將現成的視訊、影像檔案素材加入視訊文件中，這一節則要告訴各位如何在視訊文件中加入**文字**，以及其它可在 Photoshop 中直接製作的素材。

加上文字

請開啟範例檔案 14-03.psd，我們打算在這份視訊文件的片頭與片尾再加上一些文字，怎麼做呢？其實操作和在影像文件中輸入文字一樣，只是多了**時間軸**的調整動作 － 將 "文字" **剪輯**移到要播放的時間點上。

STEP 01 首先我們來加上片頭的文字。請將**播放頭**移到第 1 個影格，並選取**視訊群組 1**的**雁鴨影片 1** 剪輯：

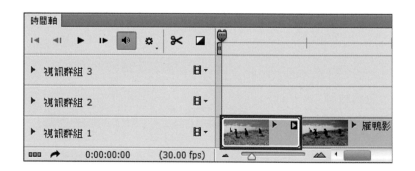

STEP 02 在**工具面板**選取**水平文字工具** T，設好**選項列**的設定後，到文件視窗輸入本例影片的標題 "宜蘭生態之美　鸚飛雁舞"，然後按 Enter (Win) / return (Mac) 鍵確認：

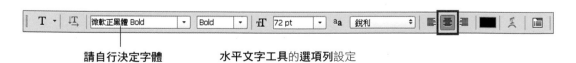

請自行決定字體　　　　　　水平文字工具的選項列設定

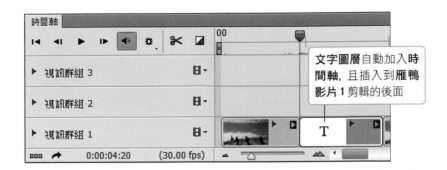

請自行將 "鸚飛雁舞"
放大為 100 pt

文字圖層自動加入**時
間軸**, 且插入到雁鴨
影片 1 剪輯的後面

STEP 03 再來將**播放頭**移到最後 1 個影格, 並選取**視訊群組 1** 的**雁鴨影片 2** 剪輯,
然後輸入 "謝謝收看":

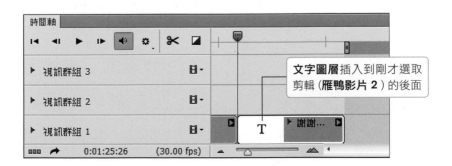

72 pt

文字圖層插入到剛才選取
剪輯(**雁鴨影片 2**)的後面

14-19

STEP 04 最後請將**時間軸**上的**剪輯**位置再調整一下:

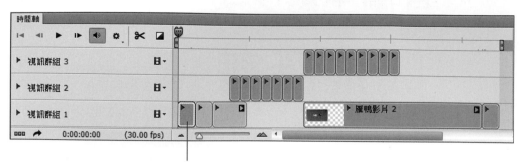

將**宜蘭...文字剪輯**移到最前面, 其餘**剪輯**請自行調整

加入填滿圖層改變背景顏色

　　剛才插入的文字圖層背景是透明的, 還有之前調過部份**剪輯**的影像大小, 也會露出一些透明背景, 這樣的畫面感覺有些單調, 我們現在要來插入**填滿圖層**, 替這些**剪輯**的背景換個顏色。

 STEP 01 將**播放頭**移到第 1 個影格, 並選取**宜蘭...**文字剪輯;接著在**圖層**面板中按下 ◉ 鈕選取『**純色**』項目, 然後在**檢色器 (純色)** 交談窗中設定 R209、G132、B23 的橘色, 按**確定**鈕, 即可插入一個橘色的填滿圖層:

在**時間軸**中選取**宜蘭...**剪輯, **圖層**面板中也會選取**宜蘭...**文字圖層

填滿圖層插入到**宜蘭...**文字圖層後面

STEP 02 在**圖層**面板中, 將**色彩填色 1** 圖層拉曳到**建立新圖層鈕** 🔲 上再拷貝一份, 然後在**時間軸**面板中選取這兩個**色彩填色**剪輯, 再按下**視訊群組 1** 的 ▦▾ 鈕執行『**從剪輯新增視訊群組**』命令, 將這兩個剪輯單獨放到一列**視訊軌**中:

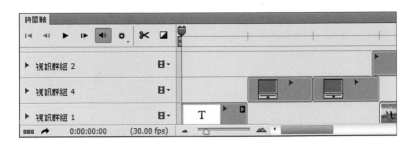

STEP 03 再來我們又要調整**時間軸**各剪輯的順序了, 這裡我們要先把**視訊群組 4** 移到**時間軸**的最下層, 這部份請在**圖層**面板中操作:

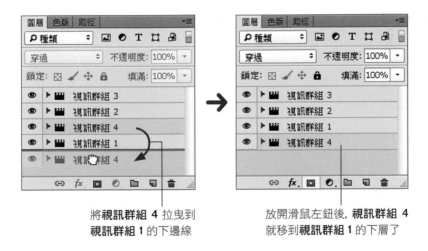

將**視訊群組 4** 拉曳到**視訊群組 1** 的下邊線

放開滑鼠左鈕後, **視訊群組 4** 就移到**視訊群組 1** 的下層了

STEP 04 調好**視訊軌**的層級後, 接著就請依照下圖調整**時間軸**中的剪輯順序:

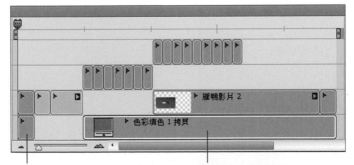

色彩填色 1 剪輯

請自行拉曳**色彩填色 1 拷貝**剪輯的邊界, 延長此剪輯的播放時間

14-4　運用調整圖層與濾鏡美化視訊剪輯

Photoshop 調整影像亮度、色彩的功能，以及各式**濾鏡**、**圖層樣式**等，都可以運用到**視訊剪輯**上，所以假如你的影片拍得太暗淡、有色偏、不夠飽和、不夠清晰 ...，都可以利用 Photoshop 來修飾。

運用「調整圖層」調整視訊的亮度、色彩

要調整整個**視訊剪輯**的亮度、色彩，必須使用**調整圖層**來調，若是使用『**影像/調整**』功能表中的命令，則只會套用到第 1 個影格的畫面而已。請開啟範例檔案 14-04.psd，底下我們要將**雁鴨影片 1** 再調亮一些，並讓色彩變得更飽和：

STEP 01 將**播放頭**移到**雁鴨影片 1** 的影格上，並選取**雁鴨影片 1** 剪輯，然後在**圖層**面板中按下 ⬛ 鈕選取『**曲線**』項目，將影片調亮一些：

調整圖層會自動開啟**剪裁至圖層**設定，表示只影響下一層圖層

14-22

再次按下 🔘 鈕選取『**色相/飽和度**』項目，將影片飽和度再提高一些：

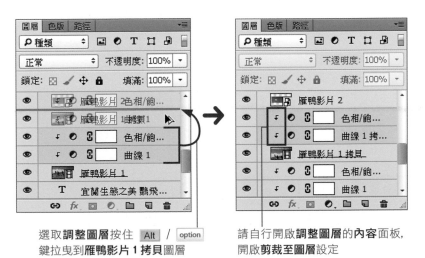

假如**雁鴨影片 1 拷貝**也要套用一樣的調整設定，只要將**雁鴨影片 1** 的**調整圖層**拷貝給它就可以了：

選取**調整圖層**按住 Alt / option 鍵拉曳到**雁鴨影片 1 拷貝**圖層

請自行開啟**調整圖層**的**內容**面板，開啟**剪裁至圖層**設定

⚲ 為視訊剪輯套用濾鏡

Photoshop 的**濾鏡**效果也可以直接套用到**視訊剪輯**上，不過我們建議，最好先將**視訊剪輯**轉換成**智慧型物件** (執行『**濾鏡/轉換為智慧型濾鏡**』命令)，這樣萬一效果不好還可以移除**濾鏡**或修改！之前我們調整**雁鴨影片 2** 的影片大小時，就已將它轉成**智慧型物件**了，這裡我們要為它套用**遮色片銳利化調整**濾鏡，讓影片變得更清晰：

STEP 01 將**播放頭**移到**雁鴨影片 2** 的影格上，並選取**雁鴨影片 2** 剪輯：

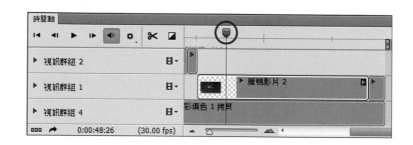

STEP 02 執行**濾鏡/銳利化/遮色片銳利化調整**』命令，套用如右的設定：

⚲ 為視訊剪輯加上圖層樣式

另外，我們還想為**雁鴨影片 2** 加上白色邊框，替它美化一下，白色邊框可以利用**圖層樣式**的筆畫來設定：

STEP 01 將**播放頭**移到**雁鴨影片 2** 的影格上，並選取**雁鴨影片 2** 剪輯；接著在**圖層**面板中按下 *fx.* 鈕選取筆畫項目：

STEP 02 依下圖設定**筆畫**圖層樣式的內容，就可以為**雁鴨影片 2** 剪輯加上白色邊框了：

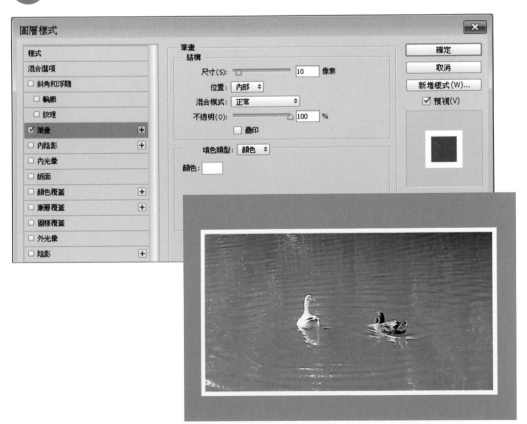

假如你想讓**視訊群組 2** 和**視訊群組 3** 的影像**剪輯**, 也都套用**雁鴨影片 2** 的白色邊框, 有個很簡單的辦法, 就是將**雁鴨影片 2** 圖層的**筆畫**樣式拷貝到**視訊群組 2** 圖層和**視訊群組 3** 圖層上:

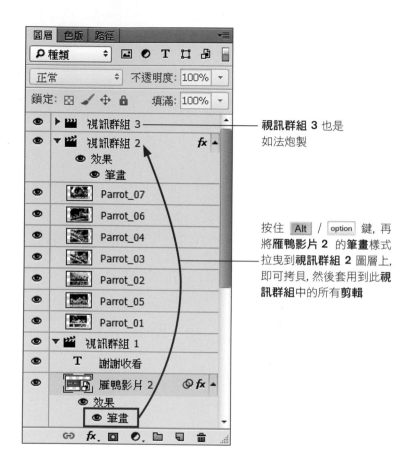

視訊群組 3 也是如法炮製

按住 Alt / option 鍵, 再將**雁鴨影片 2** 的**筆畫**樣式拉曳到**視訊群組 2** 圖層上, 即可拷貝, 然後套用到此**視訊群組**中的所有**剪輯**

14-5　為視訊剪輯加上動態效果

　　提到要製作動畫，大家一定覺得很困難！其實不用擔心，因為 Photoshop 將動畫製作變簡單了，而且是 "很簡單"！不論是要將影像或影片由小變大、由大變小、從左移到右、由透明變實體 ...，Photoshop 統統可以讓我們輕鬆做到，現在就趕快來嘗試一下吧。

套用內建的動態效果

　　靜態影像、**文字**以及**智慧型物件**的剪輯，可以直接套用 Photoshop 內建的動態效果變成動畫；換句話說，假如你想要讓**視訊圖層**的**剪輯**能夠套用內建的動態效果，只要將它轉換成**智慧型物件**即可。

　　請開啟範例檔案 14-05.psd，底下我們就以**視訊群組 2** 第 1 個**剪輯** (Parrot_01)，來說明如何為**靜態影像**、**文字**、**智慧型物件**這類的**剪輯**套用內建的動態效果：

STEP 01　請按下**剪輯**右上角的 ▶ 鈕開啟**動態**選單，若**剪輯**縮圖上沒有出現 ▶ 按鈕，請放大**時間軸**的顯示比例。

STEP 02　拉下選單中的列示窗選取想要的動態效果，此處我們選擇**縮放顯示**，也就是讓影像慢慢變大或慢慢變小：

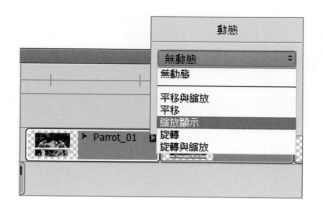

STEP 03 接著依照下圖設定**縮放顯示**動態效果的選項設定，注意，不同的動態效果出現的選項也不大一樣：

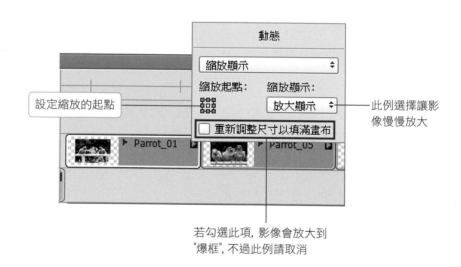

設定縮放的起點

此例選擇讓影像慢慢放大

若勾選此項，影像會放大到
"爆框"，不過此例請取消

　　設好後，點選**動態**選單以外的地方關閉選單，然後就可以拉曳**播放頭**播放 Parrot_01 的影格，感受影像慢慢放大的動態效果。其它的**剪輯**若也要套用動態效果，只要比照辦理即可。

調整影片視訊剪輯的視訊與音訊效果

影片的**視訊剪輯**縮圖的右上角也有 ▶ 按鈕, 不過按下該鈕是讓你調整視訊的播放速度, 以及調整該**視訊剪輯**的聲音:

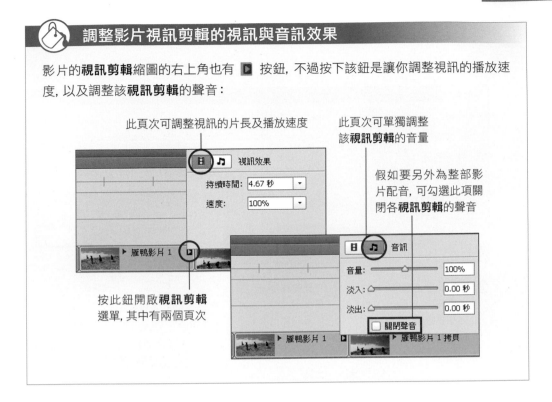

此頁次可調整視訊的片長及播放速度

此頁次可單獨調整該**視訊剪輯**的音量

假如要另外為整部影片配音, 可勾選此項關閉各**視訊剪輯**的聲音

按此鈕開啟**視訊剪輯**選單, 其中有兩個頁次

自訂動態效果

　　Photoshop 也允許我們為**剪輯**自訂動態效果, 而且各類**剪輯**皆可自訂, 包括未轉成**智慧型物件**的影片視訊剪輯! 雖然, 不同類型的**剪輯**可自訂的動態項目不盡相同, 不過設定的方法是一致的, 底下我們就來說明如何自訂**剪輯**的動態效果。首先我們希望影片的標題 (**宜蘭...**文字剪輯) 能夠由透明慢慢浮現:

STEP **01**　　請將**播放頭**移到**宜蘭...**剪輯的影格上, 並選取**宜蘭**…剪輯, 然後按下此剪輯縮圖左側的 ▶ 鈕, 展開該剪輯的動態屬性:

文字剪輯的動態屬性項目

STEP 02 接著就來設定**不透明度**的動畫效果：

1 請將**播放頭**移到第 1 個影格，也就是 0:00:00:00 的時間點

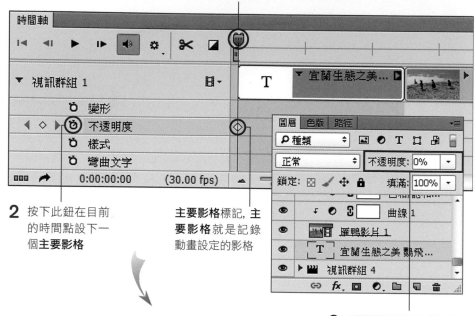

2 按下此鈕在目前的時間點設下一個**主要影格**

主要影格標記，主要影格就是記錄動畫設定的影格

3 到**圖層**面板將**宜蘭...**圖層的**不透明度**設為 0%

4 將**播放頭**移到 0:00:01:14 的地方

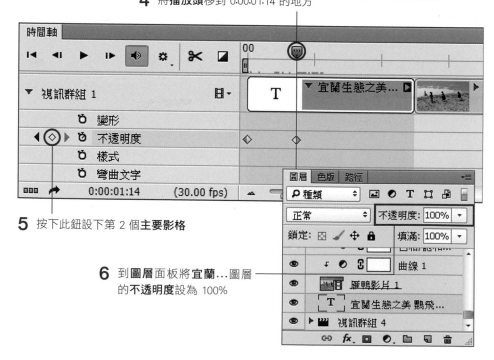

5 按下此鈕設下第 2 個**主要影格**

6 到**圖層**面板將**宜蘭...**圖層的**不透明度**設為 100%

　　現在各位就可以拉曳**播放頭**播放這段的影格看看效果如何，如果覺得動畫時間太短，可直接拉曳**時間軸**中的**主要影格**標記移動位置；假如要刪除**主要影格**，只要選取該標記 (會變成黃色)，然後按 Delete 鍵即可。

　　再來，我們想在**雁鴨影片 2** 剪輯的後半段也加上一段動畫，讓它的畫面慢慢變大，並移到中間：

STEP 01 請將**播放頭**移到 0:01:07:18 的時間點，也就是**視訊群組 3** 的**剪輯**播放完畢的地方，然後按下**雁鴨影片 2** 剪輯的 ▶ 鈕展開**剪輯**的動態屬性：

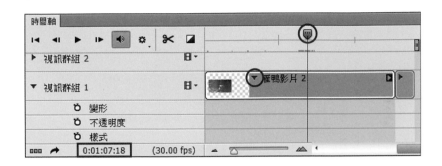

STEP 02 按下**變形**項目的 ö 鈕設下第 1 個**主要影格**，此時我們讓**雁鴨影片 2** 剪輯的畫面仍保持原來的尺寸。

STEP 03 將**播放頭**移到大約 0:01:12:15 的時間點，然後按下**變形**項目中的 ◇ 鈕設置第 2 個**主要影格**。

STEP 04 接著執行『**編輯/變形/縮放**』命令, 在文件視窗中調整**雁鴨影片 2** 的畫面尺寸, 調好後按 Enter (Win) / return (Mac) 鍵確認即完成。

若出現此訊息請按 **確定**鈕關閉, 並自行 轉換成智慧型物件

將影片畫面放大

14-6 轉存成視訊格式檔案

　　整部視訊影片做好之後，記得先存一份 PSD 檔，除了為了以後還可以在 Photoshop 中修改之外，PSD 檔也可以直接拿到 Adobe Premiere 中進一步編輯。但是，若要將做好的視訊影片拿到一般的視訊播放軟體 (如 Windows Media Player、QuickTime Player、RealPlayer) 播放，或是上傳到網路上與人分享 (如上傳到 YouTube 這類影音網站)，則必須另外轉存成視訊格式檔案才行！

　　請開啟範例檔案 14-06.psd，我們現在就將這部做好的視訊文件轉存成一般的視訊格式檔案。請執行『**檔案/轉存/演算視訊**』命令，或是在**時間軸**面板按下左下角的 ⤴ 鈕，開啟**演算視訊**交談窗：

① 設定影片名稱，副檔名則是由下面的**格式**列示窗來決定

② 設定轉存後檔案的存放位置

③ 若要轉存成視訊格式，此項需選擇 Adobe Media Encoder

④ 在此選擇視訊格式，此例選擇 H.264 (副檔名為 MP4)，以便在 HDTV 及平板電腦上播放；若要存成 MOV 檔，則選擇 QuickTime

⑤ 選擇視訊品質與尺寸的預設集，根據要播放視訊的場合來選擇即可

⑥ 設定轉存的影格範圍，此例選擇**全部影格**

⑦ 按下**演算**鈕開始轉存視訊

轉存視訊通常需要一段時間, 待轉存結束, 開啟剛才設定的存放位置, 即可找到轉存的視訊檔:

雙按視訊檔, 即會自動開啟您電腦中關聯的播放軟體來播放

↓

此處是啟動 Windows Media Player 來播放

14-7　製作「縮時攝影」影片

　　現在很流行縮時攝影 (Time Lapse Photography), Photoshop 可以將縮時攝影拍攝的相片編輯成縮時影片嗎？沒問題唷！Photoshop 可以很快速地將縮時攝影的相片編輯成影片！我們準備了一組縮時攝影的相片, 各位可以一起來做做看：

STEP 01　首先請將縮時攝影的相片單獨放到一個資料夾中, 並確定相片檔名的編號是連續的。

STEP 02　執行『**檔案/開啟舊檔**』命令, 啟動**影像順序**來讀入所有縮時攝影的相片 (本章的範例檔案資料夾中亦準備了一組縮時攝影照片供各位練習)：

1 切換到縮時攝影相片所在的資料夾

2 任選一張影像

3 勾選此項

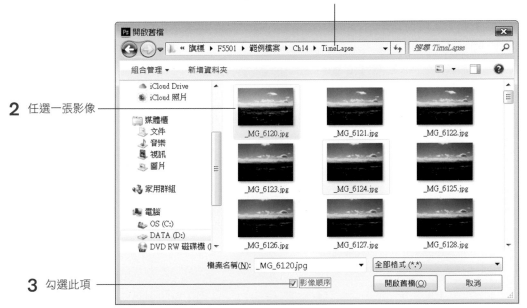

STEP 03　按下**開啟舊檔**鈕, 接著 Photoshop 會詢問**影格速率**, 一般設定 30 fps (每秒播放 30 個影格) 即可。

STEP 04 設好**影格速率**按下**確定**鈕，Photoshop 就會自動將**影像順序**中的每一張影像結合成**視訊圖層**，這樣縮時影片就完成了。

因為影片有點偏暗，所以我們加上**曲線**調整圖層替它調亮一些

按此鈕開始播放

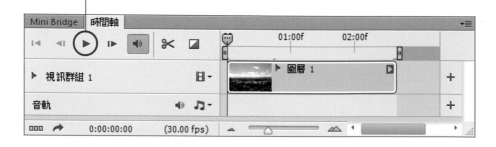

重點整理

1. Photoshop 本身可支援大部份的視訊檔案格式, 若要編輯視訊檔案, 只要執行『**檔案/開啟舊檔**』命令即可直接開啟。

2. **視訊群組**的**視訊軌**, 可結合視訊、影像、文字、形狀 ... 等多種素材於單一軌道中。

3. 要調整**視訊軌**中**視訊剪輯**的順序, 只要直接拉曳**剪輯**到想要的位置即可。

4. 要修剪**視訊剪輯**的長度, 只要將滑鼠指在**剪輯**的**片頭邊界**或**片尾邊界**, 然後往**剪輯**中央拉曳即可。

5. 將**播放頭**移到要做為分割點的影格, 然後在**時間軸**面板中按下**於播放頭分割**鈕 ✂, 即可分割成兩個**剪輯**。

6. 要調整整個**視訊剪輯**的亮度、色彩, 必須使用**調整圖層**來調, 若是使用『**影像/調整**』功能表中的命令, 則只會套用到第 1 個影格畫面而已。

7. **視訊剪輯**可以直接套用 Photoshop 的**濾鏡**效果, 但若希望套用之後還可以修改或移除, 則最好先將**視訊剪輯**轉換成**智慧型物件** (執行『**濾鏡/轉換為智慧型濾鏡**』命令) 再套用**濾鏡**!

8. **靜態影像**、**文字**以及**智慧型物件**的**剪輯**, 可以直接套用 Photoshop 內建的動態效果;各類型的**剪輯**, 包括未轉成**智慧型物件**的影片**視訊剪輯**皆可自訂動態效果。

9. 視訊影片做好之後, 請先存一份 PSD 檔, 以備以後還可以在 Photoshop 中修改;而若要將做好的視訊影片拿到一般的視訊播放軟體 (如 Windows Media Player、QuickTime Player) 播放, 則需轉存成一般的視訊格式檔案才行!

10. 若要為**視訊剪輯**加上**切換效果**, 只要將**切換效果**拉曳到**剪輯**的開頭或結尾即可。

實用的知識

1. **切換效果**是指, 上一個視訊剪輯快播放結束, 下一個視訊剪輯即將開始 "之間" 的過場動畫。Photoshop 也可以為**視訊剪輯**加上**切換效果**嗎?

   請開啟範例檔案 14-07.psd, 我們現在就來為**視訊剪輯**加上**切換效果**:

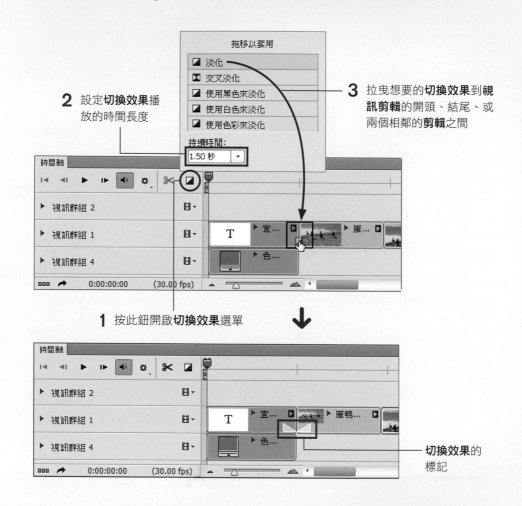

設好後, 你可拉曳**播放頭**播放這部份的影格, 看看效果與時間是否適當。要提醒的是, 若加入**交叉淡化**效果, 則 Photoshop 會自動將前後**剪輯**的時間交疊, 可能會導致**時間軸**出現間隙, 所以記得要再檢查一下**剪輯**的播放順序。

2. 想要為視訊文件加上配樂, 要如何設定呢?

STEP
01　在**時間軸**面板的**音訊軌**按下 ♫▾ 鈕, 執行『**新增音訊**』命令:

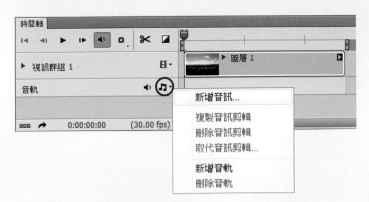

STEP
02　在交談窗中指定要加入的音訊檔案, 然後按**開啟舊檔**鈕即可。

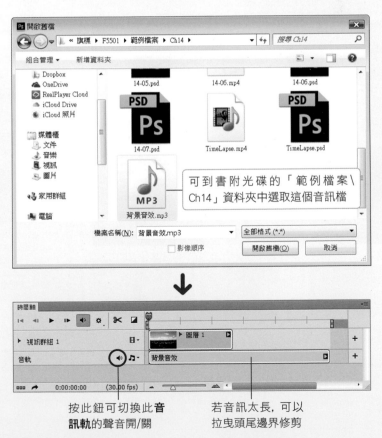

可到書附光碟的「範例檔案\
Ch14」資料夾中選取這個音訊檔

按此鈕可切換此**音**
訊軌的聲音開/關

若音訊太長, 可以
拉曳頭尾邊界修剪

15

LESSON

網頁影像
的處理

攝影旅遊網頁版面設計

課前導讀

Photoshop 除了修照片、做平面設計, 還可應用於製作網頁專用的影像。實務上, 可先在 Photoshop 中設計好整個網頁的版面, 接著使用切片功能將影像做切割、建立超連結, 然後將切片儲存成網頁格式。完成這些工作後, 你可以進一步使用網頁製作軟體 (如 Dreamweaver) 來美化及整合網頁內容。本堂課就以設計一個攝影旅遊網頁版面的實例, 來說明網頁影像的處理。

本章學習提要

- 切割影像的目的
- 切割影像與建立超連結
- 將網頁影像最佳化
- 將影像輸出成網頁格式

預估學習時間　60分鐘

使用「切片工具」切割影像並建立超連結

使用 Photoshop 製作網頁影像, 通常會先設計好整體的版面呈現, 包括 Logo、廣告橫幅、功能按鈕、選單位置、…等, 這樣網頁才會有一致性。完成版面的設計與配置後, 就可以使用**切片工具**逐一切割各個部位 (例如功能按鈕、廣告橫幅、…等), 然後再將各切片儲存成網頁可使用的影像格式。

切割影像的目的

切割影像是製作網頁影像時常用的技巧, 例如要在網頁中顯示大型圖片, 為加快網頁影像的顯示速度, 便可以藉由**切片**技巧, 將影像切割成數個小部份, 以便讓網頁在下載時陸續出現, 減少瀏覽者等待的時間。

利用**切片**功能將一張影像切割成數個小部份, 再分別儲存起來, 就可加快圖片的顯示速度

📌 使用「切片工具」手動建立切片

Photoshop 提供多種切割方法, 例如可依網頁的功能區塊手動切割影像, 也可以依圖層來做切割。請開啟範例檔案 15-01.jpg, 首先我們要帶你用**切片工具**依網頁的功能手動切割影像。

請點選**工具面板**的**切片工具** 📄 (在**裁切工具**下), 在**選項列**拉下**樣式**列示窗選擇**正常**, 再按住滑鼠左鈕在畫面左上角的 **PhotoTour** 拉曳出一個矩形範圍。

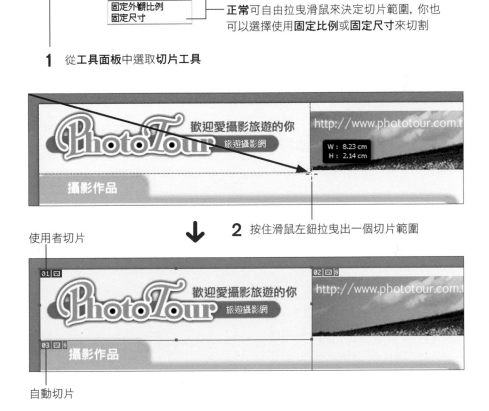

1 從**工具面板**中選取**切片工具**

正常可自由拉曳滑鼠來決定切片範圍, 你也可以選擇使用**固定比例**或**固定尺寸**來切割

2 按住滑鼠左鈕拉曳出一個切片範圍

使用者切片

自動切片

此時你會發現每個切片左上角都會有一個編號, 而且會從影像最左上角開始依序編號。我們切割出來的切片編號會呈藍色, 叫做**使用者切片**;而 Photoshop 自動產生的切片編號則呈灰色, 叫做**自動切片**。你可以依此方法繼續切割影像中的其他區域。

顯示/隱藏自動切片

如果切片之後, 只顯示**使用者切片**而沒有看到 Photoshop 產生的**自動切片**, 請選取**工具面板**中的**切片選取工具**  (與切片工具位於同一組中), 再按下**選項列**的**顯示自動切片**鈕來顯示; 反之, 若要隱藏**自動切片**, 只要再按下**隱藏自動切片**鈕即可。

此鈕可切換**自動切片**的顯示/隱藏

✒ 使用「分割切片」命令來均分切片

在這張網頁影像的右側有 3 個文字按鈕要製作成切片, 這裡我們要教你一個更簡單的方法, 可快速均分切片, 對於分割網頁的導覽列、功能按鈕、…或是屬性相同的影像很有用喲!

STEP 01 首先利用**切片工具**框選 "攝影團隊"、"攝影作品" 及 "桌布下載" 這 3 個文字按鈕建立切片。

STEP 02 接著在此切片中按滑鼠右鈕, 執行『分割切片』命令, 在開啟的**分割切片**交談窗中設定要分割的條件, 由於我們的按鈕是直向排列, 所以請勾選**水平分割為**項目, 並在**每縱向切片的平均間距**欄中輸入 "3", 將此切片再切割成 3 份。

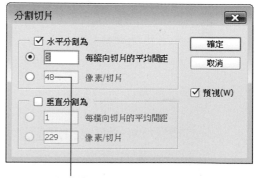

也可以在此指定多少像素就做一次分割, 例如每 100 像素就切割一次

STEP 03 按下**確定**鈕，就可以看到這 3 個按鈕已經平均分割好了。

切片的編號也會自動更新喲！

利用**分割切片**切割影像的好處，除了可快速建立等分的切片外，還可以避免自行拉曳切片時，切片與切片之間沒有完全連接，造成兩切片間產生**自動切片**。但若是要建立切片的區塊大小不一，就不適合使用**分割切片**的方式了。

依參考線建立切片

假如只是單純要將一張大底圖切割成多個切片，以加快網頁顯示的速度，可以利用「參考線」來協助切割，這樣就不用自己一一手動拉曳切片了。

STEP 01 請開啟範例檔案 15-02.jpg，然後在影像上設置好分割的參考線。請先按 `Ctrl` + `R` (Win) / `⌘` + `R` (Mac) 鍵顯示**尺標**，然後將滑鼠指在**水平**或**垂直尺標**上往影像中拉曳，即可拉曳出參考線；若要移動參考線位置，請選取**移動工具** `►+` 再拉曳影像上的參考線即可調整。

從**尺標**上拉曳出參考線

STEP 02 接著選取**工具面板**的**切片工具** ✐ ▼, 然後到**選項列**按下**自參考線建立切片**鈕, 即可完成切割。

按下此鈕

若要移除影像上的參考線, 請執行『**檢視/清除參考線**』命令。

✐ 依現有的圖層自動建立切片

當你製作好網頁影像, 且尚未將所有圖層合併在一起 (仍然保留圖層資訊), 你可以讓 Photoshop 依據圖層的內容自動建立切片, 節省手動切割的時間。

STEP 01 請開啟範例檔案 15-03.psd, 這裡我們就利用圖層快速建立切片。請開啟**圖層**面板, 選取所有圖層, 但不包含**背景**圖層:

STEP
02　執行『**圖層/新增基於圖層的切片**』命令, 就可自動依圖層內容建好切片。

注意, **圖層式切片**與
使用者切片的圖示不
同 (此處我們將**自動
切片**暫時隱藏起來)

自動依圖層建立切
片的好處, 就是當
你移動圖層影像的
位置或是調整圖層
影像的尺寸, 都不
需重新建立切片,
Photoshop 會自動
做調整。

🖋 調整切片的大小與位置

　　剛才我們學會了多種建立切片的方法，不過建立的切片還是有需要做縮放、搬移等調整才能符合我們的需求，這些調整工作得使用**切片選取工具** 🖊 來完成，底下我們就以實例說明。

STEP 01　請開啟範例檔案 15-04.psd，我們已事先利用**分割切片**功能替畫面中這 3 張小圖做等距切片；但是使用等距切片沒辦法剛好選取整個小圖，現在我們要利用**切片選取工具**調整切片的大小及位置。

編號 03 的切片還包含了這塊我們不要的區域

我們要將切片調成如圖的樣子，讓切片剛好涵蓋小圖及邊框的範圍，不要有多餘的區塊

🔍　如果開啟範例檔案 15-04.psd 看不到切片的標示，請勾選『檢視/顯示/切片』命令來顯示。

STEP 02　請選取**工具面板**中的**切片選取工具** 🖊，然後在編號03的切片上按一下，即可選取此切片，選取的切片會變成橘色框線，並產生 8 個控點，拉曳框線或控點即可調整切片的大小，在此請拉曳右邊的框線或控點，我們要縮小切片的範圍。

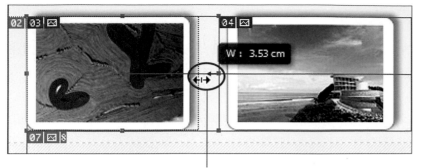

將此控點往左拉

當你調整切片的大小, Photoshop 自動產生的**自動切片**也會跟著做調整

STEP 03 請利用相同的方法, 繼續調整另外 2 張圖片的切片, 使其剛好框住圖片。

調整後的結果

　　如果要調整切片的位置, 只要直接在切片上拉曳就可以了 (或是利用鍵盤的上下左右方向鍵來做微調)。要提醒的是, 自動產生的**自動切片**與**圖層式切片**無法用這裡的方法調整!

🖋 刪除切片

刪除切片的方法十分簡單, 請用**切片選取工具** 🖋 後, 選取不要的**使用者切片**, 再按下 Delete 鍵即可。請試著刪除範例中編號 05 及 07 的切片。

↓

選定要刪除的切片 (請先在編號 05 的切片中按一下滑鼠左鈕, 按住 Shift 鍵後, 再點按編號 07 的切片), 按下 Delete 鍵

選取的切片被刪除了, 切片的編號也會自動改變

刪除切片後, Photoshop 會自動判斷切片的變化, 然後重新建立切片與切片的編號。若要刪除影像中的所有切片, 請執行『**檢視/清除切片**』命令。不過, 即使影像在完全沒有切割的情況下, Photoshop 仍會將整張影像視為一個**自動切片**。

🖋 建立切片的超連結

建立好切片後, 接著我們可以為切片設定超連結。請開啟範例檔案 15-05.psd 做練習 (若範例檔案未顯示出切片, 請勾選『**檢視/顯示/切片**』命令來顯示):

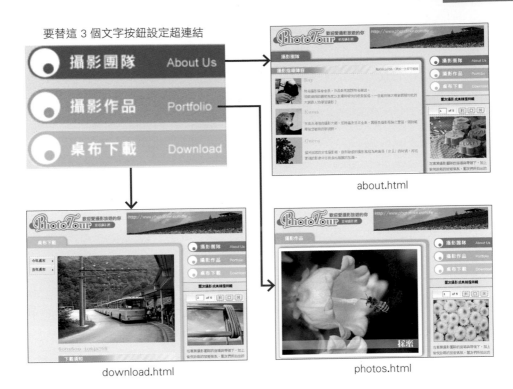

要替這 3 個文字按鈕設定超連結

about.html

download.html

photos.html

STEP 01 使用**切片選取**工具選取要設定超連結的切片，首先選取**攝影團隊**切片，然後在切片上按右鈕執行『**編輯切片選項**』命令開啟**切片選項**交談窗，在交談窗的 **URL** 欄位中輸入超連結位址，如：`"about.html"`。

切片名稱預設是以檔名加上切片編號，你也可以改成更容易辨識的名稱

在此輸入超連結位址

在**切片選取工具**的**選項列**按下設定目前切片的選項鈕 ，也可以開啟此交談窗

我們打算將連結的網頁檔案都存放在 Web 資料夾內，因此超連結的位址設為 `"xxx.html"` 這樣的格式。若是要連結到網路上的網站，則須輸入 `"http://網站位址"` 這樣的格式。

15-11

STEP 02 繼續在**目標**欄中輸入 "_blank"，表示按下**攝影團隊**按鈕後，要在新的瀏覽器視窗（或標籤）中開啟連結網頁。再來，請在 **Alt 標記**欄中輸入 "攝影團隊"，這樣在瀏覽器中當指標移到此超連結按鈕時，就會出現說明文字。

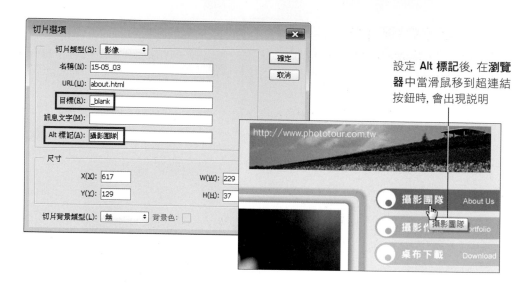

設定 **Alt 標記**後，在**瀏覽器**中當滑鼠移到超連結按鈕時，會出現說明

STEP 03 請依序選取**攝影作品**及**桌布下載**切片，分別設定要連結到 "photos.html"及 "download.html" 網頁，並將**目標**欄都設為 "_blank"，以便在新視窗（或新標籤頁）中開啟。

網頁的切片與超連結設定到此已經設定完成了，接著只要再將影像切片儲存為網頁格式，就大功告成了，請接著學習如何將影像儲存成網頁格式。

「目標」欄位的設定

剛才**切片選項**交談窗中的**目標**欄位，主要是讓你選擇超連結的開啟方式。除了 _blank，還有以下 3 種方式：

● **_ self**：在超連結圖片所在的頁框中開啟連結網頁。

● **_ parent**：取消上一層頁框的分割設定，並在其中開啟連結網頁。

● **_ top**：取消所有分割頁框設定，在無頁框的瀏覽器視窗中開啟連結網頁。

所謂的**頁框**就是網頁的區塊劃分，每個頁框可以分別顯示出不同的網頁內容，詳細資訊請參考 HTML 網頁設計的相關書籍。

15-2　網頁影像最佳化與儲存成網頁格式

　　整張網頁影像都處理好之後, 最終的步驟就是將影像最佳化, 再輸出為網頁。影像最佳化的目的在**找出網頁影像品質與檔案大小之間的平衡點**, 避免圖檔在下載時過慢或品質太差的情形, 並將製作好的成果轉換成網頁格式, 以便使用瀏覽器來檢視。

　　未經切割的影像, 最佳化的對象是整張影像, 最佳化完成後會轉存成單張影像。如果影像經過切割, 則最佳化的對象就是影像中的每一個切片, 最佳化完成後會輸出成多張影像 (每個切片都是一張獨立的影像)。底下我們就將切割好的範例檔案 15-06.psd 所有的切片最佳化, 並輸出為網頁。

STEP 01　開啟範例檔案 15-06.psd, 執行『**檔案/轉存/儲存為網頁用(舊版)**』命令進入交談窗。以我們的範例影像而言, 照片的色彩豐富且沒有需要設為透明背景或動畫的區域, 所以不需選取任何切片做設定, 直接將所有切片做最佳化處理即可。若只想單獨儲存某個切片, 可按下交談窗左側的**切片選取工具鈕**, 在預覽窗格中單獨點選切片。

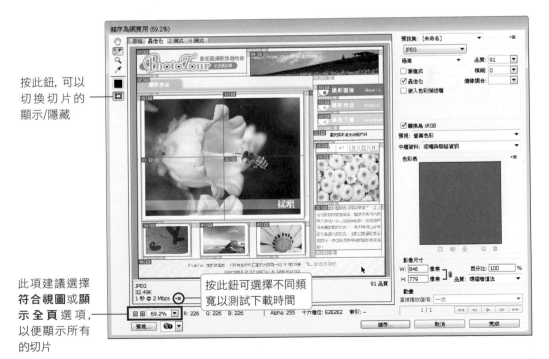

按此鈕, 可以切換切片的顯示/隱藏

按此鈕可選擇不同頻寬以測試下載時間

此項建議選擇**符合視圖**或**顯示全頁**選項, 以便顯示所有的切片請在畫面右側按下**最佳化檔案格式**列示窗選擇 JPEG 檔案格式, 再拉下**壓縮品質**列示窗選擇不同的壓縮品質, 然後在預覽窗格的左下角預覽影像最佳化後的大小及下載速率, 以便找出可接受的影像品質與檔案大小。

最佳化檔案格式列示窗　也可直接在**品質**欄輸入想要的品質 (數值愈高, 影像品質愈好)

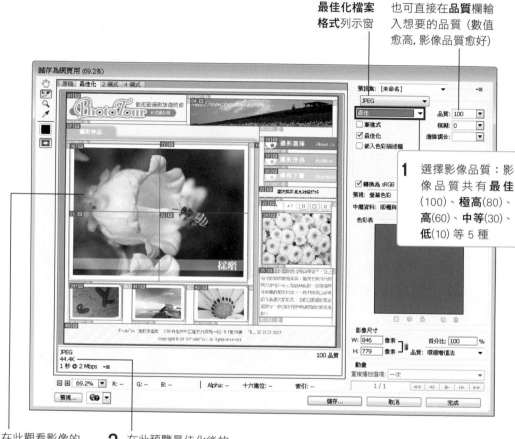

1 選擇影像品質: 影像品質共有**最佳**(100)、**極高**(80)、**高**(60)、**中等**(30)、**低**(10) 等 5 種

3 在此觀看影像的品質是否變差

2 在此預覽最佳化後的檔案大小及下載速率

若影像的色彩單純且以圖形居多, 或是有需要處理成透明背景, 就適合以 GIF 或 PNG 格式來儲存。

若你覺得一一調整影像品質再比較下載速率很麻煩, 有一個更快速的方法, 就是切換到 **2 欄式**或 **4 欄式**的檢視模式, 就可以預覽在不同最佳化模式下的傳輸速率和影像品質。

切換至 **2 欄式**檢視模式, 可以預覽原稿和最佳化後的差異

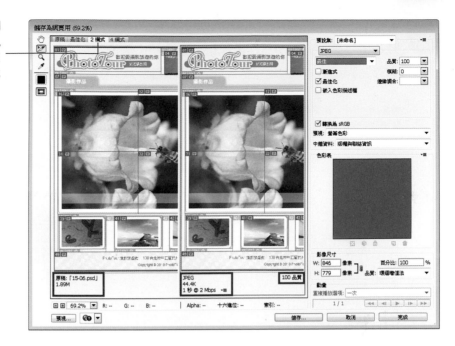

在左側工具列中選取**手形工具**, 然後點選任一欄, 即可在此變更影像品質, 以便找出最佳設定

切換至 **4 欄式**檢視模式, 可以一次比較不同品質的下載速率和影像品質

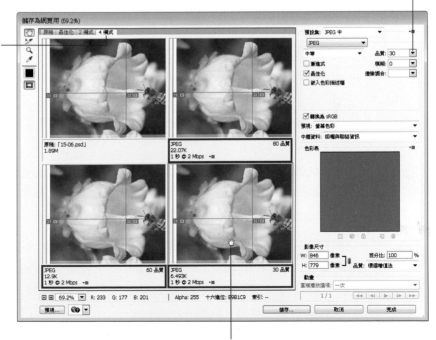

手形工具可以拉曳欄中的影像, 檢視各部份的影像是否會因為品質降低而導致畫質過差

STEP 04 經過前面的評估後，我們選擇 JPEG 格式、60 品質這一欄，請點選這一欄，然後按下**儲存鈕**開啟**另存最佳化檔案**交談窗來設定，本例我們要將整個影像儲存為網頁格式，因此在**格式**列示窗中選擇 **HTML 和影像**。

請先將 Ch15 範例檔案中的 Web 資料夾整個拷貝到您的電腦, 並切換到該資料夾中

由於儲存整個網頁需要使用所有切片,
因此請在**切片**列示窗中選擇**全部切片**

拉下列示窗選擇
HTML 和影像

🔍 若只是要單獨儲存切片影像, 那麼請在格式列示窗中選擇**僅影像**, 然後在切片列示窗中選擇全部使用者切片或選取的切片項目, 就可以將你建立的切片儲存成一張張的影像。

STEP 05 按下**存檔鈕**後，開啟剛剛存檔的目標資料夾，會發現 Photoshop 自動產生了一個網頁檔 "15-06.html" 和一個 "images" 資料夾來存放所有的切片檔案。雙按 "15-06.html" 即可開啟網頁來檢視其中的超連結設定，或是你可以用其他的網頁編輯軟體 (例如 Dreamweaver) 繼續編輯這個網頁。

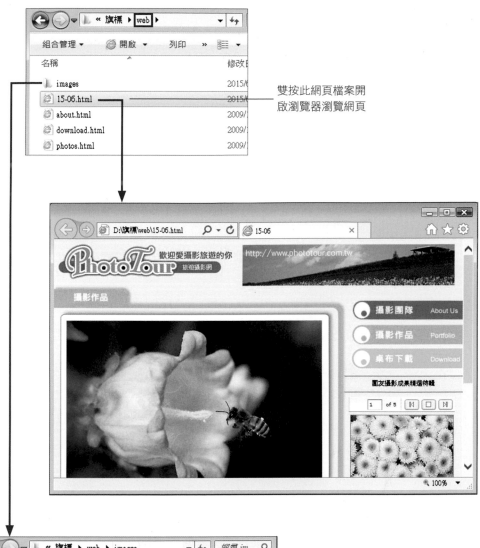

雙按此網頁檔案開
啟瀏覽器瀏覽網頁

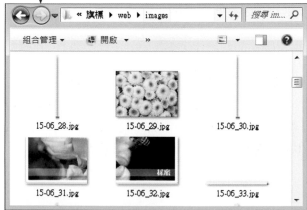

開啟此資料夾即可看到
切片存成的影像檔案

重點整理

1. 要將影像適當切割並製作成網頁, 可參考下列的步驟:

   ❶ 用**切片工具** 🔲 將影像切割成切片。

   ❷ 用**切片選取工具** 🔲 調整各切片的大小和位置, 並視需要來指定它們的超連結目標。

   ❸ 執行『**檔案/儲存為網頁用**』命令, 選擇要輸出的影像品質和檔案格式。最後要存檔時, 在**格式**列示窗中選擇 **HTML 和影像**, 並在**切片**列示窗中指定要儲存**全部切片**, 即可儲存每個切片影像, 並自動產生網頁。

2. 在 Photoshop 中切割影像時, 可運用下列 3 種做法:

   ❶ **手動切割**: 選取**切片工具**, 直接手動拉曳出矩形的切割線來切割影像。

   ❷ **依參考線分割**: 在影像上設置好分割的參考線, 接著選取**切片工具**, 然後按下**選項列**的**自參考線建立切片**鈕, 即會依參考線切割影像。

   ❸ **依圖層切割**: 設計好影像後, 在尚未合併所有圖層前, 可以選取要建立切片的圖層, 再執行『**圖層/新增基於圖層的切片**』命令, 讓 Photoshop 自動依圖層內容建立切片。

3. 若要刪除切片, 請用**切片選取工具**選取不要的**使用者切片**, 然後按下 Delete 鍵即可;若要刪除所有切片, 可執行『**檢視/清除切片**』命令。

4. 執行『**檔案/轉存/儲存為網頁用(舊版)**』命令最佳化影像時, 可以切換為 **2 欄式**或 **4 欄式**模式來比較不同儲存品質的影像差異, 選出最適合的品質設定。

實用的知識

1. 如何將圖片背景透明化？

　　請在**儲存為網頁用**交談窗選擇 GIF 或 PNG-8 格式, 勾選**透明**項目, 然後在**色彩表**區中指定要變成透明色的色彩。

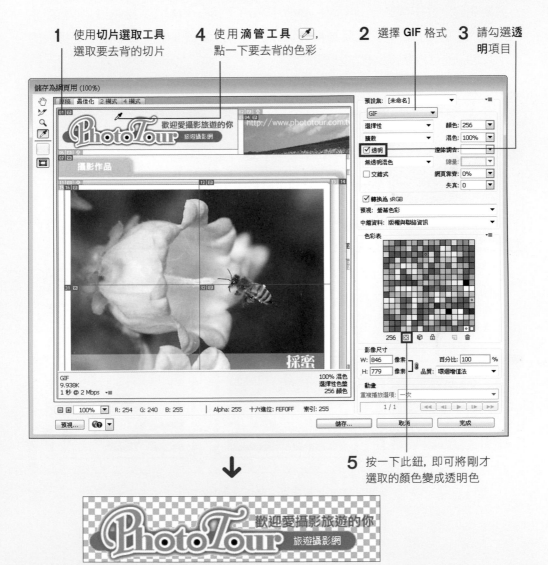

1 使用**切片選取工具** 選取要去背的切片

4 使用**滴管工具** 📝, 點一下要去背的色彩

2 選擇 GIF 格式

3 請勾選**透明**項目

5 按一下此鈕, 即可將剛才 選取的顏色變成透明色

上面的方法適用於去除單一顏色的背景，如果背景的顏色較複雜或範圍較大，建議你參考前面的章節，預先使用選取工具將影像去背後，再執行『**檔案/轉存/快速轉存為PNG**』命令，將影像儲存為 PNG 檔案格式，即可得到背景透明的影像。

2. 在建立切片時，如果要建立相同大小的切片該怎麼做呢？

只要先建立好一個切片，再按住 Alt (Win) / option (Mac) 鍵拉曳，即可產生相同大小的切片，其實這就是**複製切片**的意思，當影像中需要切割出一樣大的切片時，就可以使用這樣的技巧。

1 先建立好第 1 個切片

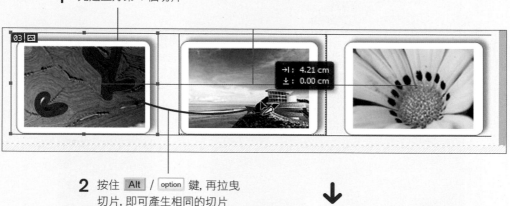

2 按住 Alt / option 鍵，再拉曳
切片，即可產生相同的切片

利用此技巧，即可建立 3 個相同大小的切片

3. 放在網頁中的影像看起來不夠清晰, 該怎麼解決?

在你將影像儲存為網頁用的圖片時, 如果有縮放影像, 或是選擇了會降低影像品質的選項, 那麼圖片看起來可能會覺得不夠清晰。最好的解決方法就是將要放置在網頁中的影像做銳利化處理, 你可以在 Photoshop 執行『**濾鏡/銳利化/遮色片銳利化調整**』命令, 開啟**遮色片銳利化調整**交談窗來做設定:

在 Photoshop 中執行**遮色片銳利化**

原影像

銳利化結果

16
LESSON
色彩管理與輸出列印

課前導讀

為了將精心編修的影像或設計作品完美地呈現出來, 我們必須確實做好色彩管理與輸出、列印前的準備。本堂課將介紹色彩管理的架構及 Photoshop 的顏色設定, 並針對影像輸出與列印的經驗和技巧做討論, 幫你奠定正確的觀念, 日後應付各種輸出、列印情況都能游刃有餘。

本章學習提要

- 認識色彩管理的架構與 ICC 色彩描述檔

- 使用 Photoshop 的色彩管理功能

- 色彩模式的選擇與轉換

- 將作品送到印刷廠輸出前的準備工作

- 將作品從桌上型印表機列印出來的相關設定

- 螢幕校樣與印稿校樣的程序

預估學習時間　120分鐘

人的眼睛可以辨識湛藍的天空、火紅的玫瑰花…等各種顏色，但是要將顏色轉入電腦中呈現，就必須以數值化的方式來描述，這種以數值化方式來描述光與色彩的方法，就是所謂的「**色彩模型** (Color Model)」。

常用於電腦、電視、投影機的「RGB 模型」，是以三原色光來組成 RGB 的色域，所有顏色都是由 R、G、B (紅、綠、藍) 3 種光依不同比例相混而成。另一種適用於印刷的「CMYK 模型」，則是由青色 (Cyan)、洋紅 (Magenta)、黃色 (Yellow)、黑色 (Black) 4 色油墨組成色彩模型的色域。

「**色域** (Gamut)」，或者稱「色彩空間」，就是一個色彩模型所能呈現的所有顏色集合。在最理想的情況下，色彩模型的色域應等於自然界的色域，不過目前許多色彩模型都達不到這個境界，只能顯示自然界中的部分色彩。

RGB 與 CMYK 兩種色彩模式的原理不同、所能表現的色域也不同，雖然 RGB 色域比 CMYK 大 (能顯示較多的顏色)，但仍有些 CMYK 顏色還是落在 RGB 色域外。不同硬體設備的色域也各不相同，所以影像從掃描器、數位相機、螢幕、印表機到專業印刷機，每經過一次轉換都會產生顏色偏差的問題。

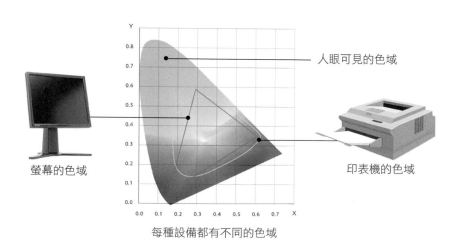

每種設備都有不同的色域

🖋 色彩管理系統的運作

　　為了確保色彩在各種輸入及輸出裝置之間的一致性，我們需要建立可在裝置間正確解讀和轉換的「**色彩管理系統** (CMS, Color Management System)」。一般常見的是使用 ICC 色彩描述檔來做色彩管理，其運作原理大致如下：

1 針對每一台**輸入**設備，都準備一個專屬的**色彩描述檔**，用來將輸入的色彩轉換為標準色彩。

　　例如某台掃描器所掃描的相片會稍微偏紅，那麼偏紅的量就會記錄在其專屬的**色彩描述檔**中，因此 Photoshop (或其他支援色彩管理的軟體) 在讀取掃描器送來的資料時，就可據此減弱紅色的強度，以產生近似於原影像的色彩。

2 針對每一台**輸出**設備，同樣要準備一個**色彩描述檔**，用來將圖檔的色彩轉換為符合輸出設備特性的色彩，然後輸出。

　　例如某台印表機的列印結果會偏紅，那麼偏紅的量就會記錄在這台印表機的**色彩描述檔**中，因此 Photoshop (或其他支援色彩管理的軟體) 在將資料送給印表機之前，就可據此減弱紅色的墨水量，這樣就能印出不失真的影像色彩了。

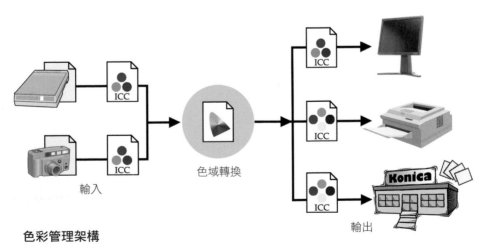

色彩管理架構

上圖為色彩管理的運作架構圖，在整個輸入、輸出的過程中，ICC 色彩描述檔居於關鍵地位。另外，在輸入、輸出之間還會經過一道色域轉換程序

ICC 色彩描述檔

由於 Windows 色彩描述檔的規格是由 ICC (International Color Consortium, 即國際色彩聯盟) 所制定, 因此我們稱其為「ICC 色彩描述檔」, 有時也會簡稱為「ICC 檔」。在許多地方你會看到所謂 ICC 描述檔、ICM 描述檔、Color profile、色彩描述檔⋯ 等等各種名詞, 其實指的就是 ICC 色彩描述檔。

色彩描述檔

　　那麼, 這些設備的**色彩描述檔**要由誰提供呢？當然就是生產這些設備的廠商囉！通常安裝好設備的驅動程式後, 其相關的色彩描述檔也安裝好了 (但也有一些必須另外安裝, 而有些較舊或較陽春的設備則沒有提供)。

　　不過, 硬體廠商只能提供通用的**色彩描述檔**, 而無法針對每台設備的個別差異性做調整。例如我們將螢幕調亮一點或對比調弱一點, 顯示的色彩就會跟著改變, 這時就必須另外製作適用的**色彩描述檔**才行。自行製作裝置的色彩描述檔有兩種途徑：一是利用低廉或免費的軟體, 依靠我們的視覺充當測量工具來建立描述檔, 這種方法成本低但結果並不可靠；另一個途徑就是購買專業的校準儀器來建立色彩描述檔, 這種方式得到的色彩描述檔最精確, 但成本也較高。

　　在整個色彩管理流程中, 螢幕是最基本也最重要的一道關卡, 若螢幕沒有校準, 根本別奢望影像輸出後能得到正確的色彩。由於螢幕的校準儀器並不貴 (通常只要幾千元), 操作上也很容易, 所以不妨購買一套專業的螢幕校準儀器, 定期為自己的螢幕做校色。至於印表機和掃描器裝置的校準儀器動輒要上萬元, 操作也很繁複, 需針對各種墨水、紙材組合建立多個描述檔, 所以對於一般的使用者而言, 使用廠商提供的通用色彩描述檔就可以了。

螢幕校色器

16-2　Photoshop 的色彩管理功能

幾乎所有印刷品的影像都會經過 Photoshop 編輯、處理，所以在色彩管理上提供相當完善的功能，底下我們逐一做說明。

✐ 顏色設定

Photoshop 的色彩管理控制集中在**顏色設定**交談窗，在此交談窗可設定編輯 RGB 影像以及轉換 CMYK 影像所要使用的色域，還有所要採取的色彩管理策略。請執行『**編輯/顏色設定**』命令進行色彩管理的相關設定。

3 設定色彩管理策略　　**1** 選擇色彩管理設定　　**2** 設定使用中色域　　指定轉換色域時要使用的引擎和演算方式

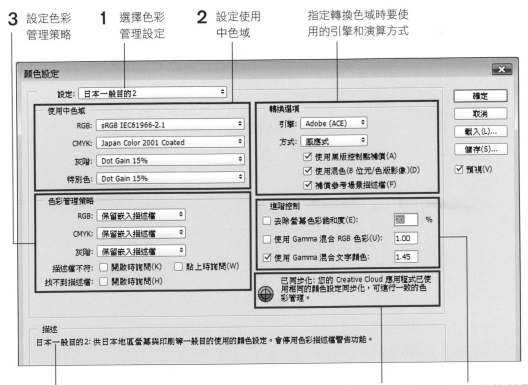

將滑鼠指標移動到上面各選項時，會顯示該選項的涵義說明

如果你是使用 Adobe Creative Suite (多個 Adobe 應用程式的組合，包括 Photoshop、Illustrator … 等)，可以透過 Adobe Bridge 的『**編輯 / 顏色設定**』命令，來同步所有 Adobe 應用程式的顏色設定，如此可確保影像在各個應用程式之間保有一致的外觀。但如果你只用其中一套軟體 (如 Photoshop)，則可忽略這個同步化訊息

可進一步控制是否降低螢幕色彩飽和度以及 RGB 色彩和文字色彩相互混合的方式

這個交談窗看似很複雜，其實如果你只編修相片，那只有**使用中色域裡的 RGB** 這一項是重要的；而如果要送印刷輸出，則**使用中色域裡的 CMYK 色域**也要好好設定；如果做黑白印刷，則**灰階**項目就會用到；如果印刷時採用特別色，就要設定**特別色**項目的值。

1. 使用內建的色彩管理設定

顏色設定交談窗最上面的**設定**列示窗會列出 Photoshop 內建的色彩管理設定，選取其中一個項目，即會自動設定好下面的**使用中色域**以及**色彩管理策略**。例如選擇**日式印前作業2**，這是日本地區處理供一般印刷環境用的影像所慣用的顏色設定，此項目會將**使用中的 RGB 色域**設成 **Adobe RGB**，表示在 Photoshop 中編輯 RGB 影像時將使用 **Adobe RGB** 色域；**使用中的 CMYK 色域**則會設成 **Japan Color 2001 Coated**，當你將影像轉換成 CMYK 模式時便會使用這個色域。

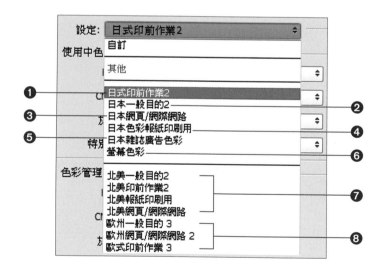

❶ 日本地區一般印刷輸出規格的色彩管理

❷ 日本地區用於螢幕檢視與一般印刷環境的顏色設定

❸ 針對網頁影像的色彩管理設定，用於非印刷用途

❹ 日本地區一般報紙印刷環境使用的色彩管理

❺ 日本雜誌出版協會慣用的色彩管理設定

❻ 模擬視訊應用程式的色彩需求，供視訊與螢幕簡報使用

❼ 適用於北美地區的色彩設定

❽ 適用於歐洲地區的色彩設定

照理，我們只要依照所在地區和影像用途，即知道要選擇哪一組設定，可惜其中並沒有 "台灣" 的項目可選，怎麼辦呢？如果你的影像不會送印刷廠印刷，那就只要選一個預設項目，然後確定其設定的**使用中 RGB 色域**與您需要的相符即可，例如你要製作網頁用的影像，就可選擇**日本網頁/網際網路**項目。如果你的作品要送印刷，我們的做法是詢問合作的印刷廠或輸出中心，看他們建議使用哪一組；若他們沒有建議任何一組內建的設定，則要問清楚要用哪一個 CMYK 色域，然後在**使用中色域**的**CMYK** 列示窗中指定該印刷廠建議的色域。

2. 設定使用中色域

如果內建的色彩管理設定皆不適用，可以自行對**使用中色域**及**色彩管理策略**做設定。**使用中色域**區可讓你指定 Photoshop 預設的 RGB 及 CMYK 色域；當開啟新檔時，就會使用此預設色域。

使用中色域	
RGB:	sRGB IEC61966-2.1
CMYK:	Japan Color 2001 Coated
灰階:	Gray Gamma 2.2
特別色:	Dot Gain 15%

如果你的影像多用於網頁或螢幕上觀看，那麼請由 **RGB** 列示窗選擇一般螢幕的標準色域，即 **sRGB** 色域。反之，如果你的影像主要是做高品質輸出用途，則應該使用 **Adobe RGB** 色域，因為 Adobe RGB 色域才可以涵蓋絕大部份的列印色彩。

影像若要印刷輸出，必須轉換成 CMYK 模式，Photoshop 的「CMYK 使用中色域」即是影像轉換 CMYK 模式所依據的色域。若要求影像輸出後色彩和螢幕所看到的一致，「CMYK 使用中色域」是關鍵，但目前台灣的印刷工業尚沒有一套慣用的色彩管理規範，所以對於應該設定哪一個 CMYK 色域並沒有定論。

CMYK 色域與台灣的印刷環境

對於少數具規模的印刷廠, 我們可要求他們提供 CMYK 色彩描述檔, 然後:

1. 把這個色彩描述檔拷貝到電腦桌面, 然後在圖示上按下滑鼠右鈕執行『**安裝設定檔**』命令, 之後再開啟 Photoshop 你就可以在**顏色設定**交談窗的**使用中色域**區的 **CMYK** 列示窗中看到這個 CMYK 描述檔, 請選擇它做為使用中 CMYK 色域。

2. 執行『**影像/模式/CMYK 色彩**』命令, 將影像轉換到印刷廠提供的 CMYK 色域。

3. 要求製版廠要使用您檔案所附的描述檔來輸出網片。

但若遇到土法煉鋼型的印刷廠, 無法提供描述檔, 則請將**顏色設定**的使用中 CMYK 色域設為日本、北美或歐洲 (依印刷廠所用的油墨而定), 然後用自己的印表機列印樣張 (參考 16-6 節), 再要求印刷廠印出和樣張一樣的顏色。若印刷廠說:「噴墨印表機的色域比印刷機廣」, 請告訴他:「這是以四色印刷機的色域來模擬的打樣, 不會超出印刷機的色域」, 若對方不能接受, 那就換一家吧!

設定好使用中色域之後, 每次開新檔案 Photoshop 就會以此做為預設色域。而如果是開啟舊檔, 可能就會遇到 3 種情形:

- 第 1 種:檔案所用的色域和 Photoshop 預設的使用中色域相同, 那就一切完美, Photoshop 會直接把影像打開, 什麼也不會問。

- 第 2 種:該檔案的色域和 Photoshop 的使用中色域不同。

- 第 3 種:該檔案根本就沒有描述檔, 因此也就不知道它所用的色域。

而對第 2 種或第 3 種的情況, 我們要怎麼辦呢?請看底下的說明。

3. 設定色彩管理策略

「色彩管理策略」這個詞看起來很有學問, 很嚇人!其實不用怕, **色彩管理策略**是讓你設定當開啟一個未指定色域的圖檔或圖檔的色域和 Photoshop 的使用中色域不同時, 所要做的處置。一共有 3 種方式可供選擇:

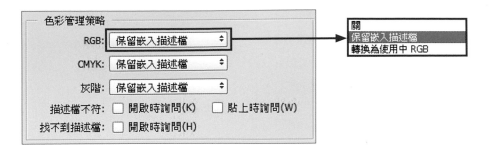

- **關**：選擇**關**，表示直接開啟檔案，不要對開啟的檔案做色彩管理。

- **保留嵌入描述檔**：選此項表示要沿用該檔案的原來色域。假設某個檔案是由別人製作，而原作者所嵌入的描述檔跟 Photoshop 目前使用的不一樣，則在開檔時，為了維持原著作的色彩，建議你選擇此項，以免更動作品的色彩呈現。

- **轉換為使用中色域**：開啟檔案時，將影像的色域轉換成 Photoshop 目前的使用中色域。

至於此區下面的 3 個選項，則可用來設定當圖檔沒有色域或色域不符時，是否要詢問處置方式，或者直接依上面指定的策略行事：

- **描述檔不符-開啟時詢問**：當圖檔色域和使用中色域不同時，勾選**開啟時詢問**，就會出現下圖讓你選擇 3 種處理的方式：

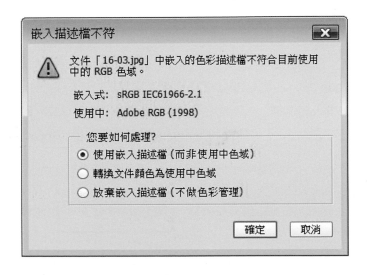

- **描述檔不符-貼上時詢問**：勾選此項，當你在不同色域的圖檔之間執行拷貝、貼上的操作時，便會出現右圖詢問你要不要轉換色域：

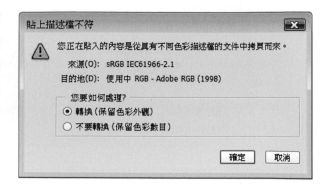

- **找不到描述檔- 開啟時詢問**：勾選此項時，當開啟的圖檔沒有描述檔，就會出現如圖的交談窗讓你選擇要保持原貌，或是指定一個色域給它。通常建議指定為 Photoshop 目前設定的使用中色域。

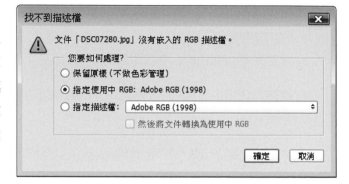

🖋 在圖檔中嵌入描述檔

經由軟體處理過的影像，我們必須用描述檔來記錄它所使用的色域，並且把描述檔嵌入到影像檔，這樣下次再由軟體開啟時，才能由嵌入的描述檔知道影像之前所使用的色域。

在 Photoshop 中，凡是 JPEG、TIFF、PSD、PDF、EPS、DCS 以及 PICT 格式的圖檔都可以嵌入描述檔，你只要記得在**另存新檔**交談窗中勾選 **ICC 描述檔**選項即可 (預設都會勾選)；反之，若不想將色彩描述檔嵌入檔案中，請取消該選項。

儲存選項		
儲存：□ 做為拷貝(Y)	顏色：□ 使用校樣設定(O): 使用中 CMYK	在**另存新檔**交談窗中勾選此項，即可將色彩描述檔嵌入影像中
□ 備註(N)	☑ ICC 描述檔(C): sRGB IEC61966-2.1	
□ Alpha 色版(E)		
□ 特別色(P)	其他：☑ 縮圖(T)	
□ 圖層(L)		

16-3　將文件送到印刷廠輸出的準備

　　接著我們要說明輸出作品的步驟, 請開啟範例檔案 16-01.psd, 這張影像已經完成內容的設計, 現在還要進行以下的動作, 才能將影像送至印刷廠。

 開啟範例檔案若出現 "遺失字體" 的訊息, 請點選取消鈕略過。

圖層平面化與存檔

　　完成影像的內容設計, 請先存一個 PSD 檔以保留圖層, 然後執行『**圖層/影像平面化**』命令, 將所有圖層合併到**背景**圖層, 再執行『**檔案/另存新檔**』命令, 將檔案另外存成印刷常用的 TIFF 格式或是 Photoshop PDF、EPS 格式 (視印刷廠的要求而定), 接著再進行以下的色彩模式轉換, 就可以將檔案送去給印刷廠輸出了。

轉換色彩模式

　　本例的影像目前是 RGB 色彩模式, 你可以直接拿去給印刷廠的輸出單位, 他們會幫你轉成 CMYK 四色印刷。不過, 從 RGB 轉成 CMYK 的過程中, 顏色會有些許偏差 (通常會稍微變黯淡), 因此我們最好自己先轉換成 CMYK 色彩模式, 在螢幕上檢視色彩的變化差異, 必要時要稍做調整, 以免到時候印出來的顏色差異太多。

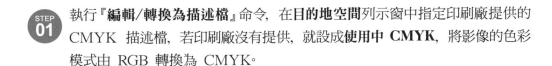

STEP 01　執行『**編輯/轉換為描述檔**』命令, 在**目的地空間**列示窗中指定印刷廠提供的 CMYK 描述檔, 若印刷廠沒有提供, 就設成**使用中 CMYK**, 將影像的色彩模式由 RGB 轉換為 CMYK。

在此指定欲轉換
的 CMYK 描述檔

RGB 色彩模式

轉換成 CMYK 色彩模式

STEP 02 仔細觀察兩種色彩模式所呈現出來的效果，你會發現轉成 CMYK 之後，色彩變得較為暗沉，如果直接送廠印刷，印出來的效果就會比 RGB 模式黯淡。為了維持原有的色彩、光影，請按下**圖層**面板底下的**建立新填色或調整圖層鈕** ，新增**亮度/對比**調整圖層，在**內容**面板中稍微提高亮度與對比。

亮度與對比的值，建議
提高 1~10 左右即可

STEP 03 再次按下**建立新填色或調整圖層鈕** ，新增**色相/飽和度**調整圖層，由**內容**面板中稍微提高飽和度，讓色彩更濃郁。

調整結果

多出這 2 個調整圖層

STEP 04 最後，請再執行一次『**圖層/影像平面化**』命令，將所有圖層合併在一起，然後執行『**檔案/儲存檔案**』命令，即可將調整完成的成品送到印刷廠囉！

16-4　使用桌上型印表機列印文件

　　假如你要使用印表機自行列印影像，由於一般桌上型印表機可直接接受 RGB 影像資料，所以並不用轉成 CMYK 模式，直接進行列印程序就可以了，你可以開啟範例檔案 16-02.jpg 來練習。

📌 列印文件程序

　　首先，請將印表機的電源打開，然後跟著底下的說明把文件列印出來。請執行『**檔案/列印**』命令開啟**列印設定**交談窗：

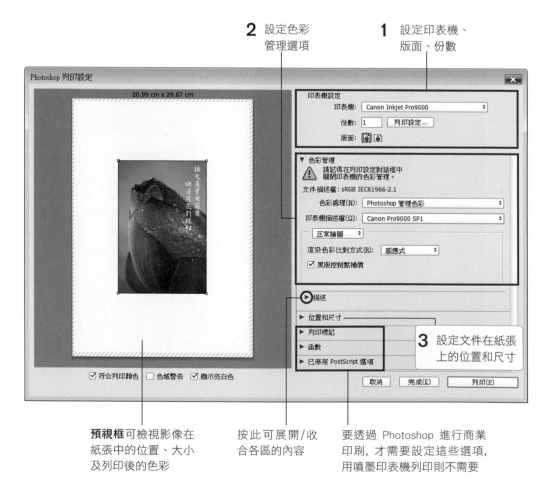

2 設定色彩管理選項

1 設定印表機、版面、份數

3 設定文件在紙張上的位置和尺寸

預視框可檢視影像在紙張中的位置、大小及列印後的色彩

按此可展開/收合各區的內容

要透過 Photoshop 進行商業印刷，才需要設定這些選項，用噴墨印表機列印則不需要

1. 印表機設定

首先在**印表機設定**區設定要使用的印表機、列印份數以及紙張要直放還是橫放：

印表機設定

❶ 印表機：　Canon Inkjet Pro9000

❷ 份數：　1　　列印設定...　❹

❸ 版面：

❶ 選擇要使用的印表機

❷ 設定列印份數

❸ 設定紙張的方向

❹ 設定印表機的列印選項, 稍後說明

2. 設定色彩管理選項

色彩管理區的選項是為了確保印出的顏色能夠與螢幕上看到的顏色一致：

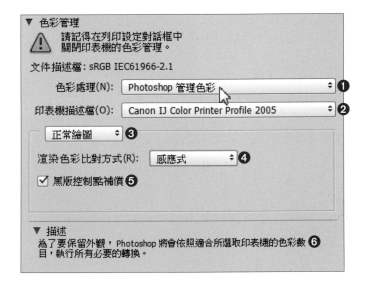

▼ 色彩管理

⚠️ 請記得在列印設定對話框中
關閉印表機的色彩管理。

文件描述檔：sRGB IEC61966-2.1

色彩處理(N)：　Photoshop 管理色彩　❶

印表機描述檔(O)：　Canon IJ Color Printer Profile 2005　❷

正常繪圖　❸

渲染色彩比對方式(R)：　感應式　❹

☑ 黑版控制點補償 ❺

▼ 描述
為了要保留外觀, Photoshop 將會依照適合所選取印表機的色彩數 ❻
目, 執行所有必要的**轉換**。

❶ 若你的印表機有提供墨水和紙材的色彩描述檔, 請選擇 Photoshop 管理色彩, 此時上方會提示你 "關閉" 印表機的色彩管理功能, 以免雙重轉換造成意外的後果。若印表機沒有針對墨水紙材提供色彩描述檔, 則應選擇**印表機管理色彩**, 由印表機驅動程式來處理色彩轉換, 此時上方的提示又會變成要 "啟動" 印表機的色彩管理功能

❷ 若**色彩處理**選擇 Photoshop **管理色彩**, 則請在此處根據要使用的墨水和紙材選擇印機表的描述檔

❸ 列印影像成品請選擇**正常繪圖**, 要用噴墨印表機做印刷打樣才選擇**列印稿校樣** (請參考 16-6 節)

❹ 選擇色域轉換的方式, 通常列印相片影像會選擇**感應式**

❺ 勾選此項可盡量保留影像中的陰影細節

❻ 將滑鼠指在**色彩管理**區的選項上, 這裡便會顯示該選項的說明

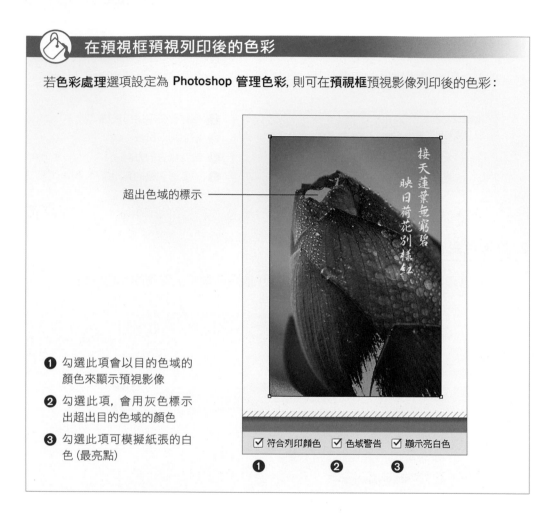

在預視框預視列印後的色彩

若**色彩處理**選項設定為 **Photoshop 管理色彩**, 則可在**預視框**預視影像列印後的色彩:

超出色域的標示

接天蓮葉無窮碧
映日荷花別樣紅

❶ 勾選此項會以目的色域的
顏色來顯示預視影像

❷ 勾選此項, 會用灰色標示
出超出目的色域的顏色

❸ 勾選此項可模擬紙張的白
色 (最亮點)

☑ 符合列印顏色　☑ 色域警告　☑ 顯示亮白色

❶　　　❷　　　❸

3. 調整位置和尺寸

　　位置和尺寸區可讓我們調整影像文件在紙張上的列印位置以及列印尺寸:

▼ 位置和尺寸
位置
❶ ☑ 居中(C)　頂端(T): 6.826　左側(L): 5.097

縮放的列印尺寸
縮放(S):　　高度(H):　　寬度(W):
❷ 100%　　　15.23　　　10.15
☐ 縮放以符合媒體大小 (M)　列印解析度: 300 PPI

❸ ☐ 列印選取區域　單位: 公分 ⬍

設定**頂端、左側、
高度、寬度**的單位

❶ 位置區可設定文件在紙張上的位置，預設會勾選**居中**，表示文件會印在紙張正中央；取消此項，則可直接拉曳**預視圖**，或是在**頂端**和**左側**欄位中設定留白的距離，來調整文件的列印位置

設定文件上緣與紙張頂端的距離

設定文件左緣與紙張左邊界的距離

❷ 在**縮放的列印尺寸**中也可以調整文件尺寸，不過調整之後的解析度、列印品質可能都會改變，所以還是建議使用**影像尺寸**功能來調整文件尺寸比較合宜

或是在**高度**、**寬度**欄位中指定尺寸

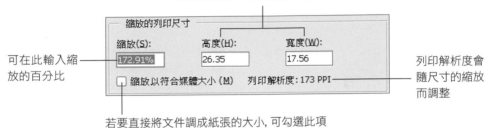

可在此輸入縮放的百分比

列印解析度會隨尺寸的縮放而調整

若要直接將文件調成紙張的大小，可勾選此項

 亦可在預視框中拉曳預視圖的框線或控點，等比例調整文件尺寸。

❸ 若只要列印文件的局部範圍，可勾選**列印選取區域**，然後到**預視框**拉曳邊界控點來設定列印區域

拉曳邊界控點設定列印區域

若已事先在文件視窗中選取要列印的範圍，則勾選列印選取區域項目，預視框便會直接調整邊界框選出列印範圍。

✒ 設定印表機的列印選項

設好 **Photoshop 列印設定**交談窗中的基本設定後, 接著請你按下**印表機設定**區的**列印設定**鈕進入印表機的**列印選項畫面**, 以設定**紙張種類**、**列印品質**以及開啟或關閉印表機的色彩管理功能:

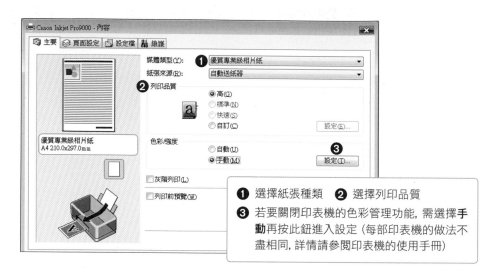

❶ 選擇紙張種類　❷ 選擇列印品質
❸ 若要關閉印表機的色彩管理功能, 需選擇**手動**再按此鈕進入設定 (每部印表機的做法不盡相同, 詳情請參閱印表機的使用手冊)

雖然每部印表機的列印選項不盡相同, 但性質上大同小異, 不外乎設定列印品質、紙張種類、加強色彩等等。本例我們要列印相片, 所以將**列印品質**設成**高**, 不過這樣還不夠, 還必須搭配**相紙** (Photo Paper) 等級的紙張才能真正印出相片品質的影像, 所以記得在**媒體類型**中指定**相紙**等級的紙張;另外, 因為此例我們是設定由 Photoshop 管理色彩, 所以還必須在這裡將印表機的色彩管理功能關閉。

完成上述的設定後即可按**確定**鈕回到 **Photoshop 列印設定**交談窗, 然後就可按下右下角的**列印**鈕將文件列印出來了。

🖊 觀念澄清

前幾頁我們在 Photoshop **列印**設定交談窗做的是 Photoshop 的設定, 不論用什麼印表機, 畫面都是一樣的。而按下**列印設定**鈕出現的則是**印表機驅動程式**的內容, 每一型印表機的驅動程式畫面都不相同, 即使是同一廠牌的印表機畫面也可能不一樣!要提醒的是, **印表機驅動程式內容**並不屬於 Photoshop 的一部份。

16-5　在螢幕做校樣

即使螢幕已做了精準的校正，但由於螢幕直射光的性質和印刷品反射稿的特性不同，影像輸出後的色彩、亮度和螢幕上所見的並不相同。在 Photoshop 中我們可以藉由指定輸出設備 (含紙材) 的描述檔，然後在 "螢幕" 上模擬印刷、輸出後的影像色彩與亮度 (會變得較平淡)，此即所謂的「螢幕校樣」。

要進行**螢幕校樣**，請先到『**檢視**』功能表中開啟『**校樣設定**』功能表：

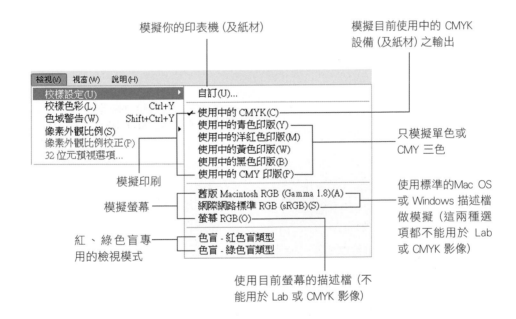

校樣設定功能表可供我們在螢幕上做 3 種校樣：印表機、印刷及其它類型的螢幕。例如你使用的是 Windows 系統，想要模擬 Mac 螢幕的色彩，便選擇『**舊版 Macintosh RGB**』命令。若要預覽印刷機的色彩，則選擇『**使用中的 CMYK**』一項。想要預覽影像從印表機列印出來的色彩，那就執行『**自訂**』命令，在**模擬的裝置**列示窗中選擇該部印表機的色彩描述檔：

自訂校樣條件

自訂校樣條件(I): 自訂

校樣條件

模擬的裝置(D): Canon Pro9000 SP1

☐ 保留 RGB 編號(R)

渲染色彩比對方式(E): 感應式

☑ 黑版控制點補償(K)

顯示選項（螢幕上）

☑ 模擬紙張顏色(A)

☑ 模擬黑色油墨(B)

確定
取消
載入(L)...
儲存(S)...
☑ 預視(P)

在此選擇你要校樣的
輸出裝置色彩描述檔

做好校樣設定後, 接著再勾選『**檢視/校樣色彩**』命令, 則文件視窗中的影像便會
轉換成輸出時的色彩 (你可按 `Ctrl` + `Y` (Win) / `⌘` + `Y` (Mac) 鍵切換)。

除非你的螢幕校色準確, 且色域夠寬, 否則仍然無法完全呈現輸出時的色彩。

因為螢幕的色域與印刷品並不一致, 所以我們花功夫在螢幕編修的影像, 可能有
些顏色是印不出來的。若想知道影像中有哪些顏色超出印表機或印刷機的色域, 可勾
選『**檢視/色域警告**』命令, 若影像中出現灰色區域 (可按 `Ctrl` + `Shift` + `Y` (Win) /
`⌘` + `shift` + `Y` (Mac) 切換), 表示該區域的顏色已超出色域, 輸出後顏色會有
偏差, 最好先在 Photoshop 中調整。

標題列會顯示目前校樣的描述檔名稱

色域警告

將 RGB 模式的影像以 CMYK 色域顯示的螢幕校樣

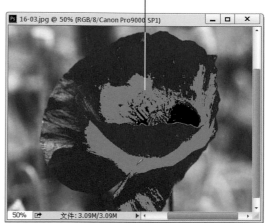

灰色區域為色域警告, 表示該
區域的顏色輸出後會有偏差

16-6 　用噴墨印表機做印稿校樣

「**印稿校樣**」是指用一般的印表機模擬印刷機輸出的結果。為了能印出印刷機的色彩，首先我們必須用『**檢視/校樣設定**』命令把影像模擬成印刷機的顏色，然後把這個影像用噴墨印表機印出來。底下我們就來說明如何使用一般的彩色噴墨印表機模擬印刷機輸出結果的程序。

首先，請到『**檢視/校樣設定**』功能表勾選**使用中的 CMYK** (就是之前我們在**編輯/顏色設定**中已經設好的 CMYK 色域)。接著執行『**檔案/列印**』命令：

1 此項要選擇**列印稿校樣**　　**2** 在此選擇要模擬輸出裝置的描述檔

要列印噴墨校樣稿，重點在於要在**色彩管理**區中選擇**列印稿校樣**並指定**校樣設定**的裝置，即輸出裝置的色彩描述檔，其餘選項請依照前面的說明設定即可，然後就可以按下**列印**鈕，從你的印表機印出印刷稿的校樣了。

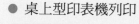

重點整理

1. 影像輸出程序彙整：

● 印刷輸出

螢幕校樣 (用螢幕模擬印刷機的色彩和亮度, 參閱 16-5 節)
- 選擇**使用中的 CMYK** 做校樣設定

↓

轉換 CMYK 模式
- 調整色彩、亮度、飽和度

↓

平面化並存檔
- 印刷用的檔案格式：TIFF、PDF、EPS

↓

印稿校樣 (用噴墨印表機模擬印刷機的色彩與亮度, 參閱 16-6 節)

Photoshop 列印設定交談窗中的設定：
- Photoshop 管理色彩
- 關閉印表機的色彩管理功能
- 列印稿校樣
- 設定輸出裝置的校樣描述檔

● 桌上型印表機列印

螢幕校樣 (用螢幕模擬印表機的色彩和亮度, 參閱 16-5 節)
- 選擇印表機的色彩描述檔做校樣設定

↓

保持 RGB 模式
- 若螢幕校樣有明顯差異, 需調整顏色

↓

進行列印程序

Photoshop 列印設定交談窗中的設定：
- Photoshop 管理色彩
- 關閉印表機的色彩管理功能
- 選定印表機的色彩描述檔
- 正常繪圖

● 螢幕觀賞

保持 RGB 模式

↓

存檔
- 網頁用影像可存成 JPG、PNG、GIF

2. 由於各種硬體裝置的色域各不相同, 所以影像從掃描器、數位相機、螢幕、印表機到專業印刷機, 每經過一次轉換都會產生顏色偏差, **色彩管理系統**是為了讓影像色彩在各種輸入輸出裝置之間保持一致性。

3. **ICC 色彩描述檔**會記錄輸出入裝置的色彩特性，以及影像使用的色域及色彩模式，**色彩管理系統**便藉由 **ICC 色彩描述檔**來調整各裝置之間的顏色差異。

4. 要開啟 Photoshop 的**色彩管理**功能，請到『**編輯/顏色設定**』交談窗中設定。

5. 若使用 Adobe Creative Suite (多個 Adobe 應用程式的組合，包括 Photoshop、Illustrator... 等)，可透過 Adobe Bridge 的『**編輯/顏色設定**』命令，同步化所有 Adobe 應用程式的顏色設定，以確保影像在各應用程式之間保有一致的外觀。

6. 要將 RGB 色彩模式的影像轉換成 CMYK 模式，請執行『**編輯/轉換為描述檔**』命令來設定，這個方法轉換的結果最接近影像原來的色彩。

7. 在 Photoshop 中若要將色彩描述檔嵌入影像檔，請在**另存新檔**交談窗中勾選 **ICC 描述檔**選項。

8. 要將影像送至印刷廠輸出，請先進行以下步驟：

   ❶ 將所有圖層平面化並另存成印刷常用的 TIFF、PDF 及 EPS 格式。

   ❷ 將影像的色彩模式轉成 CMYK，若轉換後影像的色彩變化太大，請先利用影像調整功能再稍做調整。

實用的知識

1. 許多人會將拍攝的數位相片拿到相館沖印, 這裡有幾項沖印數位相片的注意事項提醒各位:

   - 送沖印的影像請存成 JPEG 檔, 雖然相館也許也接受 PSD、TIFF 檔, 但最好先詢問是否會加收 "轉檔費"。

   - 建議您在送洗之前, 先檢查影像的長寬比例與要沖洗的相紙規格是否相符, 若兩者不符 (例如影像是 4:3, 相紙是 3:2), 請參考 2-2 節所介紹的技巧做裁切, 以免沖洗出來的相片被裁切或是出現莫名的白邊。